农业美学系列

农业生态美学

雷国铨　陈顺和　沈伟棠
任　维　刘兴诏　张　蓉　著

U0380968

中国农业出版社

北　京

目 录
CONTENTS

第一章　农业的意涵与农业美学价值特征

第一节　农业的意涵

一、农业的概念

农业是一个最古老的产业，它从产生至今已经有上万年的历史。甲骨文里就有对"农"字的记载（图1-1）。甲骨文"农"字的演变，从艹（草）或从林、从森，从辰（蚌镰）——手持"辰"（农具）耕于草木之中，表示"耕作"之意。卜辞用作神祇名、祭名、地名。六书中属于会意。

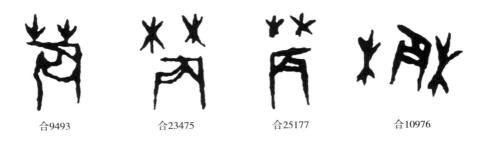

合9493　　　　合23475　　　　合25177　　　　合10976

图1-1　甲骨文中的"农"

不同书籍对农业的定义各有不同。目前已出版的关于早期农业的文献有一种倾向，即农业这个词和它的许多附属术语在没有精确定义的情况下被模糊使用。有时它们的含义重叠，例如"原始的/初始的"和"变化的/广泛的"。因此，有必要澄清许多农业术语，以避免混淆，特别是因为农业这一主题涉及考古学、人类学、生物地理学、遗传学、语言学和分类学等多个学科，其性质导致它会有许多来自不同学科的概念。

英语agriculture来源于拉丁语ager（field和agriculture）。当这两个词结合在一起时，就表示拉丁语中的"农业"：田地或土地耕作。《牛津英语词典》（1971年）对农业的定义非常宽泛，它是"耕作土壤的科学和艺术，包括收割庄稼和饲养牲畜的相关活动；耕、牧、农（最广义）"。在本条目中，使用了该术语最广泛的、包涵性的含义。《现代汉语词典》中对农业有如下定义：栽培农作物和饲养牲畜的生产事业。因此，可以把农业看作是一种耕种、放牧的行为。《辞海》将农业界定为：利用动植物生活机能进行人工培育，获得农产品的社会生产部门。《农业大词典》中说："农业是一种社会性的生产方式，以生产植物、动物和微生物为主体，人们利用它们的生存功能，并利用它们的工作来强化或调整有机体的生存活动，以适应周围的环境，并获取生存所需要的食物和其他材料。"而在《中国大百科全书》中农业的定义为："利用生物生长发育过程获得动植物产品的社会生产部门。"意指农业是用来表示农作物和家畜通过提供食物和其他产品来维持全球人口生活的社会生产方式的最全面的词。

不同学者对于农业的解读也不尽相同。官春云认为农业原来的概念很完善，如今随着农业范畴的扩大，农业应该被重新定义为：在社会生产劳动中，人们利用自然环境所提供的条件，来驱动和控制有机体（包括植物、动物、微生物等）的生命活动过程以获取人类社会需要的产品的生产部门。有研究者从三个层面对"农业"进行了界定，并将其三个层面具体划分为"狭义的""广义的"和"中义的"。于光远根据农业的本质特征确定农业的概念和范围，提出"一字形大农业"（包括农、林、牧、渔）的概念，把农业划分为植物栽培业、动物饲养业和微生物培养业。扬则坤强调确定农业的概念和范围，必须严格以农业的本质特征为基本依据，同时充分考虑一个国家一定时期的生产力水平和农业生产季节性强的特点，不能有主观随意性。

农业是一个社会生产部门，人们通过饲养植物、动物和微生物来获取产品。这样的农业概念，符合农业的本质特征；这样的农业范围，既有科学依据，又符合我国的实际情况和农业生产季节性强的特点，因而也必然有利于农业和整个国民经济的发展。简·雅各布斯在《城市经济》一书中提出，农业本身起源于城市："就在城市开始种植谷物和饲养动物的时候，农村还没有农业，也没有农业村庄和专门从事农业生产的居民点……当时的乡村仍是狩猎和采集的世界，稀疏地分布着简单的小型狩猎聚居地。……最早的农业是从城市转移到农村的。"哈里斯和富勒认为在种子作物中，人们可以根据种植的规模、其在当地景观中的突出性以及对人类饮食的主要组成部分的贡献来定义农业。从这个意义上来说，农业是土地利用的一种形式，其中也包含了景观的变化，因为人们定期耕种、饲养并更加关注家养植物和动物。农业为农作物和牲畜的大规模生产提供了场地。20年前，美国的农业经济学家和统计学家从官方统计的农场名单中删除了那些基本上不生产的农场，并试图以一种更精确的方式定义农业。美国人口普查局的一名官员写道："目前农业的概念包括大量对农业总产量贡献不大、与农业计划几乎没有关联的单位。"就这些小单位所涉及的个人和家庭给公共福利所带来的影响而言，这些问题不在农业的框架内。至此，农业演变成了"统计数据"，旨在显示每个农民"养活"了多少人。

二、农业的价值特征

（一）农业的特点

1. 区域性

农业根据其自身性质，具有明显的地理特征。不同的自然条件，可以培育不同的生物种群。同时农具作为农业历史发展过程中的重要产物也完全符合这一标准，各个时期出现不同类型的农业工具，从而形成了不同的农业结构和农业景观。对此中国古代的人们早有认识，例如《淮南子》卷十一《齐俗训》记载尧帝治天下时，"其导万民也，水处者渔，山处者木，谷处者牧，陆处者农。"由此可见，农业具有鲜明的局部性和周期性，同时也具有空间差异性和历史性的特点，这可能也是农业学界在中国农业发展的基本背景下重视区域农业史研究的深层原因之一。农业与自然环境相适应，而地理位置不同的农业景观是农业区域性的重要标志，如桑基鱼塘（图1-2）。

图1-2 浙江湖州桑基鱼塘

这种历史性的发展并不是同时从一个地区传到另一个地区，许多地区空间的差异导致了地区间农业发展的不均衡。例如，黄河流域至战国秦汉之际便已进入传统农业阶段，而卢勋、李根蟠等人的调查研究发现，聚居于中国西南边疆地区的独龙族、佤族等少数民族，直到 20 世纪中叶，其农业仍处于早期阶段或原始农业阶段。

2. 季节性

农业生产的季节性受气候和作物生长周期的双重影响，我国越往北的地区，其季节性特征越显著。有句农谚："人误地一时，地误人一年。"受"时令"之启发，中国人创了"二十四节气"用来指导农事。农谚"头伏萝卜二伏菜，三伏只能种荞麦"和"白露早，寒露迟，秋分麦子正当时"，这些农谚告诉了人们什么时候该种什么。

农民受季节性影响，会面临农忙和农闲双重压力，无论播种还是收获，都会有强烈的时间依赖性。当年春季如果干旱少雨，春耕生产就会面临前所未有的困难。只有在气候宜人的情况下，农业才能获得"一分耕耘，一分收获"的成果。如果出现干旱缺水或连续阴雨天气，就会使农作物减产甚至绝产。因此，民间流传着"抢收、抢种季节"的口号，指的是不分昼夜，无论老幼，全家齐上阵，争夺抢收、抢种粮食的好时机。这就要求人们根据当地气候特点，做好田间管理工作，即使在农闲时节，也要承担必要的田间管理职责（这是一项相对轻松的任务）。农业生产的季节性，导致了劳动力的季节性短缺，从而给一些农业企业带来了一定的困难或损失。

3. 周期性

农业产量既受到天气条件的制约，又受到种植面积等因素的制约，且在人口迁移过程中呈现出明显的季节性变化规律。气候变化是一种循环现象，一年之中有四季之分。因为作物的生长发育过程，会受到热量、水分、光照等自然因素的影响，而这些自然因素会随着季节的变化而变化，并且会有一定的周期性。因此，要想获得好的收成，就必须认识到农业的时令特点，并想办法克服所有的制约因素。

因为农作物生产具有周期性，从播种到收获，人们不能拔苗助长，需要有耐心；也因为农作物生产的周期性，人们不能随意调整种植的种类。例如，农民不能种下玉米后，半途又在田里换成了高粱。

农业的周期性受自然循环和经济循环的影响，就像人们经常说的"猪周期"一样，猪肉过剩的时候，价格就会下跌，甚至是暴跌，这时很多养殖户会大幅度削减母猪的数量，从而降低猪肉的供应量；供应量降低又导致价格上升。此时很多养殖户又会开始大规模生产猪肉，从而导致猪肉的供应量再次上升，价格也上升，如此往复。而造成"价格过高伤害市民，价格过低伤害农民"，非常重要的一个原因就是农业的周期性。

（二）农业的重要性

1. 人类食物生产的重要产业

管仲曰："王者以民为天，而民以食为天，能知天之天者，斯可矣。"可见从古至今，国家都十分重视老百姓关心的粮食问题，而粮食来自农业。我国2022年粮食总产量为68 653万吨，比2021年增加了368万吨，增加了0.5%；全国粮食收获面积为11 833.2万公顷，比2021年增加了70.1万公顷，增加了0.6%。除粮食外，人们所需的蔬菜、水果及肉类等均来自农业。

粮食安全是国家安全的根本，同时也是社会运行的根本要素，这关系经济发展和国计民生，实现农业现代化是确保粮食安全的主要举措。我国向来注重粮食安全问题，特别是新中国成立以来，具体表现在：努力探索具中国特色的农业现代化发展道路；与时俱进地把科技发展的主要成果应用于农业领域；鼎力提高农业物资的配备水平；把好的物资、技术应用于提高粮食的生产；不断研发农业高产技术，使我国粮食生产在高科技应用方面取得突破性的成就；增强农业机械的改革，提高农机化程度，确保粮食生产的安全。这些都是发展农业现代化的具体表现，也可以说没有农业的现代化，就没有整个国家的现代化。

2. 国民经济的基础

农业是国民经济的根基，是经济发展的重要保障。"中国要强，农业必须强"，在我国当代事业建设中农业现代化具有重要作用，不管是建设农业强国，还是建设社会主义现代化强国，都必须发展农业现代化。从国际角度来看，弥补今后农业发展中的短板，是促进社会主义现代化强国建设的重要一环。虽然我国农业经历了历史性革新，取得了一定的历史性成绩，但要实现建设社会主义现代化强国这一宏伟目标，就一定离不开农业的现代化发展。在党的指导下，各级地方政府要加快转变农业发展方式，采取多种切实有效的举措弥补农业发展方面的短板，走中国特色农业现代化发展道路。在新理念的引领下，根据各地优势打造特征品牌和发展特色农业，为建设社会主义现代化农业强国贡献力量。从国际角度来看，要充分运用国际资本来推进我国社会主义现代化建设。我国农业的发展也会受到海外出口农产品的冲击和影响，而目前我们能做的就是要稳固现在的国际根底，运用好国际资本，发展好国际农产品市场，实施好我国农产品的国际竞争策略，使我国农产品在满足国内消费的同时走向国际市场。

3. 提供劳动力与就业机会

中国是一个以农业为主的国家，如果没有农业的发展，就没有百业的繁荣；如果没有农民的富裕，就没有国家的繁荣和昌盛。在发达地区，大力发展休闲产业、服务业，对促进就业、拉动内需有积极作用。而在欠发达地区，劳动力普遍年龄偏大，技艺程度偏低，因此对技术要求不高、门槛较低的农业企业是吸纳失业人口的重要途径。这种方式不仅有利于欠发达地区的经济发展，还可以为欠发达地区的人们提供稳定的就业机会。积极引导和鼓励企业在欠发达地区设立工厂，扶持企业在欠发达地区建立产业孵化基地，促进欠发达地区的资源就地利用，为村民提供稳定而持续的就业机会。

要加强西部欠发达地区与经济发达地区以及周围省份之间的劳动力合作关系，扩大劳动力输出的规模。建立和完善输出地和输入地之间劳务协作的长效机制。为了提高劳动力合作的针对性和准确性，建立专门的人员联系服务机构，作为输出地的人力资源信息收集机构，跟踪输出地的人力资源动态情况。培育具有一定规模的劳务品牌，发挥榜样引路作用，利用品牌效应，调动有组织的劳务输出数量，实现更多劳动力人口转移。同时，要注意为劳动力输出人员提供失业政策咨询、权益保障、社会保险及基本生活补助等配套措施。

（三）农业的价值

1. 农业的社会价值

农业的社会价值首先体现在养老价值、乡村充裕劳动力生产生活方面的保障价值等方面。农业对于保障农村家庭的老龄化和生活的基本要求发挥着作用。另外，村里的公共服务和设施的资金主要来自村集体。21世纪初，中国农民逐渐向城市流动，他们为国家第四次产业化和城市化作出了巨大贡献。但是，农民的过度流动与国家的人力资源管理结构存在着深刻的矛盾。随着农村经营困难的加重，很多村子都发生了空房子财产、空组织及空村庄等问题。要解决这个问题，保持国家的稳定和繁荣，就必须发展农业，实施乡村振兴战略。

农业的社会价值还体现在粮食安全问题上。由于我国人口众多，粮食安全一直是关系整个社会稳定的大事。粮食安全问题的出现与国际粮食价格的变化，都与粮食的机制有关。这些机制能够引起与中国食品价格相关的一系列变化，例如粮食供应、需求弹性和食品市场的交易成本。食品价格的上涨，不仅提高了人们的生活成本，还直接影响了人们的生活水平乃至社会的稳定。

2. 农业的文化价值

在中国几千年的历史长河中，农耕活动是中华民族最根本的生产和生活方式。以农人为主的中国传统熟人社会所形成的乡土风情，充分展现着丰富多彩的农耕文明。农业文化的载体不仅仅是农民在日常生产活动中所使用的诸如锄头、镰刀、犁等工具，还包括了风俗、民约，例如"前人为了安排好农业劳动，创造了与农业生产相适应的统一的历法——农历（夏历或阴历），建立了反映季节变化的二十四节气"，这些都是农耕文明的精神本体。

珠江三角洲地区"桑基鱼塘"的生产模式，即是我国传统农业生产中循环生态农业的典范，具有突出的农业非物质文化遗产价值。云南的红河哈尼梯田依山傍水而建，堪称"人间天堂、人间神迹"；江苏兴化的垛田则具有"千百条河流，千里一片绿，一片一片黄花"的迷人风光。这些地区的居民以农耕为基础，创作了多种表演形式，例如在紫鹊界梯田休息时，人们祈愿天气晴好，就创作了"草龙"舞曲"高腔民歌"；而青田鱼灯（图1-3）则是以田鱼为主的淡水鱼形象再现了春夏秋冬鱼儿的习性，形成了鱼灯舞的表演形式，并在重大庆典中发挥着重要作用。

图1-3　青田阜山清真禅寺鱼灯舞演出

中国是一个有着数千年历史的国家，对于中国人来说，农业并不仅仅是一种经济活动，它更是一种文化和生活方式的代表。因此，研究中国农业文化可以帮助人们找到中国文化的根基。

3. 农业的经济价值

农业的经济价值是指作为生产空间，农村土地给其所有者或使用者带来的经济效益。农业部门为我国工业化和城镇化作出了巨大的资本贡献，例如通过纳税的形式直接向政府提供资金，为工业化提供资本积累。此方式曾经为我国工业化提供了保障，但2006年我国在全国范围内全面取消了农业税，农业税从此退出历史舞台；随着技术创新、市场需求等要素驱动和当代多功能农业深化发展，农业与相关产业的交融将成为必然。中国古代农学典籍《农桑辑要》，对于种植的讲解，有过人之处；《沈氏农书》对养猪、酿酒与种植的关系，有可借鉴之处，对各资源之间循环利用的关系，也大有可借鉴之处。产业融合最早源于信息财产之间的互相穿插，而后延伸到制造业及服务业等多种产业。日本提出农业"六次产业"的观点，其实践就是发展农产品深加工、农产品流通、农业服务业及休闲农业等乡村第二产业、第三产业。随着深度加工，提升产品的附加值，并直接面对市场，对产品的销量、质量、市场接受度、顾客的反馈等进行深入了解，从而考虑如何提供更高的品质来满足顾客的需求。

4. 农业的生态价值

农业的生态价值是指农业的发展对生态造成的影响。随着农业机械化生产的现代化和集约化，其负面影响越来越明显。例如，过度使用化肥和农药导致土壤硬化、土壤酸化、许多作物的遗传退化和生物多样性丧失，并且使生态环境受到污染，人类健康受到威胁。农业面源污染主要来自种植业生产过程中化学投入品（化肥和农药）的不合理利用，畜禽和水产养殖过程中的残饵以及产生的排泄物，未经处理的农村生活污水的排放及水土流失等。农业面源污染具有随机性、分散性、复杂性和难监测等特征，因其排放时间、频率和组成成分的不确定，被称为农业面源污染的"三大不确定性"特征。农业面源污染通常以分散的方法产生，一般与降雨径流（或农田排水）、渗漏有关，其范围、强度主要与降雨径流进程紧密相关。

所有事物的发展都具有两面性。近年来，我国大气环境形势依然严峻，其中焚烧稻草被认为是造成春天雾霾天气的主要原因，因此，清洁高效利用稻草被认为是控制空气污染的重要途径。在生态农业中，利用沼气池将秸秆、牛羊粪便转变为沼气和有机肥，用于取暖、做饭、照明，有机肥还田，提高有机肥利用率，这样不仅能够逐渐改善土壤结构，提高作物产量，提高农产品的附加值，实现农业的物质资源化，还能降低秸秆焚烧对空气造成的污染，化弊为利，实现农业的可持续发展。不仅如此，农业还可以起到保护和改良土壤环境、保护水资源和维持生物多样性等作用。

三、农业与生态、景观、美的相关性

（一）农业与生态

1. 农业中人与自然之间的关系

在《1844 年经济学哲学手稿》中，马克思提出了"人的有机躯体是自然的"这一观点，并且在马克思看来，人们对土地的开垦本质上也是在发挥自身主观能动性基础上创造了所谓的物质的新的生产能力。对于农业，他欣赏弗腊斯关于耕作的看法——人类的耕作不能不加以控制，否则就会导致土地荒芜等一系列生态问题。人类在农业实践中不能随心所欲地支配自然并向其无度索取，而应尊重自然、尊重农业自然规律。恩格斯在《政治经济学批判大纲》中则指出，土地是人类活动的首要条件，没有人耕作的土地只是不毛之地。这说明，没有人的农业劳动也就没有所谓的农业生态，没有土地等自然资源也就没有所谓的人的农业劳动，二者辩证统一。列宁也认为，人只是"自然界的一小部分"，人的劳动没法替代自然力，在生产过程中或农业中，人也只能在应用自然力的基础上借助机械和工具等以减少应用中的艰苦。

马克思、恩格斯和列宁的这些重要观点深刻表明，人类的农业实践活动首先是以自然界为劳动对象和劳动资料，要在尊重自然的基础上处理好人与自然的关系并把握和运用好农业自然规律，才能实现农业的生态化发展。

2. 农业中的物质转化与代谢

马克思说，劳动首先是人类和自然之间物质转化的过程。农业劳动更是人与自然之间物质转换的直接进程和其他劳动的"自然根基和条件"。恩格斯强调，农业是"决定性的生产部门"。从这个角度看，农业与生态的关系问题的根本指向是农业实践中人与自然之间的物质转换问题，扩展至整个人类社会与自然构成的生态系统亦如此。马克思认为，资本主义农业生产破坏"土地持久肥力的自然条件"并导致人与自然之间物质转换中"无法弥补的裂缝"和"地力的浪费"。他还从"生产排泄物"和"消费排泄物"两方面论述了废物利用对农业的益处并指出，"消费排泄物对农业来说最为重要"，但资本主义对这种宝贵的排泄物的利用存在着很大的经济浪费。他还将物质转换裂缝与土壤退化的关系延伸到了煤炭枯竭、森林砍伐等方面。恩格斯也阐明了人与自然之间的物质转换体现着有机体生命的新陈代谢，并认为要通过城乡融合将城市人群的粪便经由物质转换制成植物的肥料。列宁也认为，资本主义破坏了土地肥力和土地经营之间的平衡并导致不正常的新陈代谢。在他看来，工业、城市的发展不可避免地会"与农争利"。这里涉及了城乡生态边界问题。另外，在马克思、恩格斯和列宁的有关著作中还涉及了农业劳动力流动问题，这一问题既是社会问题又是生态问题，对农业生态化发展是"利弊并存的"。

马克思、恩格斯和列宁的这些重要观点表明，农业生态化发展的理论溯源即是人类的全部农业实践活动，要充分考虑到人与自然之间合理的物质转换和新陈代谢。换言之，就是在一切涉农生产、流通和消费的过程中最大程度地

"降低资金消耗，充分发挥农业生产的内在生态潜力"，从而从根本上彻底解决一系列农业生态问题。

3. 涉农生态资源与环境保护

一方面，马克思从劳动生产率的角度出发并指出，"在农业中，劳动的自然条件决定自然生产率"，并且这种自然生产率是一切其他劳动的根基。这与我国传统农业社会所强调的天时、地利等涉农生态自然因素的作用本质上是一致的。实际上在马克思看来，"农业劳动生产力应该直接表现为一种生态生产力"。他为我们现在所强调的"保护和改善农业生态"提供了理论依据，足见其对农业与生态的关系问题的深刻把握。马克思还将影响劳动生产率的自然条件划分为生活资料的自然富源和劳动资料的自然富源两大类。对这两种富源进行保护，是人类持续进行生产生活的必然要求。恩格斯还论述了资本主义工业对农业农村生态的破坏作用并以水源为例指出，工厂蒸汽机需要较纯净的水，但是工厂在生产中排出的却是污水，并且这种污染会随着工厂向农村地区的迁移而迁移。另一方面，马克思认为"人们应当把经过改良的土地传给后代"。这很明显地体现了马克思农业生态环境代际公平的思想原则，要求人们在农业生产过程中不仅要保护土地，还要对其进行改良，连同保护其他生态资源环境一起，不断地改善农业生态环境，这样才能保证子孙后代在原有基础上实现永续发展。

列宁在其著作中从理论上论述他的一系列涉农生态观点，他还在领导俄国进行社会主义建设中加强了涉农生态治理工作。比如，列宁很重视加强对自然环境进行立法保护，其中与农业相关的就有《土地法令》《森林法》等法律条例且内容涉及农业资源环境保护、土地利用保护、水利工程和人工造林等方面。这些也都属于解决农业与生态关系问题的具体范畴，对当代我国农业生态治理的制度化及法治化建设等具有重要启示。

（二）农业与景观

1. 为景观规划提供参考

农业景观在建立与发展的过程中，为了充分表现出乡村独特的景观观点，将一马平川的郊野、独特的乡村风俗乡情和天然发展的田间花海作为农业景观的主要构成部分，将天然、朴素的乡村感情融入农业景观建设中。在实行景观规划设计的过程中，合理融入农业景观，打造出与城市风貌不同的清爽、干净的景观元素。农业景观的交融，将现代化城市生活与传统的农村生活之间共同的农业景观融入城市园林建设的过程中，更好地满足城市居民对乡村生活的憧憬，为其提供优雅、惬意的自然体验。

2. 提高景观布局的合理性

随着我国社会经济的持续发展，城市化不断加快，城市原本的景观设计逐步被密集的高楼大厦所吞没，失去了原本该有的自然元素。对于农业景观的建设，需充分结合人与自然和谐相处的理念。因此，景观设计师必须充分考量农业景观的设计元素，将其融入城市景观规划的过程中，让城市生活可以更加充分地感受大自然独特的艺术魅力，全面提高城市景观设计质量。

3. 传承景观中的农业要素

农业景观起源于人们传统的生活休养，融入了村落独特的自然风景和农业耕耘过程。农耕是农业村落文明的主要构成部分，通过长时间的开发与创新，农耕包含了丰富的历史文明，表现出独特的艺术特点。农业景观在景观设计中的有效使用，可以改变传统的设计风格，是传承农业传统文明的过程，人们观赏园林景观的同时，可以充分了解农业耕耘的详细环节，了解传统农业包含的历史文明价值，这对于农业景观的建设具有重要意义。

4. 促进城乡可持续性发展

加强城市化建设，减少城市与村落之间的经济差距，是我国经济社会发展过程中急需解决的主要问题，通过不懈努力，"城乡一体化"发展已然获得了很好的建设成果，但想要落实人与自然和谐相处的理念，依然要面对很多问题。结合现阶段我国城市化建设状况来看，依然需要进行长时间的努力与奋斗，农业景观在"城乡一体化"发展过程中具有必不可少的作用，经过对农业景观的合理建设，打造一个"谐和安康"的城市盛况，有益于城市村落结构的调剂与交流。农业景观不仅可以增进城乡发展，还可以提升乡村旅游的运营效益，打造和谐的自然景观是旅游业发展的前提条件，由此可知，农业景观加入城乡建设的规划，可以为实现人类与自然和谐共存的空间设计提供更多的参考。

（三）农业与美

1. 农业的优质美

农业的优质美属于"知觉美"，它是一种最基础的美学情感形态。感性是由感觉、直觉和表象等因素构成的，它是由感性的认识、体验所决定的。农产品的优质，是指其有较高的保健价值，并且有较好的营养成分，同时拥有令人愉悦的色、香、味品质，并且没有任何污染。从被重金属污染的土壤里产出来的农产品是有毒的，比如被汞或镉污染的"汞米"和"镉米"，无论生产多少，都不能说是美的。因此，农产品质量的优质美应该被看作是农业的一个审美特征。

2. 农业的高效美

从知觉差别来看，高效性被认为是一种"经济美"。自然修养以最经济的方式起作用。光按最短的直线移动，物体以垂直的方式下落，植物可以将光迅速转化为能量，动物可以将化学能迅速转化为热能和动能。英国著名哲学家奥卡姆从支持斯科拉主义的方法论出发，提出了"经济原理"，即奥卡姆法则："如无必要，勿增实体"。最小作用原理在物理学中被视为具有美学色彩的伟大的科学艺术，也就是说，农业的美中应该包含高效性这一美的要素。

3. 农业的式样美

农作物展示了显著的美学特征，如对称、比例协调、平衡和整齐（彭光芒，2001）。新品种无论是矮小紧凑还是高大挺拔，其比例协调，都增添了自然的美感。这与人体的"黄金分割比例"美相似。美国美学家苏珊·朗格认为，艺术是生命的表现，通过特定载体和有机体展现。农业中的艺术体现在作物的整齐美观上，这些作物经过培育，具备抗病、抗倒伏、穗大粒多等特点，给人以视觉愉悦。

4. 农业的科技美

农业的科技美是指在现代农业领域中，科技与美学相互融合所展现出的独特魅力和价值。它不仅仅关注农业生产的技术进步和效率提升，更强调在科技应用过程中融入美学理念，使农业生产过程及其结果呈现出视觉、生态、文化等多方面的美感。具体来说，农业的科技美体现在技术创新的美学展现、生态循环的美学实践、农产品美学的提升等方面。

（1）技术创新的美学展现　现代农业技术如精准农业、智能灌溉、病虫害智能识别等，通过精确控制、高效管理和资源优化利用，展现了科技的力量和智慧之美。

（2）生态循环的美学实践　在农业生产中，采用生态循环农业模式，如鱼菜共生、秸秆还田等，通过构建生物链和物质循环体系，实现废弃物的资源化利用和生态系统的自我修复。这种生产方式不仅减少了环境污染，还创造了丰富的生态景观，体现了生态美学在农业中的实践。

（3）农产品美学的提升　科技手段的应用使得农产品在品质、外观和营养价值上得到显著提升。通过品种改良、标准化生产、质量安全追溯等手段，农产品更加符合消费者的审美和健康需求。这些美观、优质、安全的农产品不仅是农业生产的成果，也是农业科技美的具体体现。

农业的科技美是科技与美学在农业领域的深度融合和共同展现。它体现了人类对美好生活的追求和对自然环境的尊重与爱护，是推动现代农业可持续发展的重要力量。

 **小结**

农业美学的精神是科学的、是理性的，是现实的精神、是批判和革新的精神、是为研究作出贡献的精神。其美的价值包含在农业的科学技术价值中。农业科技的方向与美学是一致的。农业美学教育是促进人们对农业科学和技术认识的催化剂。农业美学研讨会促进农业科学的精神和农业科学技术知识的发展。

从这个意义上说，美是一门与人类学有关的学科，它可以被认为是美学的工具，因为它具有研究的意义。人类总结了农业的真实经验，人类探索农业的实践规律，这是农业美学的基本使命。农业美的研究表明，人类精神文明的进步和美学的发展在中国已经深化和成熟。美学不应该仅是一门复杂感性的科学，更应该是国民经济全面发展的工具和指南。

第二节　农业美学价值特征

一、农业美学的内涵

"农业美学"这个概念，直到 20 世纪末，才慢慢走进了美学家的视线。随着时代发展许多新的问题出现了，于是美学家在探讨美的本质的时候，把目光从抽象的角度，转向了现实的角度，试图把美的应用范围扩大到物质的领域。逐渐地，美学家把农业作为一个研究的目标进行分析。虽然现在的农业美学还只是一个很小的范畴，但是多年来，中国的农业发展一直得到政府的大力支持，政府在许多领域都实施了优惠政策，比如税收优惠、人才和资金支持及农产品流通绿色通道等，当人民生活得到显著改善，农业发展迅速的时候，人民对于农业的追求已经不仅仅限于普通的农产品，更多是对生活的追求。农业美学在这一过程中也逐渐展现出其潜在的吸引力。

作为美学学科的一个分支，农业美学首先对人与农业之间的审美关系进行探讨，通过植物、动物等来体现其对农业劳动的反映，从而构建出一种美学的农业，既能实现农业生产，又能展现农业的自然美，从而促进了农业的生产和创新。在日常生活中，人们也许会把粮食的价值看得比什么都重要，但却忽略了粮食本身的美，就像柏拉图所认为的，"美是通过粮食本身产生的，而粮食本身就是美，粮食本身就是永恒的"。每一株植物，都带着其独特的自然之美。马克思首次把"美"和"生产性劳动"联系到一起，并在其《1844 年经济学哲学手稿》中提出"劳动创造美"的说法，的确劳动是人类生活需要的产物，这种劳动会产生美学的价值，正如西方的画家以强烈的节奏感创造出符合自己情绪的作品。尤其是最近五十年，农业的生态价值和美学价值越来越重要，农业不仅仅是一种生产的手段，更是一种美学的手段，一种风景。要发展生态美感农业，就必须要为人类提供充足的物质基础，生态农业美学不仅追求可持续发展和对美的创造、欣赏，更强调在展现美的同时，可以促进农业的发展，实现农业的增产，提高农产品的品质。

农业美学因其组成要素的特殊性而构成了其共同的审美景观，讨论的是人类和农业审美之间的关系，和经过植物、动物及其赖以生存和发展的田园、水域等环境要素，甚至是以全部乡村地域为载体，建立美学农业，农业物资产品和农业审美产品都是其生产工具。农业美学是经过田园景观化、村落风俗化、自然生态化的产物，是能增进农业生产和乡村经济发展的学科。

二、农业美学的认知

（一）农业美学的哲学性

美学是美的学说，是对美的研究。不同的人，对美的感知是不同的。随着时间的推移，美的标准也会发生变化。例如早期基督教对美的理解，要求其对象简单、客观、没有装饰。但是从 10 世纪开始，对于西方宗教而言被认为美丽的、拥有令人印象深刻的客体，既要归功于自然，又要归功于人类双手的创造。随着科学技术的发展，以及物质文明与精神文明的发展，人类对美的要求越来越高。美学，这一被人们称为"阳春白雪"的心灵哲理，也就越来越趋向于现实的人生。陈望衡认为，美学具有美化人的生活、提高人的意境、增进人类与自然界和谐相处的用途。

东方哲学将世界视为物质和精神的延续。作为具有五千年历史的农耕大国，中国传统的农学思想中也包含着美学思想。中国古代的农业生产理论是中国传统美学发展的前提和基础，中国人对自然的态度完全是一种审美的态度，从儒家、道家和佛家的学说里可以体会"天人合一"的思想和朴素的生态观念。《庄子》提出"天地与我并生，而万物与我为一。"道家对自然的尊敬、与自然和谐相处的思维和返璞归真的生活方法等，是中国人对自然的尊敬和基于农耕文明衍生出的生态看法，中国风水说、山川文明、田园诗等都具有中国农耕文明的审美特色，它是世界文明范畴里极具东方特征的文明形态。

生态美学以其特定的方式探索文化背景下人与自然关系的全球性问题。在全球化的今天，由于信息的关联，视域或许因文化和气候差异有所差别，但全球人口集中化、城市文明化、过于趋同化和理性化的生活方式让人类审美理念皆趋于精神满足。近30年来，生态美学已经在全球范围内逐渐整合出其清晰的自然意象世界观。因此，通过结合东西方在哲学层面对自然与文化关系问题的理论基础与经验方法，在农业领域中将环境审美现象的价值整合成一定的自然美学概念，将自然理解为充满审美内容的环境，从而用以追溯农业的审美价值和农业美的特殊性，将在全球范围内创造一种新的生态美学的意义，让人以不同的眼光看待农业，审视人在其中的作用和地位，形成一种独特的哲学体系。

（二）农业美学的社会性

1. 农业的技术发展与审美发展

农业在发展过程中经历了几个发展阶段。

在农业1.0时代，传统的乡村景观是自然的延伸，"农民用他们数百年的劳动创造了自然之美。农民在犁牛后面行走，不仅创造了黑麦的'条纹'，而且夷平了森林的边界，形成了它的边缘，创造了从森林到田地、从田地到河流的平滑过渡"。传统农家山水在生活体系中的功能性与艺术性是相辅相成且平等的。

农业2.0是20世纪初全球工业革命的结果，农业机械化刺激了大规模生产，人类活动对自然开始了全面影响。工业化农业的不合理转变加速了土地资源的枯竭，同时导致农村地区的区域特性逐渐丧失。在机械化的冲击之后，农业转向了更加依赖化学投入品的使用（除草剂、杀虫剂等）和单一栽培的实践。

当前农业领域的革命是农业4.0，自20世纪90年代以来英国、德国、法国已经进入3.0至4.0转型的农业技术革命阶段。农业3.0时代是高速发展的自动化农业时代，是农业专业化整合时代，专业化整合是市场经济的产物，也可以说是全球化的产物。而农业4.0意味着农业生产中外部和内部运营网络的整合。数字农业创新的本质是农产品以科学为基础，它专注于网络技术的精准农业与适应性农业景观的规划。

农业5.0将主要基于机器人技术和人工智能，数字化使创建新一代"自然-工业-农业"系统成为可能。农业5.0可创造巨型农场和田地，但不包含灾难性的工业主义崇拜（工业主义已经给农村地区造成了全球环境、经济和社会问题），其在与自然有机结合的基础上，能够最大限度地体现田野审美和经济社会发展的基础原则。

2. 农业美学的社会感知

人类文化和社会互动一直受生态系统的强烈影响。马克思在《1844年经济学哲学手稿》中有这几段关于美学的著名阐述："人类所有的活动迄今都是劳动。""只有这样，对于人来说，工具变成了社会的工具，对于他自己来说，它变成了社会的存在，而对于他来说，它变成了现实。"对于人的审美意识来说，"美"是人类在实践过程中发现并创造出来的。在物质生产中，人和工具的关系是实践与理论的关系，人经过物质生产获得生产材料和生活材料。生态农业的审美客体是"人化的自然"，或者说是"劳动塑造的自然"，物质生产受客观规律的支配，现代化农业大生产中生产者更是受自然规范、生产程序与科技发展的约束。因此，生态农业的审美客体具有明显的社会性质。

（1）农业美学的认识性 农业美学的认识性在于农业的生产过程。众所周知，农业生产过程是自然再生产和经济再生产相互作用的过程，或者说是人类利用经济资本、自然资本，生产人类所必需产品的过程。经济资本包括劳动力、劳动工具、劳动技术、劳动资金及劳动物质等；自然资本包括土壤、气象、水和生物等。在农业美学概念产生之前，人们几乎都是这样理解、使用农业自然资本，在一定经济资本的作用下，生产的农产品产量越高、质量越优，这样的农业自然资本越好，越具优势；或者，对一定的农业自然资本，采用不一样的经济资本，生产的农产品产量越高、质量越优，这样的农业自然资本使用办法越好，或使用得越充分，即农业劳动工具在农业生产中的地位越稳固。农业劳动过程指的是某一项或某一次农业劳动自始至终的过程，如上午插秧，从开始插秧到中断插秧、完毕、回家，是一次农业劳动过程；生产稻谷，从整田、播种、育秧，到插秧、施肥、灌水、防虫、治病、除草，再到收割、晒谷、入仓，是一项农业劳动过程。在农业美学的指导下，人们使用美的农业劳动手段，通过美的农业劳动工具，用于生产农产品，自然是一种美的享受的过程。在这一过程中，享受的是对美的农业劳动工具的欣赏，特别是对田园、对作物的欣赏，以及对美的农业劳动技术的见解、掌握和使用。

（2）农业美学的体验性 作为人类创造的劳动，农业美学的体验性是人类力量和智慧的体现。在和自然的斗争中，人们逐渐了解并掌握了自然的规律，他们把自己的节奏尽量地表现出来，这样就产生了一种类似于艺术表演的美。在最初的耕作中，人们总是伴随着音乐和舞蹈，这些音乐和舞蹈像一种"魔法"，目的是娱乐和祈求农神的保佑。这种娱乐的音乐既可以娱乐人，又可以在很大程度上减少体力的消耗，它给农夫带来了一种原始的美感。普列汉诺夫说，"在原始部落那边，每种劳动有特定的歌，歌的拍子是能准确地适应每种劳动所独有的生产劳动的节拍。"而农业工作本身的节奏，又是一种美学。播种的时候，男人在背后挖洞，女人在前方撒种，动作好似舞蹈。使劳动艺术化，有两个好处，一是减少劳动的紧张程度，提高劳动的效率；二是增加劳动的乐趣。只要把农作活动相互对比，你就会看到，几乎所有的农作活动都是一种艺术，拥有其相当明显的节奏和韵律。

（3）农业美学的愉悦性　农业美学的愉悦性是农业劳动见解的表现。农业劳动不仅是生产农业物质产品的劳动，而且是生产农业审美产品的劳动。它是生活的本质，丰富了生活的内容，体现了人类的价值，形成了人与自然的和谐统一。农业劳动见解指的是人在农业劳动中形成的对农业劳动的见解。在传统的农业中，农业劳动是为了满足自身的生活必需，为了取得足够的食品和农产品而进行的农业生产行为。这类行动使人们以为，农业劳动就是为了制作农业物质产品，为了满足人类物质而必须执行的一种任务。但是，在研究农业美学的过程中，他们已然不再固定为生产物质的产品，而是生产审美的产品，寻求产品的表面，寻求作物的外形，寻求田园的次序，寻求景观的和谐。这一行动构成了一种观念：农业劳动不仅是生产农产品和农作物的劳动，而且是生产农业美学产品的劳动。它是生活的必要组成部分，是空虚生活的必需产品，是人的价值表达的必备之物，构成了人与自然的和谐统一。

（三）农业美学的伦理性

1. 人文历史之美

荷兰建筑师雷姆·库哈斯曾说："乡村占世界面积的 98%，50% 的人类生活在那里。但当今人们对城市的关注造成了一种类似于 18 世纪初的情况，当时世界上的广大地区都被绘制为未知之地，今天那（其中的）大部分变成了乡村……我们就像旅鼠一样，奔向城市，尽管这很荒谬。"近几十年来，虽然大部分精神和智慧都集中在城市地区，但城市模式的生活秩序并非永久可持续的，联合国宣布实施"2021—2030 年生态系统恢复十年"计划。事实表明，现代物质主义在实践中已经违背了人类生存的理想。如今，在全球化和城市化的影响下，乡村身份正在消失。全世界农民的平均年龄已接近 60 岁。农业生态的伦理问题，包含严重的人口外流、老龄化和环境问题。若脱离伦理只谈审美，将形成阶层的矛盾。在美国，为满足富裕人群的审美需求和城市扩张，已出现了严重的社会问题和环境问题，而农村低收入阶层提出建立自然保护区、限制新建筑的开发等措施，这些措施一定程度上减少了商业活动，增加了生产成本，减少了工作岗位数量，同时导致工资增长受到抑制，反而对低收入群体非常不利。美国于 1973 年立法通过了《美国濒危物种保护法》。

今天，人们生活在信息经济时代，全球化、温室效应和气候变化威胁着人类既定的生活方式，社会需要找到与自然和时代规则和解的方法。根据可持续发展的综合科学方法制定农村地区发展的方法框架势在必行。

科技化不仅是应用的工具，更是世界发展的必然过程，人类现有的生存模式必须被信息技术与生物适应性所整合和取代。在这种情境下，"生态美学伦理问题"将面临相当大的难处，把人与自然的关系提高到一个新的高度，上升到今日所面对的伦理窘境。正如美国社会哲学家刘易斯·芒福德所说："只有把艺术和思维应用到城市的好处上去，对容纳万物审美的宇宙和生态的过程有一种新的献身精神，才能有明显的改良。人们必须使城市恢复母亲般的养育生命的功用，自主地活动，共生共栖地结合，而这些功用好久以来都被遗忘或被克制了。城市本应该是一个爱的容器，而城市最好的经济模式应是关怀人和熏陶人。"

2. 物质传承之美

地球上所有的动植物都是生命的存在。无论是金黄色的小麦，还是紫色的桑树，它们都在经历受孕、发芽、生长直至成熟的生命过程。这些植物在农业产生之前就已经存在，在大自然的恩惠下繁盛，但是农业产生后，人类的独创性渗透了进去。如果说刀耕农业时代的人类离生产还很久远，那么锄耕农业时代则表明人类已开始有意保护自己种植的作物。例如在商周时期，人们为了了解沟洫是如何建造的，为了好好栽培农作物，于是在农田周围挖水渠，在农田中间设置山脊。到了春秋战国时期，人类已经懂得了深耕的道理，《吕氏春秋·任地》曰，"其深殖之度，阴土必得"，之所以会这样，是因为人们知道，为了让地下水进入作物的根部，必须把地基深耕到土壤中有水分的地方。而到了西汉年间，人们对农田的管理更加科学化，《氾胜之书》曰："凡耕之本，在于趣时和土，务粪泽，早锄早获。"由此可见，要及时播种，改良土壤，注意施肥和节水，尽早种植，及时收获。这些农田管理规则从东汉时期被承袭下来，王充《论衡·卷二》曰："深耕细锄，厚加粪壤，勉致人功，以助地力。"前文所说的"深耕""和土""务粪泽"等直接保障了农作物的安康，在人们的管理下，农作物与以前相比品质也完全改变了。由此，人类在崇尚自然的同时也崇尚作物的生命。农作物的多样化发展和人类的繁衍息息相关。

3. 精神治愈之美

农业美学的精神治愈之美表现在乡村生活当中。乡村有着大量的自然风景，有原生态的自然，也有人工的自然。农舍大部分依山或是临水，乡村建筑没有城市建筑的整齐，也没有城市建筑的拥堵。乡村建筑犬牙交错，朴实大气，亲和天然，也亲近人性，因此独具魅力。

乡村的生活充满了浓浓的情感。在都市中，人们都是一家一家地住，几乎没有与街坊邻居的交往，甚至有不认识对门邻居的情况。而在乡村，邻居才是最重要的，比朋友、亲人更重要，所以才会有这样一句俗语"远亲不如近邻"。乡村基本上是以家庭为劳动单元的，生活单元与劳动单元合二为一，家庭的温馨感自然就更强，嫡亲之乐或许在农家表现得比城市更加突出。这类既属于自然，又属于社会的家庭感情、邻里感情的满足，同样让人感觉到本性的回归，城市生活造成的本性的改变在乡村生活中被治愈了。

4. 自然和谐之美

《汉书·食货志》曰："辟土植谷曰农。"由此可见，在中国农业的起源时期，"农业"的意思主要指开垦地盘和种植谷物。众所周知，人类起初的生产方式不是农业，而是以狩猎采集为中心，直到大约一万年前才逐渐有了种植技术，"采集"与"狩猎"是一个完全依赖自然的阶段。在农业被创造之后，就是走向以农业为主体的现代文明的过程，原始农业从完全依赖自然形态中逐渐分离出来。但是农业并没有完全脱离自然，而且自然的力量即使在今天也显出一定的影响与作用，因此农业与文明的发展形成了与自然相互交织的形态，其中以农具的发明和革新最为典型。在农耕工具中，人们发现了一些保管不全的石铲、石斧、石镰和用于粮食处置的石磨盘、石磨棒等，经过对这些农耕工具的剖析，一些学者推测出原始时代农业的特点：原始农业是农业的第一个历史形态，它基本上与考古学上的新石器时代相一致。生产工具以石质和木质为主，广泛应用为砍伐工具，刀耕火种，实行撂荒耕作制，种植业、畜牧业和采猎业并存，这些就是原始农业生产办法和生产结构的重要特征。一方面农业的对象是自然，其活力总是被限制在自然的范围内，另一方面农业也是人类文明的体现，反映了技术发展、工具改革、人类对自然改造的程度。因此，人类通过农业生产，在大自然和文明之间获得了一种和谐的美丽。

（四）农业美学的艺术性

在自然形态中寻找美与和谐的感受是人类的天性，现代人需要寻找条件来恢复个人内在心理情感空间的和谐，这种需求催生了空间组织和人类活动的新文化形式，并将积聚起来的人生、伦理、道德、心理诸观念进行升华与运用，它们经历了历史的归纳综合化、笼统化、方式化，才有了"有意味的形态"。城市居民的现代日常生活节奏使得人与自然界交流及在生活环境空间中创造"灵魂绿洲"的需要更加迫切。生态美学为其提供了理论和实践可能性。

1. 田园之美

就景观美学而言，"风景如画"是人们感知到视域范围内的各种品质和价值的结合。换句话说，"美"是人类对美好品质和价值的感知所产生的积极结果。当一幅美丽的风景被人感知，当这种感知有意识或无意识地被积极"加工"时，它就变成了一种美感，即变成了个人的积极情绪。因此，"风景如画"代表了视域的审美价值。

美学将人具有的审美性质的愉快概括为"乐"，将人的生存方式概括为"谋生""荣生"和"乐生"，"谋生"与"荣生"分别代表了人类的生存需求与精神需求，"乐生"则为审美人生，更具体地体现了人对环境美学的需求，以王维的《渭川田家》与陶渊明的《桃花源记》为代表的田园梦想，则是中国人对农业生态审美的直观体现。在中国传统的美学思维中，整齐一致、平衡、对称、多样的一致的式样美占据主要位置，这是由于在中国传统农业的理论活动中，农民在劳动中发现了美，在发现美的过程中又进一步提升了人的审美才能和审美眼光，发现了某些自然物对人的功效，想象它们是一种美的方式，经过时间、空间、内容等的反复出现，在人们的头脑中构成了笼统的存在方式，成为具有绝对自立性和历史承继性的美。

2. 建筑之美

建筑具有复杂性，建筑之美可以使之拥有"自然-人口-经济"三位一体的和谐关系。乡村城市化需要使用建造建筑的方式来推进。建筑与环境的和谐共生需要建筑与自然环境之间的互动。村庄的可持续未来不仅需要工业化农业的高效率和高产量，还需要基于数字技术的智能化管理，以及与生物圈兼容的生态景观保护。通过这三者的有机结合，可以构建一个高效、环保、可持续的乡村发展模式。

为了改善农村地区的生活，让居民回归故土，中国建筑师正在开发一种新的居住建筑和空间模型。毕业于哈佛的华裔青年建筑师徐甜甜将其作品建立在"建筑针灸"的理念之上，不仅可以建造美丽的建筑，还可以改善农村的社会生活：①建筑可以对农村人民产生强烈的社会影响，通过在地方创造公共空间来组织村庄的社会生活，激活社会生活的区域。②商业项目必须超越县城村庄的旅游景点，面向城市居民或外国游客。产品需要在原汁原味的农业和遗产的基础上，让村民自己展示当地的历史。③建筑设计的情节与乡村环境相联系。建筑是为特定的地方和人创造的，可以适合多个对象同时使用。该建筑可以被视为其所处地区和文化的一个组成部分。但与此同时，它们必须非常适合自己的位置。④建筑应该连接过去和未来。开发集体记忆空间，以复兴人们对该地区文化和历史的理解。建筑设计师徐甜甜提出"建筑针灸"，以公共建筑作为针灸疗法的乡村策略，针对不同村庄特定情况，通过公共建筑重塑乡村的身份标识，点位激活文化经济发展，形成县域的城乡系统关联。

3. 作物之美

农业的作物之美，来自人们对农业生产率的不断提升和对农产品日益增长的供应需求中的审美心理，还有农业经济的高效美学。人们对"美"字的考证，提出过"羊大为美"。在我国古典审美概念中"大"是其中一个因素。《庄子·内篇》中说"夫天地者，古之所大也，而黄帝、尧、舜之所共美也"，这句话赞美大的事物。《吕氏春秋·侈乐》中说"大鼓、钟磬、管箫之音，以巨为美"，这是把巨大的事物认为是美丽的。在古代大、长、高、玄、光、满、丰及盛等许多近义字都以大为美。人们认为，农业的丰收是促进生物生长和发展的结果，它使生物从这种力量和与其有关的东西中获得了美。《诗经·淇奥》中见到的"猗猗"一词，表示绿竹婀娜和伸展茂盛的姿态，同时暗示着诗人对绿竹在生育或繁盛期具有旺盛生命力之美的赞叹。"大，以肥美者特为'脔'，所以祭也"，这里的"大"是指祭祀时使用的肥美的肉类。孔子说"唯天为大，唯尧则之"，这里的"大"指的是伟大、崇高的意思。古人之所谓"大"既有力的超越性，又有形的超越性，它代表一种向无限延伸的精神世界经过历史的继承和积淀，逐渐演化为形态学上的雄壮之美，这属于典型的审美要素。

4. 艺术抒发之美

农业的艺术抒发可以表现在农作物生命有机体上，它们都有很高的对称性、比例、均衡和整齐性等审美特点，人工培养的农作物新品种大多是矮化紧凑、刚健矗立、无病害斑点、抗倒伏、开展整齐的穗大粒多的品种，这些使得自然植物更富有使人视觉温馨的愉悦美。在农业生态系统的主体——人身上，就表现出毕达哥拉斯学派发现的"黄金分割律"之美，人体从头顶到肚脐与从肚脐到脚底之长，二者之比存在 1：1.618 的比例美。美国符号论美学家苏珊·朗格在《艺术问题》一书中就夸张地指出，"艺术"是生命的方式，艺术是有机体通过肯定载体的感性显现。

🌥 小结

农业美学的第一要务就是探讨人与农业之间的审美关系，通过植物、动物等体现其对农业劳动的反映，从而构建出一种美学的农业，既能实现农业生产，又能体现农业规划，从而促进了农业的生产和创新。在农业的价值观中，包含着审美的价值观。审美还具备了哲学的情感和自身的理性，它深入生活，把情感与现实联系起来，继承了我国发展农业的方式，融合了新的改进因素，对农业进行了继承和发展，推动了国家扶持农业的政策。它也是一种本土美学与技术美学的融合，用技术美对自然之美进行了某种程度的修饰，使自然之美达到了标准程度，因此不对乡村地区原有的现象带来任何不好的影响，也使其外部的状况及面貌得到了改善，就像音乐的变化可以谱出美妙的乐曲，丰富多彩的审美形式也造就了丰富的人生经验。从这个意义上说，农业科技的发展就像是审美、技术与艺术的统一，使人的精神在一大片莳植领域闪耀，从而使农业的生态审美价值就显得尤为突出。

第三节　农业美学的研究意义

一、东西方农业哲思探源

（一）东方精神文化与田园美学中的诗意寄托

在几千年的劳动中，土地成为人们最为亲近的自然要素，亦成为人们认识自然、改造自然的直接作用对象。随着自然地理条件的改善、农业生产的发展、人类文明和审美意识的苏醒，传统的华夏"以农立国"思想结合现代中国的美学思想，以农业文化为根基，以文学、思想和艺术的方式，将农业文化和乡村生活的美感融入了乡村生活之中，并在此过程中，产生了许多的人文现象。

1. "天人合一"与"人化自然"的农本思想

（1）思想与农业　以史为鉴，传统哲学中的"道""天人合一"对于自然之美的认知，以及太极、阴阳、五行揭示宇宙万物之理和审美意识，都值得我们借鉴。老子提出的"人法地，地法天，天法道，道法自然"；儒家提出的"大乐与天地同和，大礼与天地同节"；庄子提出的"天地之大美"，都是农本思想。

"人化自然"，即人类由于生存的需要，在遵循自然规律的前提下，对土地、植被等自然资源进行了一定的改变。如《山海经》记载："西南黑水之间有都广之野，后稷葬焉。郭璞注曰：其城方三百里，盖天地之中，素女所出也。播琴，就播殖，方俗言耳。爰有膏菽、膏稻、膏黍、膏稷，百谷自生，冬夏播琴。鸾鸟自歌，凤鸟自舞，灵寿实华，草木所聚。爰有百兽，相群爰处。此草也，冬夏不死……有九丘，以水络之……有木，青叶紫茎，玄华黄实，名曰建木。百仞无枝，（上）有九属，下有九枸，其实如麻，其叶如芒，大皞爰过，黄帝所为。"

（2）五行与农业　土壤在空间上存在着一定的互补性，这为当地的农业发展提供了一定的理论依据，其理论基础以"五行说"为主。

在战国时代，曾出现过一种"月令派"，用五行学说来启发农耕思想。《礼记·月令》和《吕氏春秋·十二纪》等认为，这是一个包含了农、林、牧、副、渔"五业"的完整体系。对物质法则的掌握，反映了汉民族是一个已日趋成熟且史无前例地强盛的民族，他们在史无前例的广阔空间，创造着真实的人类之美；而追求了解客观规律，就是他们主动追求了解一切事物的体现及必备条件。

（3）节气、时令与农业 以一年为一个周期，这是一种最根本的自然时间划分法。二十四节气的产生，是中国古人以地球为中心，对日月变化的理解和逐步深入的进程。人的认知是从人的生产和生活经验中产生的。中国远古时期的农耕文化十分繁荣，据考古证实，在河姆渡地区，水稻种植可以追溯到七千多年前；而在东灰山地区，种植小麦则可以追溯到四千多年前。作为主要粮食作物的两大粮食作物，稻麦种植技术的发展，为中国北方和南方的粮食作物打下了良好的基础。正如《吕氏春秋·当赏》中所说："民无道知天，民以四时、寒暑、日、月、星、辰之行知天。四时、寒暑、日、月、星、辰之行当，则诸生有血气之类皆为得其处而安其产。"四季和日月星辰的变化，都关系到国家和人民的生活。春秋两季是农事活动的中心，而古代天文和理学的发展，为农事的播种和收获提供了准确的时间。古代人早就意识到了季节的轮回，但是从对这个周期的感官认知，到对这个周期的精确掌握，却是在历史中不断摸索的过程中逐渐形成的。感受到春夏秋冬的轮回，和掌握春夏秋冬的轮回，是两种截然不同的境界。对于第一种情况，只靠感觉就可以了；而对于第二种情况，则需要以精确的观测数据为基础，并以相对复杂的知识系统为辅助，从而得出结论，这些是古人智慧的体现。

2. 汉·《淮南子》——物产、生命、自然之美

（1）自然之性，因其资而用之——物"资"之美 "自然之性"是指对伦理自然规律的遵循，"因其资而用之"则是发挥主体能动性与求真精神。《淮南子·主术训》："禹决江疏河，以为天下兴利，而不能使水西流；稷辟土垦草，以为百姓力农，然不能使禾冬生。岂其人事不至哉？其势不可也……是故圣人举事也，岂能拂道理之数，诡自然之性，以曲为直，以屈为伸哉！未尝不因其资而用之也。"

《淮南子》之"自然之性"继承了《庄子·外篇·天道》"美真统一"的思想，并通过农业思想表达出来。《说山训》之兰，《原道训》之橘，《天文训》之稻、蚕、豆、麦等都是物种对自然、天象等客观季节气候的适应状况，它是中国早期"物性论"的一种思维形式，反映了《淮南子》对自然界物质本质求真探求的精神，也在一定程度上对道家美学的过于虚空作出了唯物主义的修正。

（2）取予有节，出入有时——守"时"之美　《淮南子》中二十四节令是这本书农学理念中最具典型意义的一种理论表述，它的"以时为序"的审美理念得到了很好的反响。在《礼记·月令》一书中，四时不再是单纯的四季，它还与时空联系在一起，形成了一个不断变化的领域，覆盖着人与自然。《淮南子》在先秦节气学说的传承下，首次系统而全面地阐述了二十四节气的运作原理。将二十四节气历法同天气、物候、农业、音乐、天干、地支等有机结合在一起，构成一个严密的逻辑性系统。在这种制度下，农事行为与天之道、地之道相符合。二十四节令说是中国农耕哲学遵循天地之道，与自然和谐共存的人文思想的集中表现。时间并不是一条线，它只是一个循环，不是一个无限大的点，它只会随着时间的推移而移动。虽然有年、月、日等度量单位，但是与空间相关的天干、地支在其中占有很大的比重，并且以具体的农事、物候为主要内容。春、夏、秋、冬，四时的节律，正是世界的大美；人类的生活就应该隐含着这样一种韵律之美，才会富有生气。遵循庄稼的天时规律，使其"以为民资"，这是农业文明中的一种重要精神，也是农业文明中的一种大智慧。

（3）政通人和，夫民善行——"人文"之美　《淮南子》将先秦人所承袭的"民为本"的观念，延伸至对百姓的关怀，并将其作为一种"民为本"的关怀，表现在农民耕作中的艰难境遇上。《淮南子》中提出"务农第一"的观点，就是要确保普通民众能够过上稳定的生活，让农民能够"自己耕作，自己织布"，使农民能够在日常的耕作中，不受"衣食"的困扰，如此就可以让政府得到更多的粮食，让社会达到"衣食足，万民不侵，太平盛世"的情形，也就是所谓的"安居乐业，道德自律"。凡以"末"为先，不以农为"本"，必伤及整体的政治、经济、文化之和谐。

"以农业为中心"是中国古代社会的主流。《史记·孝文本纪》云："农，天下之本，务莫大焉。""务本"是中国古代社会安定发展的一个非常关键的制度性基础。中国文学艺术等审美形式，其创作的主要对象是"土"，其实质是对"农民"的赞美。儒家与道家虽然是两个极端，却同属一条轴线，二者都表现出农民的愿望与精神，二者突出的特点是"务本抑末"。在《淮南子》中，农业被提升到了能够稳定社会的高度，强调了"以农为本"，从人民的生活状况出发，更注重每个人生活的幸福感。站在人生存在性的角度来论述农业，使《淮南子》中的农学思想充满了浓郁的伦理学情感，并以"善"为其价值导向和审美内涵。

（4）"天道""有为""大浑为一"——"神化"理想 《淮南子》以"与世为本"为核心，提倡"与世为本"的人文价值观。《淮南子》中"大浑为一"所倡导的"天地人物""天道""有为"三者之间的协调，构成了汉朝农业的审美理念。在此基础上，追溯前人对自然、社会和人生的审美追求。《淮南子》把农耕的至高价值意蕴引向"神化"的政治领域，"神化"即用"至诚"来"化人"，用至诚之情、至诚之心来影响人，使人在自然而然的耕作中感受到人的心灵；并将其扩展至所有的社会和政治管理领域，以一种深层的精神力量影响着人们的内心。"神化"的作用在于"得人心"，也就是使人民与统治者产生一种心理上的共鸣。《淮南子》从"以人为中心"的农耕思想，到"以人为中心"的"神化"理想，都是在"因民之性"的基础上进行的，它继承了道教"以人为本"的思想；融合了儒学的"礼""乐""道""德""民"等思想，以"民"为基础，以"人"为"理"。"神化"是君王统治世界的至高的政治理念，然后是以"仁"为基本的道德理念，最后是以"赏""罚"为基本原则的强制性规范。正是基于这一点，《淮南子》才构建了一个"美学政治学"的"层级理论"。

3. 天工"造物"的技术美学

（1）从《天工开物》到《长物志》 《天工开物》认为："天覆地载，物数号万，而事亦因之，曲成而不遗，岂人力也哉？事物而既万矣，必待口授目成而后识之，其与几何？万事万物之中，其无异生人与有益者，各载其半。"天地间万物数量之巨，其所承载的事理之繁，于人类有益或无益的事物各占一半，如何处理这种事理与关系就成为造物的主要命题，其中就蕴含了如何发挥设计的价值，协调人、物与生态环境和谐。这一思想与现代设计中提倡的绿色设计不谋而合。

李渔提倡造物"宜自然，不宜雕斫"，要"顺其性"而不"戕其体"。"窗棂以明透为先，栏杆以玲珑为主，然此皆属第二义；具首重者，止在一字之坚，坚而后论工拙……凡事物之理，简斯可继，繁则难久，顺其性者必坚，戕其体者易坏。"李渔所倡导"以物为本"的设计准则，亦即"制体宜坚"为原则。文震亨在《长物志》中也提出了和李渔一样的观点，那就是用天台藤制的椅子，最好用古树的根茎，这样才能保证椅子的完整。与此同时，他又拒绝大多数木制家具使用华美的油漆，不论什么"台几"，如果是红色的，那就应是窄窄的，三角形的都不行；关于"杌"的问题，他认为朱黑漆的贝壳、绦环等样式，都是不能使用的；关于"交床"的讨论，金色的、有褶皱的和粗陋的不能使用；关于"架"的问题，两个格子的、一个柱子和一个红色的，都是无用的。从这一点可以看出，苏州士大夫在创作中，注重对材质自然属性的尊重与运用，拒绝过分的雕刻与装饰，既尊重木材本身，又重视材质的形式，达到"天成"的目的。

（2）日本民俗学、民艺学与民具学　在日本，"民具"一词于1936年由物质民俗学家涩泽敬三所创立，后来结合宫本常一、宫本馨太郎等人的看法，将民具视为一般人民为了满足他们的劳动、生产、生活需求而制造并运用的传承工具，其内容涵盖了生活、文化的所有方面，具有基本的传统文化特征，并且由人们通过人工或单纯的工具（不是以机器为工具）制造而成。根据日本各地区农业工具的调查结果，有些学者又根据其用途与功能、材质与质地、形状与方法，以及根据博物馆中所展示的物品，进行了各种各样的归类。柯杨在提出日本学界对民间器具分类的限制之后，根据中国民间器具地域分布较广的实际情况，认为民具是民间器具的一个组成部分，很有必要进行一次全国性的普查，并针对民间器具的分类与普查，提出了详细的意见与规划。毫无疑问，这一项目的顺利开展，必将为我国传统农耕工具的研究和保护作出卓越贡献。

4. 诗词、民谣中的田园理想

（1）"桃花源"式的理想社会

桃花源记

晋太元中，武陵人捕鱼为业。缘溪行，忘路之远近。忽逢桃花林，夹岸数百步，中无杂树，芳草鲜美，落英缤纷，渔人甚异之。复前行，欲穷其林。

林尽水源，便得一山，山有小口，仿佛若有光。便舍船，从口入。初极狭，才通人。复行数十步，豁然开朗。土地平旷，屋舍俨然，有良田、美池、桑竹之属。阡陌交通，鸡犬相闻。其中往来种作，男女衣着，悉如外人。黄发垂髫，并怡然自乐。

见渔人，乃大惊，问所从来。具答之。便要还家，设酒杀鸡作食。村中闻有此人，咸来问讯。自云先世避秦时乱，率妻子邑人来此绝境，不复出焉，遂与外人间隔。问今是何世，乃不知有汉，无论魏晋。此人——为具言所闻，皆叹惋。余人各复延至其家，皆出酒食。停数日，辞去。此中人语云："不足为外人道也。"

既出，得其船，便扶向路，处处志之。及郡下，诣太守，说如此。太守即遣人随其往，寻向所志，遂迷，不复得路。

南阳刘子骥，高尚士也，闻之，欣然规往。未果，寻病终，后遂无问津者。

①农业环境的静怡。《桃花源记》中诗人通过武陵人的形象来表现自己的

梦想和现实之间的冲突，他把自己的感情倾注在了风景上，以及他对自然的喜爱上，融入了一种生态学的审美理念。一草一树都是感情，而那些山林也成了他心灵上的寄托，他在这里找到了一种归属，一种与自然融为一体的感情。"生态美学"这个概念从中国古典文学的角度去发掘，而不单单是从作者的角度去看，更重要的是，这个概念所蕴含的美感是从自然的角度去看的。从陶渊明的《桃花源记》中，可以看到他对山川河流的精妙描述宛若一幅画，浑然天成。

②田园生活的朴素。汉代后期人们对大地的依赖，使桃花源呈现出一种孤立的格局。"土地平旷，屋舍俨然，有良田、美池、桑竹之属"，平整的耕地，排列整齐的房舍，肥沃的土壤，郁郁葱葱的竹叶，优美的水潭，构成了一幅平静安宁的田园图景。"阡陌交通，鸡犬相闻"，田野里，道路蜿蜒，鸡叫声，狗吠声不绝于耳。好的居住条件，让人有一种安心的感觉。"往来种作""黄发垂髫，并怡然自乐"，田间地头，有老有少，脸上都洋溢着喜悦与满足。这位渔民看见了美丽的自然风光，安定的生活环境，这一切都引起了他的兴趣。《桃花源记》中记录着良好的社会风尚，这位渔民是外乡人，初来桃花源，非但未遭人敌视，乡里还无抵触之意，反倒"便要还家，设酒杀鸡作食"。

③理想社会的精神寄托。从诗人的诗词中，可以看出他对大自然的渴望，这种渴望是他个性精神的一种表现，一个人如果不能与这个世界融为一体，那么就只有躲进森林，在森林中寻求自己的归宿。

（2）王维——农家农事　王维是著名的诗人，被誉为"诗佛"。苏轼对他做了这样的评论："味摩诘之诗，诗中有画；观摩诘之画，画中有诗。"

谓川田家

斜阳照墟落，穷巷牛羊归。

野老念牧童，倚杖候荆扉。

雉雊麦苗秀，蚕眠桑叶稀。

田夫荷锄至，相见语依依。

即此美闲逸，怅然吟式微。

这首诗写的是田园人家的晚景，宁静而祥和。

诗人以"归"为中心，一幅接一幅地展开田园画卷。全诗前四句所描述的场景为黄昏时分，村子里的景色。归牧的牛羊涌进村巷中。老人拄着拐棍，站在柴门外，等着自己的孙子回来。第五、六句说的是农庄中的事情，山鸡在啼，小麦已经秀穗，吃足桑叶的蚕开始休眠。他用纯粹的白描手法，描绘了田园风光，画面唯美，充满了诗意。第七、八两句，描写了村民的休闲生活，在田地里干完活，回来的时候遇到了熟人，互相攀谈，说说笑笑，整个村庄都充满了欢乐的气氛。在祥和宁静的景象面前，诗人不禁感叹起村庄中平静安逸的生活，吟唱起《诗经》中"式微，式微，胡不归？"（天黑啦，天黑啦，为什么还不回家呀？）的诗句，表明他想要隐居田园的渴望。

田园乐七首（其七）

酌酒会临泉水，抱琴好倚长松。

南园露葵朝折，东谷黄粱夜春。

本诗为组诗《田园乐七首》之第七首，是王维退隐辋川时所作。全诗由两个非常工整的对仗句组成，第三、四句为流水对。

"酌酒会临泉水，抱琴好倚长松"，临泉水而酌酒，倚长松而抱琴，琴酒相和，潇洒自适，这是典型的隐逸生活，表现了隐者的情趣雅致。"南园露葵朝折，东谷黄粱夜春"，早晨折南园露葵而烹，夜春东谷黄粱而食，十足的田家生活，别有趣味。诗意入画，刻画细致，构图简练，景物错落有致，表现了诗人退居辋川后与大自然相近之乐。

（3）陆游——乐活好活　陆游，越州山阴（今浙江绍兴）人，是一位爱国诗人，也是文学家和历史学家。陆游生于南北宋两代更迭之际，正值金军入侵，目睹了当时的社会与民族处境，因此陆游怀揣着强烈的爱国主义热情与雄心壮志，抗击金国，为国效力，以期夺回失地，驱逐南下的金人。在陆游的诗歌里，到处可以看到他想要报效祖国却无能为力的凄凉与愤怒。陆游在被官府抛弃，被朝廷刻意忽略后，便返回故里，闲居山村，耕田种菜，以朋友为家人，以诗为酒。陆游的诗歌，以他在农村的生活及他的所见所闻为题材，描述了他的衣食住行，展示了他在山村里的心境和生活情景：

柳桥晚眺

小浦闻鱼跃，横林待鹤归。

闲云不成雨，故傍碧山飞。

看着欢快的鱼儿在江里蹦蹦跳跳，嗅着新鲜的空气，在林中静静地坐着，望着青青的山峦，期待着仙鹤飞回。天空中飘荡着一朵朵白色的云彩，但是因为云彩很少，也没有形成雨带，所以在森林中飘荡。

观村童戏溪上

雨余溪水掠堤平，闲看村童谢晚晴。

竹马踉蹡冲淖去，纸鸢跋扈挟风鸣。

三冬暂就儒生学，千耦还从父老耕。

识字粗堪供赋役，不须辛苦慕公卿。

一场大雨过后，河水上涨，漫过了河岸，孩子们在落日的余晖中打闹着。有人在水中乘风破浪，有人在放风筝，有人在听风。冬季的三个月就跟着塾师学习，农忙时节就回家跟随父兄耕田种地。识字勉强能够应付租税劳役就好，辛苦读书不需要羡慕王公贵族。

（二）西方宗教文化与理性思想下的农业美学

人类无法脱离历史与文化环境去欣赏乡村之美，乡村是农业社会的反映，同时也是一种文化载体。乡村美学既受统治阶层的制约，同时又融入建筑者与寓居者的目标。正如狄尔泰所言："时间性，即生命的第一类描写，蕴含在生命中，而生命又是其他描写类的基本描写。"西方发现最早的景色画是作于公元 1 世纪前 25 年间的希腊时代的岩画，第一幅完好的中国山水画作于公元 4 世纪。毕达哥拉斯学派以为美就是数的调和，在其艺术方式中都夸大均匀、比例严谨，同时"模拟性"占据了比较关键的地位，柏拉图和亚里士多德都把美归结为模拟性。因此，农业美学是物质与精神要素的综合体，是与人类发展同步进行的。

1. 认知革命与农业革命

（1）认知革命　"认知革命"是关于人类在进入农耕时代之前的生存环境。按照西方的理论，两百五十万年前，东非地区出现了"南方古猿"，后来又迁移到了亚欧地区，形成了尼安德特人，之后进化成了直立人，最后变成了现在唯一的"智人"。从进化的角度看，"人类"为什么能在这个时代生存下去，为什么会变得更好，为什么会影响到自然，这都是值得深思的问题。而在距今 8500～9500 年的这段时间里，人类主要以采摘果实和打猎为生。从神的角度来看，那个时代所有的人都在迁徙。当部落发现一个有大量物资的区域时，他们就会在那里驻扎下来，等到物资消耗殆尽，他们就会迁移到其他区域，寻找下一个有大量物资的聚集地。

（2）农业革命　公元前 9000 年，人类已将麦子用于种植并将山羊作为家用牲畜进行饲养。此后，人类开始尝试种植水稻、玉米和马铃薯等。早在公元前 4000 年，人类就已经有了交通工具，后来的骆驼则是在公元前 3500 年左右被训练出来的。由于人类能够保管粮食并对牲畜进行有效的训练，所以他们从以打猎为主转为以耕种为主，同时也从游牧向定居发展。稳定的生存环境和农作物的种植，使得人类能够获得的食物越来越多，因此人类的数量呈指数级增长。从小麦的角度来看，在公元前 10000 年，它不过是万千杂草中的一种，后来它遇到了人类。人类为了照顾好小麦，停止了不断搬迁的脚步定居了下来；为了能够让小麦更好地生长，人类要为它寻找合适的田地，"消灭"它的敌人；

怕它渴了，又怕它淹死，所以需要定时定量地给它浇水，也要保护它，因为不经意间，它可能就会被其他动物或者昆虫当作食物吃掉。

人类数量不断增加，对粮食的需求也随之增大，导致麦田的面积不断扩大，从而形成一种"恶性"循环。从部落到村庄，从村庄到小镇，从小镇到城市，从城市到数十万人的国家，这个国家随着时间的推移，使得越来越多的人进入农耕时代，而农耕时代是一个巨大的拐点，人们抛弃了和大自然的亲密关系，变得更加自私，人们把自然当成了"自己家"，和周围的生物划清了界限。虽然人类丰富的"想象力"对于人类社会的稳定发挥了重要的作用，但是慢慢地因为小麦或者牛羊的多少分开了穷人和富人，为了管理人口众多的城镇甚至是国家，也为了维护社会的秩序于是出现了法律，没有食物之忧的人类当中出现了宗教、民主、自由和资本主义等由想象所构建出的秩序。

2. 宗教、人文主义与农业

（1）宗教　宗教是一个基于人性准则和价值体系的存在。早期的宗教出现在农业革命时期，随着农耕文明的发展，人类抛弃了和大自然的密切关系，他们更多地以自己为本，把自己和周围的生物隔离开来。在农耕文明之前，人处于食物链条中，人类以采猎为食，但也会成为猛兽（如狮子、老虎、狼等）的食物。而且由于食物的难获得性，人类会因吃了某些有毒的植物而死去。然而在农耕革命以后，人类开始耕种粮食，并把牛羊圈起来，把它们当作自己的财产。如果想让庄稼获得好的收成，或者饲养好的牲畜，则需要尽可能多地让人和牲畜进行"交流"。《圣经·创世纪》中这样记载："有一日，人类幻想有一位可以与自己交流的神，然后以自己对神的虔诚作为交换，并通过自己的信仰，让自己与牲畜交流。"这也可以理解为什么在农耕时代之后的数千年中，人类会向神明奉献羔羊、美酒和糕点，以求神明赐福。这也许是宗教的一种朴素的由来。

在西方的原始泛神学说中，神与生活中的一切都有联系。在那个时代，人们认为在这个世界上，人类只是其中一种生命，而那个时代的神灵与人类通过祭祀的方式来交流。后来当人类文明发展到一定程度，有了国度之后，就有了许多神祇，且神祇拥有了更多的权力，也有了更多的神使，譬如统领战场的战神，人类是靠向战神祈祷来取得胜利的。

（2）人文主义　人文主义的根本思想是宗教向人性的转化，它相信"智人"是独一无二的，是神圣的。人文主义强调"人的本性存在于每一个人的个性之中"，从而使"人的自由"具有"神圣性"。在社会人文学派看来，人的本质就是一个整体，而不是一个个体。自由人文的目标是个体的自由，而社会人文的目标是人人公平！在一神之力的作用下，一切都是平等的。

从改革开放至今，我国的农业政策历经三次变革，所包含的人文思想也随之发生了较大的改变。这三个时期反映了中国现代人文主义思想的形成、发展与完善。随着改革开放的全面展开，新的思潮被引入，人们的自觉意识前所未有地增强，使得人们更加注重对自身的解放，现代政治的人文主义精神也逐渐在中国蔓延，但是其深刻的意蕴尚未被挖掘出来，其中还掺杂着一些传统的管理思想。20世纪80—90年代还只是一个探索的时代，这个时代的人文思想在某种程度上比以前有了更大的进步，包括加入了市场的人文思想，它强调了市场经济的自由。在人的层面上，人文思想强调人的自由和对创造性的尊重。自由、平等和公平的市场经济开始成为人类社会对国家进行公共行政的价值导向。从20世纪90年代开始，人文思想被拓展、延伸，这一阶段的人文思想不仅注重对人类外在价值与利益的追求，还包含了很多新的内容："减少城乡差异、协调城乡发展、城乡一体化发展、社会和谐"；打破传统的耕作方式，提倡现代化的耕作方式，创建"和谐、宁静、健康"的新农村。

（3）农业

①科学认知主义。科学认知主义是卡尔松所倡导的一种以科学为核心的美学思想，着重于对自然美的认识。其理论在环境美学的基础上有所延伸，其主题是对科学理性结果的一种普遍的信仰。其关注的中心问题在于，身为审美主体，应该怎样对待所欣赏的自然对象，该不该以有意识和主观的方式来对待自然，其所面临的传统，是一种人文视角下对自然普遍的诗性还是艺术化的态度，其所引进的参考标准，却是一种科学的理性，是一种对于自然意识的客观态度。换句话说，在科学认知的层次上，人们是否能够达到绝对的客观，从而得到绝对的真相，这个问题是科学家和哲学家所关心的，不是环境美学所需要回答的，也不是它能够解决的。科学的认知论迫切想要挑战的，是一种对于长期存在的美学兴趣的有意识或无意识的主观性。其所提出的问题，即以诗性和伦理之名，对自然进行诗性浸润和人文附会，但是这种自然欣赏究竟是对自然的真正欣赏与崇尚，还是对自然有所损害？怎样才能真正推动对自然的最大程度的尊重与最深层次的鉴赏，从而确立一种对自然更加科学的态度？在现代科学的理性主义信念下，将科学知识视为一种新的"迷信"，因此，从人文的角度来看待自然美学，就是一种在环境伦理方面的虚假和傲慢。

②参与美学。参与美学强调自然环境审美欣赏中的多感官参与特征。

虽然西方哲学家称卡尔松的理论为"科学认知主义"，但"功能"这一概念也很重要。卡尔松在一篇关于"农业景观的审美欣赏"的文章中第一次使用了"功能"这个概念。后来卡尔松根据"功能适应",而不是根据"艺术模式"分析建筑。他把这种新的视野称为"建筑美学的一种生态学方法"。2008 年卡尔松的一本著作问世,在本书中他几乎用"功能之美"的观点阐释所有对象。在卡尔松美学从"科学认知主义"到"功能主义"的转化中,功能概念至关重要。此外,功能的效果是多方面的。对人类环境而言,"功能适应"是指一座特定建筑物的效果,比如它很好地满足了居民的生活需要。换言之,功能概念是指特定对象对于人类的工具价值。但是对自然环境而言,"功能适应"一般被用于描述不同对象间的适应以及特定有机体内部不同因素间的相互适应。简言之,功能在这里是一种自然对象自身的价值,而不是对人类的利用价值,它涉及自然的内在价值。因此,当人们使用功能概念时,需要将这两种价值区分开。

③生物哲学。从生物哲学中吸收过来单一的功能概念,亦即"选择性效应功能"。"选择性效应功能"阐释功能对象为何能持续存在,无论是作为单个对象,还是更典型地作为一类对象持续存在,"选择性效应功能"都清楚地阐释并列举了这一事实的关键要素。

卡尔松提倡一种对象导向的自然审美欣赏。在"科学认知主义"看来,主观的自然审美欣赏是不恰当的,但是客观性原则对任何一种严肃的自然美学和自然审美欣赏而言,都至关重要。对"科学认知主义"而言,客观性首先建立在认识论恰当性的标准之上,比如,如果人们未能依照对象所有的特性去欣赏一个特定自然对象,这便是一种认知意义上的不恰当。

3. 西方哲学与《环境美学》

柏拉图说,一次郊游使苏格拉底的思想受到了干扰,苏格拉底对他说:"我不能从乡下的土地和树林中得到更多的东西,但城里的人却能给我更多的东西。"苏格拉底和柏拉图都坚信,哲学的目的就是让人们过上更好的生活,并且他们都认为,在都市中人们过着更好的生活。亚里士多德则把对美好生活的追求看作一种标准。他用以评价一座城市的大小、安全性、生活水准以及文化资源的丰富性。

卡尔松在其《环境美学》一书中,对于"非利益主义"的思考和批评,是个很好的例证。卡尔松指出,18 世纪艾迪生和其他几位体验派美学家在美学上以"自然"而非"艺术"为其美学体验的理想化,从而形成了"美学的非利益"这一概念。这种非功利性的观念,不但为自然美学中的"崇高""美好"等概念打下了坚实的理论基础,同时也极大地促进了自然美学中"如画"类型的欣赏方式的形成。康德的审美在此基础上，把"崇高""无利益""作为中心而非中心"的概念，推向了高峰。

伯林特认为"审美所指的并不只是一处美丽的风景，也不只是一处被高台包围的区域，而是一种普遍存在的感觉，与人有关。不仅是前方，就连后方、下方、上方都能看到。再往前走一步，审美的环境不仅仅由视觉图像构成，还有人的双足可以感受到，身上的肌肉发力，被树枝拖着的衣服，被风和日丽所"触摸"的肌肤，还有来自四面八方、引人入胜的声音。但是与人的感知意识相比，人的感知又不是一种普遍现象。例如脚下泥土的质地，松针的清香，河岸土地的肥沃，踩在泥土上的舒服感受，以及伐木场和田野的开阔。不仅如此，我们还可以感受到一种生命的气息，这种气息是如此的短暂，如此的鲜活。这就是美学的介入，而这种介入恰恰就是对情境经验最突出的证明。"这段话表明，伯林特对环境审美经验的理解，与以往美学学说所倡导的"人与自然"的审美经验有较大的区别：他已不是那种可以设置一定的审美距离的"静观"审美，而成为一种与环境密不可分的、无所不在的、与审美主体密不可分的存在，即人与环境、主体与客体的融合。

4. 当代中西方自然审美欣赏

当代美学理论精华当以康德、黑格尔和克罗齐等许多优秀的哲学家都强调的"自然审美欣赏"为主线，其中自然与农业美学以卡尔松与其"环境美学"和"科学认知主义"为核心。西方从 17 世纪开始景观画得到发展，并凝结为"景观欣赏"的画意方法。从那以后，"画意景观"在塑造西方公众的"自然审美欣赏"的趣味和方法这两方面，发挥了很大的作用。对比景观艺术在中西方"自然审美欣赏"发展中，由艺术传统、画意景观画所塑造的"自然审美欣赏"尚存在许多问题：西方自然审美欣赏是否影响了中国欣赏自然的中国山水艺术？是否比西方画意观念影响下的审美欣赏有更大的潜能并支撑一种生态审美？

中国学者薛富兴对画意观念指导下的"自然审美欣赏"是否形成生态审美提出疑问，并于 1980 年在对卡尔松的采访中有这样的对话："中国传统自然审美文化有适当的自然审美欣赏，但没有任何渠道获得关于自然特征、性能方面的有关知识。是否在古代中国，虽然没有足够精细的方式使当时的人们获得关于自然界特征、性能等方面的知识，但是这种知识深刻、丰富到一定程度，足以支撑对自然的恰当审美欣赏？"

卡尔松认为："'自然审美欣赏'和'科学认知主义'是关于自然界对象特征和性能的知识，对于恰当地欣赏自然美来说是必要的，这是'科学认知主义'的基本观念。首先，'科学认知主义'并不需要从自然审美中排斥利用各种自然对象表达人类自身情感的行为。在自然和艺术欣赏中，每个人都可以得到更好的审美感受，知识的多少在这里都是程度的问题。其次，许多情形要依据所欣赏的特定对象而定，因为对于恰当的审美欣赏而言，有些艺术品更容易欣赏一些。西方科学在人类历史上的不同时间和地点表现出许多相似性，这些相似性为恰当的自然审美欣赏提供自然知识方面的足够支撑。最后，绝大部分人没有足够的科学知识，因此他们欣赏自然美的方式是不正确的，至少是肤浅的。一方面，科学知识对于恰当地欣赏自然美是必要的；另一方面，中国古代的自然审美是否恰当，或者说它甚至并非一种自然的审美欣赏，或者干脆不属于任何欣赏。所有这些结论似乎都难以令人信服。在中国古代，虽然并没有相应的科学研究传统，但仍然有一个伟大且发达的自然审美传统。

二、国内外农业美学研究

（一）农业美学的建构

马克思在其《1844年经济学哲学手稿》中第一次把"美"同"生产和劳动的实践"相结合，并认为"生产产生美"是由需求所决定的，而这种需求正是由人的需求所决定的，也正是这种需求所带来的美学价值，让西方人用他们强烈的韵律创造出符合自身情绪的东西。实际上，农业美学也是人与自然之间审美关系的问题，古人说："人与自然的关系的变化，使人与农业的关系也发生了变化，由索取和征服的关系变成了亲和依赖的关系。"特别是最近50年，农业环境中的生态价值和美学价值越来越突出，农业已经不再只是一个生产的目标，也是一个美学的目标，以一种景观的形式呈现在人们的眼前，人们对"美"的概念的提出没有任何疑问。人们在研究中发现，要发展出一种生态审美的农业，就一定要给人们带来丰厚的生活物资，它不但要考虑到农业对环境的影响，还要对环境进行保护，从而达到增加农产品产量，提升农产品品质的目的。

（二）农业美学的研究意义

时至今日，我国的"田园审美"也有了长足的进步，它不但使田园风光更具魅力，同时也对都市整体的建设起到了积极的作用。作为一个国家的生产性行业，农业的重要性不容忽视，当前随着社会的飞速发展，农业发展也需要跟上时代前进的步伐，这样它就可以跟上社会的进步，所以对农业美学的研究具有非常大的意义，下面将着重介绍三个问题。

首先，对农业审美的研究可以引发一种新的旅游方式，并由此带来新的经济利益，这就是所谓的"体验式"农业生态旅游。这是一种被人认可的生态农业，是对传统文化和地域风俗的尊敬，是对农民与其脚下土地的尊敬，是一种农业生态与自然景观的和谐。农村景观承载着人们内心的淳朴，而农庄审美所展现给人们的自然之美，又与转型区域的地方旅游业密切相关。这种从农业中衍生出来的新型观光行业，一旦没有了农业审美的支持，就会丧失自己的核心竞争能力，也就丧失了不同于其他景点的独特形态。如今都市居民大都渴望慢节奏生活，他们喜欢在假日里感受一种与都市完全不一样的生活。就拿农家乐来举例，单纯的采摘、文艺表演等传统的经营模式，并不能带来良好的客户体验，也不能给人们提供长远的利益。只有将自然的美景融入农家乐展现给游人，才能给游人带来更美好难忘的旅行体验并给农家乐园主人带来持续回报。

其次，从农业的环境保护角度来看，农业审美的探讨，既是对发展健康农业的思考，也是对传统农业生态环境的保护，更是对其实践生态保护的切入点。不管哪一门学科，其理论研究的结果都应该应用到实践中，而且能够在实践中得到发展，体现出其价值，理论应用于实践在农业发展方面尤其重要。构建和提高农业生态生产环境，特别是构建与自然和谐共生的农业生态生产环境，对本地的农业生产者而言，既有获取高质量生产空间的实际利益，也有间接提高其精神追求的重要功能。将相关学者的研究结果运用于实践中，从而在实践中总结出适用于现代农业生产的合理结构和农业生产的健康发展方式，并通过实践来实现其目的，即打造出一条切实可行的适合现代农业生态健康的生产链。

最后，通过对"农业审美"的学习，可以进一步弘扬农业的科学精神，为农业的发展指明方向，同时也可以增强农民对农业的认识。在农业科学技术的价值观中，还蕴含着审美的价值，而审美本身就是一种哲学的理性主义和自我的感性主义，它深入生活，将理性与现实结合起来，批判性地传承了中国农业发展所采取的做法，并融入了新的进步因素，进一步促进了国家对农业的支持。同样，它也是本土美学与技术美学的融合，用技术美对自然之美进行了某种程度上的修饰与规范，从而不会对村庄地区原本的景色造成任何破坏，也会提升其外部的环境面貌，就像音乐的变幻可以谱出一首动人心弦的乐曲一样，丰富多彩的审美形式也会带来美妙的人生体验。从这个意义上说，农业科技的发展就像是审美、技术与艺术的有机结合，让人的精神在广袤的大地上闪耀。

（三）农业美学的研究方法

1. 功利主义

功利主义是由 Jeremy Bentan 和 John Stuart Mill 提出的。尽管功利主义有很多种，但文中所强调的功利主义是道德上正确的行为，是给人们带来最大利益的行为。该理论是结果主义的一种形式，这意味着正确的行动是能够使同一行动的后果得到充分理解的。在解决与农业相关的问题时，经常使用功利主义。例如，农业用地的估值通常基于人类生产农作物的能力。功利主义方法是工业化农业的核心。因此，提高产量、增加能够从农业土地上获得商品的人员数量，被视为一种好的行动或方法。但彼得·辛格、万达纳·希瓦和温德尔·贝里等学者对此持反对意见。辛格认为，在决定是否采取工业化养殖等行动时，必须考虑到动物的痛苦。值得注意的是，功利主义的农业美学研究方法是目前现代西方世界最普遍的方法。

2. 自由主义

在就土地或农业问题作出决定时，自由主义便起了作用。自由主义是一种道德观点，认为行为主体拥有一定的道德权利，包括获得财产的权利。从广义上讲，自由主义意味着每个人都有权享有最大的自由，前提是这种自由不干涉他人的自由。按照这种观点，财产权是自然权利。例如，只要农民在耕种过程中不伤害他人，他人就不得干涉农民的自由。然而在美国，只有牧场主和农民持有这种观点。

3. 平等主义

平等主义的观点通常是作为对自由主义的回应而发展起来的。自由主义提供了最大的人类自由，同时它不需要一个人去帮助别人。但是自由主义的负面影响是，会导致财富分配的高度不均衡。以农业为例，这反映在土地和粮食分配不均上，因此应当将平等主义方法与土地、水与食物使用权联系起来。随着人口的增加和自然资源的枯竭，平等主义可以成为维持水土肥力的有力论据。

4. 系统性

除了功利主义、自由主义和平等主义哲学之外，还有基于地球内在价值的规范观点以及来自系统性观点的立场。例如詹姆斯洛夫洛克的"盖亚假说"，其核心思想是地球是一个生命有机体，所有人类社区都建立在周围生态系统的基础上。虽然这些原则对一般土地决策都有用，但它们的用处却很有限。一些原则有利于自然生态系统，而农业生态系统通常被认为是不自然的。经济哲学不是推理的理论建构，而是人类存在的现象和过程的概念方法学说。农业哲学有自己的方式。与此相关，它具有初始和最终时刻，以及路径的完整性。这些参数具有特殊性以及深刻的内涵。

三、未来农业的审美标准

（一）未来农业环境审美

1. 生态环保与农业景观的结合

在当代农业领域，因为有高新科技作为技术支撑，其方法除保持传统农业高效莳植和与自然调和的特征外，更多了一层数据化、主动化与机械化的特点。此类数据化与主动化的生产方法一样可被创新运用到景观设计当中。农业景观在满足生产性要求的同时，经过数据信息与旅游者发生互动，不仅能产生审美与体验的景观效果，同时能经过此类数据化和可视化的界面方式，起到寓教于乐的作用，令人们在欣赏农业生产、农业景观及农业科技给人们带来的美景的同时，学到相应的莳植技术与动物学科普常识。

与传统农业不一样，现代农业主要表现为农业机械化、智慧农业等方面。农业机械化的生产与传统手工农业生产的生产场景与莳植形状是有很大差异的。机械化的农业生产景观更具有产业美学特点，农田的布局更整齐，田畦较传统农业更整洁、更具有几何美感。这样的莳植形状更容易被人们经过笼统化的方法创新运用到城市景观的建设当中，也更容易将其微缩、精简后植入城市景观范畴，同时还能保留其生产性功用。智慧农业是现代信息技术与传统农业深度融合形成的数字化农业方式。它利用物联网、大数据、人工智能等新一代信息技术，对农业生产进行精准感知、智能控制、智慧管理，实现农业更高资源利用率、更高劳动生产率和更好从业体验感的农业形态。智慧农业通过精准种植、科学管理，使农作物生长更加健康、茂盛，从而提升了农业景观的观赏性。同时，智能温室、垂直农业等新型农业设施的应用，也为农业景观增添了更多的科技元素和现代感。以智能温室为例，它不仅是农业生产的重要设施，还可以与农业景观相结合。在智能温室内部，通过精准调控温度、湿度、光照等环境参数，可以种植出各种色彩鲜艳、形态各异的观赏植物。这些植物不仅具有经济价值，还可以作为农业景观的重要组成部分，吸引游客前来观赏和体验。

2. 乡村旅游与自然文化的结合

文化是一个非常广泛的概念，就农村而言，它主要指古代遗留下来的某些文化遗迹和长期的社会发展中所产生的某些风俗民俗。农村文化是农村发展的灵魂，如果没有农村的文化底蕴，农村旅游就会变得毫无吸引力，因此要让农村旅游业更具竞争力，就需要把农村文化和农村旅游业融合在一起。农村文化是农村旅游业发展的基石，是农村旅游业的重要组成部分，因此，必须充分发掘农村文化，以便更好地发挥其功用。

我国的旅游资源十分丰富，不仅有美丽的天然风景，还有独特的人文资源。而且农村地区具有很强的历史和文化底蕴，利用这些优良的历史和文化进行旅游开发，将会使农村旅游的发展更加顺利。乡村文化是推进乡村旅游发展的重要力量，在农村地区有很多具有传统文化的村庄，如果把这些村庄融入旅游景区中，一定会引起大批游客的关注，从而给旅游业的发展注入新的活力。再者，乡村旅游的目标是让旅游者了解乡村的发展历史，体验乡村生活，从而使旅游者切身体会到乡村的文化，以便于展现出乡村的独特魅力。农村具有丰富的文化底蕴，对其进行有效的继承与推广，有利于提高农村的文化水平，提升农村的旅游竞争力。

3. 心理医学与农业治愈的结合

照护农业可作为农户为了获得更多的资本而开展的多元化的农业生产。照护农业生产根植于多用途农业，其生产性行为可以对农业其他生产活动产生积极影响。

随着社会政治、市场和需求的不断改变，我国农业面临着一种新的发展趋势。随着人口的不断增加，养老服务体系所承受的压力也将日益增大，而养老农业能够有效地减轻养老服务体系所带来的压力。创建照护农场（康复农场）是实现照护社会化，发挥照护人员的积极性，实现照护与农业相结合的有效途径。从本质上说，正是由于社会生产力的进步，才使照护农业得以发展。从宏观层面看，照护农业需要转变观念、合理组织结构、继而健全行政审批体系、健全法规体系并提高科技含量。

照护农业的发展从一个角度说明了农业的转变（从产出主义到多用途的农业实践），同时也说明了在健康和社会两方面从高水平的体制化到社区照护的转变，正规的照护农业将这两种转化的进程连接起来。当然，在实践操作中也会面临各种难题，这就要求农户、护理行业的有关人员和国家政策给予支持。在照护农业的框架下，农户可以把农场当作基础资源，客户可以在农场里从事农业的某些基础生产，从而可以把传统的农事活动当作教育、训练、疗伤、劳动并进行某些心理开发实践活动，以及给心理有问题的老人提供的看护服务。

（二）未来农业科技审美

1. 自然生态与农业科技

科技进步成为中国农业快速增长的主要原因之一，随着制度变革空间的不断缩小，农业发展对于科技投入的依赖性也变得越来越大。网络的发展能够提升人们对信息的可得性、流动性和前瞻性，能够使传统农产品的管理方式和盈利点发生变化，从而减少由于生产规模扩大而导致的市场风险。利用互联网获取农业信息能不同程度地提高农户采用作物新品种、节水灌溉和秸秆还田技术的概率，中国农民使用智能手机会对非粮食作物种植和农村经济转型产生显著影响，因此，互联网的使用对农业生产有着积极的作用。

首先，农村互联网使用具有降低组织与信息壁垒，减少信息不对称，实现供需精准匹配等功能。农业科技投入会通过农村的网络基础设施建设水平、经营主体的数字化应用、农民的数字技能等在不同程度上对农业生态产生一定的影响，使得农业科技投入的成果更高效地应用于生态农业。农村互联网使用人数的不断增加使得农民能接收更多新的网络信息，使其视野更加开阔、更容易接受和学习新的农业技术和新的生产方式，从而加快农业科技成果转化，促进农业生态效率提高。

其次，通过增加农业科学技术的投资，使农业科学技术的研发结果转化为更好的服务，从而使农村经济得到更好的发展。农业科技创新能够加快农业绿色发展转型，是减少农业污染、提高农业生产效率的有效措施，不仅对各省份内部的绿色农业发展有显著的促进作用，而且可以通过"正向溢出效应"促进周边省份的绿色农业发展。

最后，农业科技投入及科研活动的开展促使政府营造良好的科研氛围，互联网运营商以此为契机加大对农村数字化的投入，不断推进农村网络设施建设进程，补齐农村数字基础设施与服务短板，同时农村新基建的不断完善，农村宽带接入量不断增加，为农业科研活动的开展提供了有力支撑，为科研成果的转化奠定了坚实的数字基础。

2. 绿色环保与农业科技

中国是一个宏大的动力消费大国，近几年来我国正积极开发新动力，以促进我国经济的发展。太阳能、水力发电、风力发电及核能等新能源技术已被普遍使用，将这些技术用于农业生产可以为农业机械提供更稳定的电力，使农业机械设备更高效地完成收割、灌溉、种植和害虫防治的任务。例如以智能电脑为基础，以新动力技术为支撑，来完成智能光电温室大棚的生产。一些发达国家已将该技术用于调控作物的生长发育。同时，应用电脑科技和阳光智慧搜集技术制造了一种新型的捕虫灯，达到了防治害虫和减少杀虫剂使用的目标；设计使用水能的智能灌溉系统，与风力相结合，提高灌溉准确度，并且能够智能控制适合各种不同作物的水量。

采用自动控制技术是农机智能化的一种主要方法，该方法在国际上有大量的运用实例，具体做法是在农业管理和生产中，给农业机械上安装视频监视装置。例如，在农业机械的驾驶室设置智能实时交互屏，可以及时进行农产品播种和监测；或者将智慧化装备安装在大中型农业生产机械装备内，对农业产品的生产、加工及处置等实行一致掌控及管理，在提高资本应用价值的同时减少人工成本。与此同时，将智能化技术与农业机械相结合，可以应用主动化把持技术，有效地取得与农业产品相关的数据信息，其道理是依托传感装备，对光照时间、土质、温湿度及气候情况等影响要素进行及时采集和处置。对数据信息进行分析和处理以后，再由传感装备将数据信息传输到计算机中，主动把持系统会对这些数据信息再次进行分析处理，最后将逻辑运算的后果以指令的方式发送到主动化把持装备中，从而达到对农业机械生产活动进行自动化管理的目标。

3. 产业区块链与农业科技

在乡村振兴指导之下，为了让低收入人口得到实实在在的实惠，从而达到共同富裕的目的，必须让致富工作变得更加精确。因此，人们可以借助区块链的分区特性，在系统中为低收入人口创建一个单独的分区区块，通过信息和时间链作为链接，将低收入人口与各类信息和外部世界连接在一起，达到最大程度上最优化的目的。同时，由于区块链中的电子加密，使得人人都能得到保护，并且无法被擅自修改，因此，能够最大限度地保护当事人的权益和个人的隐私。

"时间戳"是在区块链领域取得重大进展时产生的，即每次数据交换都会形成一个时间戳，与传统的数据交换方式不一样，它是一个以数据为基础的数据序列，是一个独特的、无法被重复的数据序列，并且一旦形成就永远不会被抹去。在农业生产中，需要根据天气和季节等来播种和施肥，还要找到合适的土壤来种植，整个期间需要花很多的时间和精力，另外还要请人对农作物的长势进行监控。然而在区块链的协助下，不但可以极大地减少监督的时间及费用，而且还可以通过大数据技术对土壤和气候的实时状况进行收集和分析，从而对灾害预警信息进行及时反馈。通过对区块链"时间戳"的查询，并与大数据技术相结合，可以清楚地掌握农作物生长的基本情况，可以提供完备的信息，节约很多的时间和精力，为农户开辟致富的道路。

（三）未来农业生活审美

1. 民间艺术

民间艺术是对农村生活美学理念的直接表达，是农村与城市区分的中心符号（图1-4）。如果说休闲农业的本质是要认识到农业文明和城市文明在现代架构下具有互补的作用，那它就应该对农业文明的精神内核进行挖掘和彰显，即对民间艺术进行充分地保护和发展，使其在精神气质上更加本土化。其实，我国的休闲农业对民间艺术的开发和利用已经相当关注，但是其关注的水平还很低，并且开发和利用的水平也很低，通常只是一种风景的展示。

图 1-4　潮汕民俗巡游

民间艺术是人类精神生命和美学体验的高度结合，从休闲农业的角度看，它绝不会被认为是过时的，它的现状只不过是其现代化过程中的一个暂时危机阶段。在城市文化的影响下，民间艺术的确后继乏人。在强大的城市话语中，民间艺术的文化认同被赋予了一种"自卑感"，就连老百姓自己也觉得民间艺术落后、土气。贵州从江县的小黄村，自20世纪80年代起，就以侗族民歌而闻名，村里的小孩自幼就被编入合唱队伍，按照性别分组，在歌手的带领下，在侗族民歌的引领下，学习当地的文化、传统和礼仪，每一个人都会唱歌，但调查显示，到了城市以后就很难再有机会去唱歌了。伴随着人们生活水平的不断提高，人类的精神需求日趋多样化，文化观念也日趋成熟，农村的文化回忆必然会转化为城市人群的一种共同的潜意识，同时农民可能又在城市中从"外来者"的形象中重新确定自身的文化认同。例如，2006年央视青年歌曲大赛，来自四川阿坝州的羌族歌唱家仁青和格洛两人荣获"原生态"演唱的铜奖，在地方上引起了很大反响。"仁青、格洛成了村里的楷模，村里的少年再次喜欢上了老祖宗的歌曲，夜里村里的人都会跑到记者居住的房子前，跟着他们一起高歌。"在此之前"山寨中 3/4 都是外地人，他们的传统曲调都是五六十岁的人才能唱出来的。"因此，一方面，民间艺术是农村文化的精髓，应当是农村休闲农业发展的核心；另一方面，在其发展过程中，对其文化层面重视程度的提高，也必然会推动对民间艺术的保护、恢复和发展。

2. 生态乐居

在农耕文明时期就有了"城邦"，而与其相对应的是封建社会体制。城邦往往是封建君主的居所，被称为"王城"。这样的城池注重的是防守，最显著的特点就是有一堵墙。资本主义是与"王城"对应的一个社会体系，它强调资本的经营，并将资本经营作为社会的经济基础。与此相对，在工业化社会中，城市的社会职能以经济为主，而不以政治为主，因此这种城镇应该叫"商城"。

在生态文明时期城市的职能已经改变，既不以"王城"为代表进行行政区划划分，也不以"商城"为代表作为工业和商贸活动的中心，更多是以"生态城"为代表，以适宜人类居住的地方为中心。在农耕文化中，人类以生活为中心，他们对生活的需求就是"宜居"。人类在工业文明时期以"发展"为主要话题，以"利居"为对环境的需求。在人类社会中，整体发展、高品质生活、幸福乐业是人类社会发展的主要内容，因此人们对生活的需求就变成了"乐居"。

3. 城乡互动

在从"大"到"小"、从"集中"到"离散"的历史进程中，一个很明显的表现就是人们向近郊或农村聚居，从而导致了工作和生活的脱节。如果一个人可以从城入乡，那么城里的组织，为什么不能搬到农村去？因此，一些城里的企业和学校，也都搬到了农村，于是城市变得清晰、纤细、健康。搬到农村去的居民和企业，也得到了许多好处，尤其是享受到了农村美丽的自然环境。乡村美丽的自然风光，不但能治愈一些都市中的病症，还能激发人们的创作热情，提升人们的工作效率，而且还能给人们带来一种在都市中很难得到的美感，这对人类的全面发展和整体回归都是有益的。

在城镇开始前，农业就已经出现了，后来随着科技发展又出现了工业化的乡村。多罗泰·伊姆伯特曾经说过："1940 年，法国议员的卢森堡花圃，变成了蔬菜地；现在，在白宫的草地上种上芝麻已经不是什么稀奇的事情了，因为在很早以前，这种植物就被用来饲养绵羊了。"

中国目前正处于城乡统筹体制的变革之中，这种变革正沿着正确的道路推进，但是具体应该怎样更好地推进，还需要更多的探索。"城乡联动"是一种新的发展方式，城市和农村的相互作用主要有两个方面：一方面是把生态农场带入城市。生态农业的核心是生态而非农业。因为他们的目标，并不是农业，而是生态，他们并不想让自己的城市，成为一个真正的大农场。另一方面是在城乡相互作用下，"都市文化"将一部分城镇居民和城镇职能转移到农村，使农村地区的工业水平和生活水平都发生了变化。"文明下乡"的基本条件是：既要保持农村原有的生态环境，又要在一定程度上促进农村的生态环境改善。这便是一个既有工业发展，又有生态文明的世界。都市文明下乡，其实质并不是把农村变为城镇，农村的主要使用者依然是农民，因此农村的环境与城市环境是有区别的。与城市相比，农村更具自然性和原生态性。农村的房屋没有必要按照街道的顺序排列，也没有城镇的密集和分散。并且农村的生活与城市生活也有很大区别，农村的生活是由农民来管理的，总体来说农村的生活比较自由化、个人化和自然化。

小结

　　文明是一种运动，而不是一种状态，是航行而不是停泊。到目前为止，农业美学已经得到了很大的发展，其不仅给农业增添了许多的美感，还对城市的发展作出了很大的贡献。农业是一个民族的生产性行业，其重要性是毋庸置疑的。如今，伴随社会的快速发展，与时俱进，才能使农业与当今社会更好地匹配，因此对农业美学的研究是非常有价值的。

　　农业美学精神是一种科学精神，是一种追求理性和真理的精神，是致力于批判和创新探索的精神，它将美学价值包含在农业科技价值之中。人们呼吁农业工作者提高科学意识，这种意识产生了科学意识的核心——科学情感。美是科学情感的驱动力之一，农业科技的发展与美学的发展趋向是完全一致的。深入探索审美特征，包含了丰富的审美研究内容。农业的美学研究可以进一步探索美学的特征，丰富美学的研究内容，为美学的研究对象和任务提供很大的启发。农业美学认为，人类的实践可以同时创造美和丑，只有有意识地追求美，才能创造美，减少丑。而要促进农业设计发展，就必须实现自然生态协调。农业美学研究设计促进农业发展时可利用好农业设计，这是指基于视觉训练、技术知识和赋予农业协调的结构功能形态，创造健康的环境，实现农产品生产的高效率和高品质，让生产者和消费者享受丰富的物质和精神财富。

总结

Jack Temple Kirby 在他的著作《农业神殿的美学沉思》中提到了这样一个观点："现代农田犹如意大利和法国花园一般，展现出令人难以抗拒的美感。北美高原上方形农田的颜色可能是绿色或琥珀色。宾夕法尼亚州有茂密的麦田，弗吉尼亚和南俄亥俄州的田野整洁而翠绿。卡罗来纳州的烟草田也不例外，它们都展现出了规整的形态和美丽的色彩。而在密西西比河流域下游，大草原和加利福尼亚中部，以及帝国山谷，庞大的工业农田则呈现出一种令人敬畏的美景。密西西比河流域的广阔棉花种植区、伊利诺伊州西部的无边玉米田、阿肯色州东部的稻田，可以与亚利桑那州彩色沙漠国家公园或其他大型花园一样壮丽。"

农业美学在人们与环境相互作用的过程中召唤人们的参与，给予人们精神上的满足。与艺术欣赏相比，农业美学需要人们全面感知并亲身参与，农业环境不仅仅是欣赏的对象，更是人们工作和生活的场所。农业除被视为生产对象以外，也成为审美体验的对象，可以最直接地展现在人们眼前。

农业美学反映了审美主体内在自然与外在自然的和谐统一。在这里，审美不是主体情感的外化或映射，而是审美主体的精神与审美对象生命意义的融合。它超越了审美主体对自身生命的认可和关爱，也超越了将自然仅仅作为实用价值对象的狭隘取向，使审美主体将自身生命与审美对象的生命世界进行和谐融合。农业审美觉悟不仅仅是对农作物的生命意义的认识，也不仅仅是对外部自然美的发现，而是对生命的共鸣。生命的共鸣不仅体现了生命之间的共鸣，也反映了人与自然之间共鸣的旋律，而不是自然的独奏。人类不仅需要照顾心灵家园，还应注重保护自然环境。自然环境是心灵家园的实体基础，如果自然环境遭到破坏，心灵家园也将荡然无存。

农业美学是新时代经济与文化背景下产生的全新存在观。它关注人与自然、社会之间的动态平衡与和谐一致，体现在农业审美状态中。其深刻内涵蕴含了新的时代意义的人文精神，反映了当前人类生存状态改变的急迫性和危机感，关注着人类的美好生活和永续发展，以及重新建构人类的自然家园和精神家园。但是农业美学归根结底是美学，因此它应该从美学的角度审视农业问题。它不仅关注一般观点，而且特别关注人类与现实的审美关系，并以此为基础探讨人类农业系统和农业环境问题。从美学的角度来看，人与现实的审美关系具有特殊的内涵，这种关系是主体（人）与客体（对象）相结合、相统一的审美经验所形成的一种联系。

　　总而言之，农业美学作为一种全新的理论形式，最引人注意的是它所具有的价值观和理论视角。这种价值观和理论视角主要表现为农业美学通过全新的审美角度重新审视人与自然、人与社会以及人与文化之间的关系，对于纠正以主体性为中心的神话观念具有重要意义，并体现了对人类整体未来的绿色关怀。

参考文献

艾伦·卡尔松，2006. 环境美学：自然、艺术与建筑的鉴赏［M］. 成都：四川人民出版社.

鲍桑葵，2001. 美学史［M］. 张今，译. 桂林：广西师范大学出版社：7.

陈广忠，2018. 二十四节气与淮南子［M］. 北京：中国文史出版社.

陈奇猷，1984. 吕氏春秋校释［M］. 上海：学林出版社：161.

陈望衡，2003. 当代美学原理［M］. 武汉：武汉大学出版社.

陈望衡，2011. 环境美学的主题［J］. 中南林业科技大学学报（1）：1-4.

陈至立，2020. 辞海：第4卷［M］. 上海：上海辞书出版社：3233.

崔振东，2010. 日本农业的六次产业化及启示［J］. 农业经济（12）：6-8.

狄尔泰，2002. 历史中的意义［M］. 艾彦，译. 北京：中国城市出版社：194.

杜岳峰，傅生辉，毛恩荣，等，2019. 农业机械智能化设计技术发展现状与展望［J］. 农业机械学报，50（9）：1-17.

方国武，2007.《淮南子》"大美"之境论［J］. 安徽师范大学学报（人文社会科学版）（4）：450-456.

方国武，2007.《淮南子》审美理想论［J］. 安徽大学学报（哲学社会科学版）（2）：16-21.

方国武，曹旭，2021.《淮南子》农业美学观三题［J］. 安徽农业大学学报（社会科学版），30（3）：110-116.

冯友兰，1997. 中国哲学简史［M］. 北京：北京大学出版社：24-25.

宫长瑞，杨榕，2021. 列宁关于农业生态化发展的新贡献及其当代价值［J］. 牡丹江师范学院学报（社会科学版）（4）：1-10.

官春云，2000. 农业概论［M］. 北京：中国农业出版社：1.

郭盛晖，司徒尚纪，2010. 农业文化遗产视角下珠三角桑基鱼塘的价值及保护利用［J］. 热带地理（7）：452-458.

何宁，1998. 淮南子集释［M］. 北京：中华书局：772.

黄卫国，2010. 彭水县回流农民工创业现状、潜力及对策研究［D］. 重庆：西南大学.

黄文芳，2005. 大城市近郊农村的价值研究［D］. 上海：复旦大学.

加雷斯·多尔蒂，2014. 生态都市主义［M］. 南京：江苏科学技术出版社：262.

简·雅各布斯，2007. 城市经济 [M]. 北京：中信出版社：26 - 27.

金春峰，1987. 月令图式与中国古代思维方式的特点及其对科学、哲学的影响 [M]. 上海：三联书店：126 - 159.

卡尔·马克思，弗里德里希·恩格斯，1956. 马克思恩格斯全集：第 1 卷 [M]. 北京：人民出版社：612.

卡尔·马克思，弗里德里希·恩格斯，2009. 马克思恩格斯文集：第 7 卷 [M]. 北京：人民出版社：878.

李繁荣，2014. 马克思主义农业生态思想及其当代价值研究 [M]. 北京：中国社会科学出版社：60.

李根蟠，2010. 中国古代农业 [M]. 北京：中国国际广播出版社.

李俊岭，2009. 我国多功能农业发展研究：基于产业融合的研究 [J]. 农业经济问题（3）：4 - 7.

李薇，2006. 经典阅读文库：山海经 [M]. 延吉：延边人民出版社：78.

李伟，2013. 苕溪流域地表水水质综合评价与非点源污染模拟研究 [D]. 杭州：浙江大学.

李渔，1991. 闲情偶寄 [M]. 杭州：浙江古籍出版社.

刘文典，1989. 淮南鸿烈集解 [M]. 北京：中华书局.

刘彦林，2022. 农村数字化提升农民生活水平的效果评价及机制研究 [J]. 贵州社会科学（2）：160 - 168.

刘彦随，2018. 中国新时代城乡融合与乡村振兴 [J]. 地理学报，73（4）：637 - 650.

刘易斯·芒福德，2005. 城市发展史：起源、演变和前景 [M]. 北京：中国建筑工业出版社：586.

吕文林，2021. 中国农村生态文明建设研究 [M]. 武汉：华中科技大学出版社：27.

吕耀，2009. 中国农业社会功能的演变及其解析 [J]. 资源科学（6）：952 - 953.

马克思，1975. 资本论：第 3 卷 [M]. 北京：人民出版社：864.

牟钟鉴，2013. 《吕氏春秋》与《淮南子》思想研究 [M]. 北京：人民出版社.

彭光芒，2001. 美学基础与美的欣赏 [M]. 北京：中国农业科技出版社.

普列汉诺夫，1962. 没有地址的信：艺术与社会生活 [M]. 北京：人民文学出版社：39.

钱明华，2019. 农业机械智能化对农业发展的影响 [J]. 南方农机，50（20）：18.

邵光学，刘娟，2016. 列宁生态思想及其实践 [J]. 系统科学学报（4）：48 - 52，63.

宋应星，2015. 天工开物 [M]. 北京：人民美术出版社.

王恩涌，1989. 文化地理学导论（人·地·文化）[M]. 北京：高等教育出版社：12.

王晓燕，王一峋，王晓峰，等，2003. 密云水库小流域土地利用方式与氮磷流失规律 [J]. 环境科学研究（1）：30 - 33.

文震亨，2010. 长物志 [M]. 北京：金城出版社.

吴家骅，叶南，1999. 景观形态学 [M]. 北京：中国建筑工业出版社：31.

扬则坤，1988. 农业的概念和范围之我见 [J]. 四川农业大学学报（3）：207 - 210.

杨林章，施卫明，薛利红，等，2013. 农村面源污染治理的"4R"理论与工程实践：总体思路与"4R"治理技术 [J]. 农业环境科学学报，32（1）：1-8.

杨林章，吴永红，2018. 农业面源污染防控与水环境保护 [J]. 中国科学院院刊，33（2）：168-176.

叶玉适，2014. 水肥耦合管理对稻田生源要素碳氮磷迁移转化的影响 [D]. 杭州：浙江大学.

殷浩栋，霍鹏，汪三贵，2020. 农业农村数字化转型：现实表征、影响机理与推进策略 [J]. 改革（12）：48-56.

于光远，1984. 思考与实践 [M]. 长沙：湖南人民出版社：523-525.

俞宁，2013. 农民农业创业机理与实证研究 [D]. 杭州：浙江大学.

曾福生，刘辉，2008. 国际粮价上涨对我国粮食安全的影响与应对措施 [J]. 求索（10）：9-11.

斋藤幸平，2020. 马克思与生态问题 [J]. 谢宗睿，陈世华，译. 南京工业大学学报（社会科学版），19（5）：58-64.

张在一，毛学峰，2020. "互联网＋"重塑中国农业：表征、机制与本质 [J]. 改革（7）：134-144.

中共中央编译局，2017. 列宁全集：第18卷 [M]. 北京：人民出版社：118.

Carter，Michael，1986. The Economics of Price Scissors：Comment [J]. American Economic Review（76）：1192-1195.

Fan S G，1991. Effects of technological change and institutional reform on production growth in Chinese agriculture [J]. American Journal of Agricultural Economics，73（2）：266-275.

Min S，Liu M，Huang J，et al.，2020. Does the application of ICTs facilitate rural economic transformation in China. Empirical evidence from the use of smartphones among farmers [J]. Journal of Asian Economics，70：1-16.

Ongley E D，Zhang X，Yu T，2010. Current status of agricultural and rural non-point source Pollution assessment in China [J]. Environmental Pollution，158（5）：1159-1168.

Rosenberg N，1963. Technological change in the machine tool industry，1840-1910 [J]. The Journal of Economic History（23）：414-416.

Sharpley A N，McDowell R W，Kleinman P J A，2004. Amounts，forms，and solubility of phosphor us in soils receiving manure [J]. Soil Sci Soc Am J，68（6）：2048-2057.

Wang T，Huang L，2018. An Empirical Study on the Relationship between Agricultural Science and Technology Input and Agricultural Economic Growth Based on E-Commerce Model [J]. Sustainability，10（12）：1-12.

Wiskerke J S C，2009. On Places Lost and Places Regained：Reflections on the Alternative

Food Geography and Sustainable Regional Development [J]. International Planning Studies, 14 (4): 369-388.

Yang Y Z, Tie H Z, Wei J, 2022. Does Internet use promote the adoption of agricultural technology? Evidence from 1 449 farm households in 14 Chinese provinces [J]. Journal of Integrative Agriculture, 21 (1): 11.

Zhang F, Wang F, Hao R, et al., 2022. Agricultural science and technology innovation, spatial spill over and agricultural green development: Taking 30 provinces in China as the research object [J]. Applied Sciences, 12 (2): 845.

第二章　生态美学与农业

第一节　生态美学的意涵与发展

一、生态美学的内涵、研究范畴与表现形式

1. 生态美学的内涵

生态美学是一门跨学科的学科，涉及生态学、美学、哲学及环境保护等多个领域，是极富深度的、多方面的、综合性的概念，旨在促进生态环境和文化的和谐，引领人们在环境保护事业和可持续发展方面发展和创新。

生态美学关注的不是单纯的审美经验，而是将美学思想应用于环境问题，追求人与自然环境之间的和谐；关注生态系统和人类文化之间的相互作用与影响，强调了对自然界的尊重和对环境问题的认识和关注。生态美学亦是一种思想，它关注的是美与受众之间的关系，美感体验与环境保护之间的关系。这种思想的核心是追求和谐、平衡和差异性，致力于通过美学体验和美的表达来实现环境保护和可持续发展的目标。

生态美学认为人与自然环境不应该是对立的两个方面，而应该是相辅相成、相互依存的关系，人类的生存和发展与自然环境密切相关。生态美学强调人们应该正确认识和评价自然环境的美，探索人与自然环境和谐共存的途径，通过个人和社会的努力实现人与自然环境的和谐发展。

2. 生态美学的研究范畴

如此综合性的学科，其研究范畴自然十分广泛，涉及自然、文化和社会经济等多个领域，我们将结合实际案例，举例应用最为广泛的几种研究范畴。生态美学的研究范畴包括但不限于以下几个方面：

（1）自然环境美学研究　自然环境美学研究关注自然景观、自然地貌及自然生态系统等自然环境中的美学价值和审美体验，对其中的美学价值和审美体验进行研究评价。

以黄山为例，黄山作为中国著名的自然景观，其生态美学价值得到了广泛的认可和研究。首先，作为一处独特的自然景观，黄山以其陡峭的山峰、云海、奇松等自然景观为主要特色，在自然景色的恢宏、色彩和形态的丰富多样、自然材料的内涵和外延等方面均具有较高的自然观赏价值。其次，黄山将自然美与人文美结合，通过良好的规划设计和艺术处理，将自然景观和人文景观有机地融合起来，利用建筑、雕刻、绘画等艺术形式展现，在增强自然景观美感的同时，也增添了几分文化内涵。通过景观艺术的应用，黄山自然景观得以更好地展示。最后，黄山因其背后丰富多彩的文化内涵和历史故事备受关注，这些丰富的文化历史支撑起了黄山自然景观厚重的文化价值。

黄山自然景观的生态美学研究，不仅把握了自然景观的审美价值，还通过对人文延伸和文化内涵的探究，进一步展示了自然景观的独特魅力。这样的研究使我们对于自然景观的认知更加深刻，进而增强了人们保护自然的意识。

（2）艺术美学研究　艺术美学研究关注具有生态意义的艺术创作以及艺术创作中体现出的生态思想，例如环境艺术、地景艺术、自然艺术、生态艺术、生态音乐和生态文学等。

乌鲁木齐南湖公园景观设计是典型的生态美学在艺术美学范畴的应用案例。首先，南湖公园在设计中按照生态系统的原理，重点考虑了设计中的抗风性、透气性、防水性、稳定性和生长性等因素，以呈现公园的自然风貌和动态的多样性，提升游客的自然环境感受和审美体验，体现其生态美学意义。其次，在设计中，公园围绕滨岸公路保护区、林地保护区、公共休闲区等采取不同的设计方法，包括景观雕塑、环境艺术、智能互动装置等。这些设计风格反映了新疆民族文化的特色和风貌，丰富了公园的文化内涵，提高了游客的文化鉴赏能力和审美水平。最后，公园在设计中充分审视了生态、社会、文化和经济等多因素的综合影响，促进了城市的高质量发展和生态文明建设。同时，公园也吸引了大量的游客和文化爱好者，促进了乌鲁木齐市的旅游和文化产业的发展，带动了当地的经济发展，社会意义显著。

在南湖公园景观设计中，艺术性和生态性的结合，体现了人与自然和谐共生的状态，将现代城市文明与生态自然融为一体。

（3）文化美学研究　文化美学研究主要探讨生态环境和人类文化之间的关系，强调保护生态环境和推动文化发展的和谐共生。

以火车头山生态文化公园的建设为例，火车头山生态文化公园以黄柏河火车头山景区为依托，结合现代化、文化性、生态性三大特色开发建设。首先，公园在规划和设计中加强了文化内涵建设，注重体现地方特色，把文物古迹和生态环境融为一体，开辟了以山、水、林、洞、峡、虹、湖、田为主题的生态环境景观，强调了文化和环境的交融。其次，火车头山生态文化公园注重原生态资源的保护与开发，划分了讲解点、海报展览区和自然文化知识区等，开设人文历史区和宗教文化区等具有不同功能的片区，提供了学习与文化教育的机会。此外，公园以山为基础，以人文景观为依托，通过丰富的文化活动，加深了游客对历史文化和环境保护的认识。公园的建设不仅促进了当地旅游业的发展，还为社会注入了新的文化元素，最大限度地发挥其文化意义价值，推动文化发展与生态环境的和谐共生。

（4）教育美学研究　教育美学研究将生态美学融入教育体系中，从教育生态、环境教育和文化教育等角度进行深入探讨，最为直观的应用是在环境教育领域中。具体来说，生态美学认为环境教育应注重教育生态本身的美学特征和环保意识的培养。以"人"为对象的教育应当将人视作独立的主体，而非仅仅将其视为工具进行培养。这种教育应当是"人与人的主体间的灵与肉的交流活动"，旨在触及学生生命和灵魂，促进其精神和智慧的成长过程。这样的教育活动能够超越师生之间、知识与能力之间、身体与心理之间以及理性与非理性之间的对立，从而重新构建平等、互动、全方位的育人模式。

例如，某小学在教育生活中引入了生态美学理念，让学生从生态美学角度去感受、挖掘、领悟并守护生态环境。学生在学校的植树、种花、养鱼等活动中，认识到生态环境对人类的重要性，理解到保护生态环境就是保护人类自己。同时，教育工作者也通过生态美学的思想去打造课堂、图书馆、食堂和校园环境等，让孩子们在美丽、干净、有机的环境下学习和成长。这样，生态美学与教育恰如其分地相互结合，形成了有意义且有价值的环境教育活动，让学生不仅认识到美好环境的重要性，也更加亲近自然，培养了环保意识。

生态美学在教育美学范畴的有益探索，不仅可以在环境教育中具体落地，同时也可以让教育者更加关注人与自然的关系，让教育理念更加符合社会发展趋势，推动环保文化和可持续发展。

（5）可持续设计研究　可持续设计研究旨在探索如何通过设计来促进可持续发展，满足当今人类对于环境和资源的保护及利用的需求。通过将自然美与环境保护融合在一起，促进城市、建筑、产品、交通等领域的可持续发展。

以建筑设计为例，近年来有越来越多的建筑师利用生态美学的思想来设计生态友好型建筑，比如绿色屋顶、太阳能光伏板、雨水收集系统等。这些设计让建筑与自然环境融为一体，充分利用自然资源，减少对环境的负面影响，实现了可持续发展的目标。例如新加坡的酷乐集团总部，其设计充分考虑了自然环境和节约能源的需求。建筑外立面和室内设计融入了大量的自然元素，比如绿植、自然采光、节水系统等，不仅空气清新、景色优美，还能有效减少能源消耗和碳排放，为生态环保作出了积极贡献。此外，生态美学在可持续设计中还注重多元文化的融合，以促进社会的多元发展。比如在交通设计中，一些城市的自行车道设计不仅考虑到环保和健康，还融合了当地文化和特色，展示了城市的魅力和价值。

综上所述，生态美学在可持续设计范畴中的应用探索，为我们展示了人与自然生态系统共存、协同发展的生态智慧，也为我们提供了科学化、人性化的设计方案，基于无限创意和多元文化的包容性与共享性，引领我们走向更加生态化、可持续发展的未来。

3. 生态美学的表现形式

生态美学是一个兼容自然和艺术美的哲学领域，它通过审美体验来提高人类对于自然环境的尊重和保护，其表现形式包括环境艺术、生态旅游、自然教育和生态建筑等多个方面。

（1）环境艺术　环境艺术通过艺术作品来表达对于自然环境的感悟和态度。这种艺术作品可以是雕塑、绘画、摄影等形式，其目的是让人们通过审美体验更好地了解和欣赏自然环境，并从中汲取感悟和启示。比如克里斯托夫妇的《海岸围栏》、理查德·朗的《一千块石头》、安迪·戈尔斯沃西的《冰蛇》和奥拉弗·埃利亚松的《太阳卷曲》等。基于生态美学的环境艺术注重展现自然的美和实现与自然的和谐共处，艺术家通过对艺术作品的创作和展示，增强了人们对自然的尊重和关注，也让人们对环境保护有了更深刻的认识和理解。

（2）生态旅游　生态旅游是一种旨在保护自然环境，同时提供娱乐和教育体验的旅游方式。生态旅游可以通过参观自然保护区、步行旅行、生态农业和农家乐等多种方式来实现。这种旅游方式使游客与自然环境更加接近，可以通过游览和参与自然保护活动来更好地理解和尊重自然环境。生态旅游的典型代表有：四川雅安的雅浦温泉文化旅游区、浙江杭州的西溪国家湿地公园、厦门鼓浪屿等。基于生态美学的生态旅游注重保护环境、促进自然和谐、强化文化传承和提升游客体验，以生态旅游为媒介，通过参与、体验自然生态过程，更好地发掘和展示生态环境的魅力和价值。

（3）自然教育　自然教育是一种通过教育来提高人们对自然环境的认知和尊重的方式。自然教育可以通过在学校和社区开展自然活动、野外露营、探险等方式进行。这种教育活动可以帮助人们了解自然环境的构造和功能，从而更好地理解和尊重自然环境。瑞士采用生态美学理念设计的书屋学校，让孩子们可以在树屋和草屋中学习、玩耍、接触自然；丹麦的森林幼儿园，采用把孩子放在森林里自由活动和探索的教育模式，在自然中学习知识和技能，培养对自然的理解和敬畏；美国科学家理查德·劳文斯塔尔提出的自然游戏，通过游戏和互动来教育孩子自然、环境和可持续性的概念，在游戏中体验和模拟生态系统的工作原理，了解动植物和环境的相互作用。

（4）生态建筑　生态建筑是一种强调环保、节能、健康、可持续的建筑形式，具有较强的系统观念和整体意识，生态建筑将人、建筑、自然、环境作为有机而统一的整体，在关注建筑设计的同时也关注建筑设计中的自然、人文体验。生态建筑通过选择与环境相适应的建筑材料、设计自然通风、采用节水和节能的技术、配置自然光等方式来体现。这种建筑方式强调与自然环境的和谐共存和互动。例如米克·皮尔森在美国俄勒冈州建造的雪松小屋、美国纽约州布法罗市公共图书馆、上海环球金融中心和新加坡滨海湾金沙酒店。基于生态美学的建筑设计注重人文理念、绿色技术和环境保护，展示了建筑和自然间的良好平衡和互动，创造了优美、舒适、安全和可持续的居住、生活环境。

生态美学的这些表现形式在表达方式上存在很大的差异。环境艺术关注的是人类对于自然环境的审美体验，强调个人感受和情感的表达；生态旅游强调的是通过旅游活动来促进人与自然环境的互动和理解；自然教育则注重通过教育、培训和训练等方式来提高人类对自然环境的认知；生态建筑更注重通过建筑设计来达到与自然环境的和谐共存。这些表现形式各有侧重，却又相互补充，可以使人类对自然环境有全面的认知和尊重。此外，这些表现形式在实践上也存在差异。生态旅游和自然教育更注重实践和行动，需要人们参与其中才能产生最大的效果，而环境艺术和生态建筑则更多地依靠专业人士的创作和设计。环境艺术可以提供审美的感受，但对保护环境与可持续发展的实际贡献不如其他三者明显。

生态美学的这些表现形式都关注自然环境的保护和可持续发展。它们的目的都是通过审美体验、教育和建筑设计来提高人类对自然环境的尊重和保护。共同的关注点使得这些表现形式在追求环保可持续方面有相似之处，同时每种表现形式又都有其独特的价值和作用，是相互补充的。

二、生态美学的源起与历史发展阶段

1. 生态美学的源起

20 世纪初期德国哲学家恩斯特·豪塞尔所提出生态学的概念，他通过系统研究生物学和生态学，强调了生物与环境之间的相互作用和相互依存的关系，开辟了如今广为人知的生态学领域。到 20 世纪 70 年代，生态环境问题已经成为引起全球关注的严峻问题，同时生态学、人文学科的界限也开始逐渐淡化。在此背景下，一些学者开始关注人类与环境之间的美的关系。德国哲学家弗里德里希·古尔斯在慕尼黑大学举行的"生态哲学研讨会"上，提出了"生态美学"的概念。生态美学正是从这个时期开始不断发展壮大的，并在之后的 20 世纪 80 年代中期至 90 年代初期，随着环境保护与生态文明建设理念在全球的蓬勃兴起，生态美学逐渐被推广到了越来越多的学科领域，并逐渐为人们所关注。其中，美国哲学家霍华德·奥德姆和美国生态学家爱德华·威尔逊等人的生态美学思想对生态美学的发展起了重要的推动作用。他们认为，生态系统中的各个组成部分相互依存、相互作用、互为存在条件，所以在审美上应将生态系统作为一个整体去思考。同时，他们也认为人类活动对生态系统的影响是美学研究中不可忽视的一部分。

因此，生态美学从最初的环境美学、自然美学出发，汇聚了生态学、文化学及哲学等多个学科的研究成果，在不断地实践中逐渐形成独特的理论体系，其核心原则是致力于保护自然生态系统，强调美与道德之间的关系，根源是对自然界的尊重、对人与自然关系的认识以及对环境问题的关注。

2. 历史发展阶段

在不同时期生态美学的任务与时代要求不同，其发展大致可以分为初期、中期和后期三个阶段。此部分将介绍每个阶段的时代背景、代表人物以及主要学术观点，以供读者理解。

（1）初期阶段（20 世纪 70—80 年代初期）　在这个阶段，生态美学的重要任务之一是为环保运动提供哲学和理论支持。当时，生态环境问题已引起全球的关注，人们开始思考人类和自然之间的关系，生态美学为这一思考提供了理论基础和思路引导。主要的代表人物是德国哲学家弗里德里希·古尔斯和美国哲学家 J. Baird Callicott，他们提出了"地球美学"和"生态伦理学"的概念，并在这些概念的基础上开始了对生态美学的探索。"地球美学"强调人类需要学会欣赏自然之美，并将地球作为一个整体去看待，而不是仅仅关注个别的物种或景象。"生态伦理学"则强调人类不应该把自己看作环境的主宰者，而应该将自己看作自然系统的一部分。这种理念要求我们尊重自然、保护自然，认为人与自然应建立起和谐的关系。

这个阶段的主要学术成果包括艾伦·卡尔福尔德的环境美学相关的多本书籍。这些书是生态美学领域的奠基性著作。艾伦·卡尔福尔德强调了地球整体性的美学价值，提出了"不被人类所创造的自然景观同样具有美学价值"的观点。

（2）中期阶段（20世纪80—90年代）　在这个阶段，生态美学的重要任务之一是跨学科整合。生态美学汇聚了生态学、哲学及文化学等多个领域的研究成果，通过综合这些不同领域的知识，生态美学开始成为一个正式的研究领域，并形成了一套相对完整的理论体系，为后来的研究奠定了基础。代表人物包括美国生态学家 Bruce Hull 和德国哲学家 Arne Naess 等人。他们强调了生态系统和文化之间的关系，并提出了"深层生态学"的概念，旨在强调生态系统和文化是一个整体。"深层生态学"主张人类应该重新审视自己与自然环境之间的关系，将自己看作自然环境的一部分，而不是追求自我利益的独立个体。"深层生态学"还提出了"生命价值"的概念，认为每个生命都有存在的价值和意义。

这个阶段的主要学术成果包括建立了一整套生态美学的理论体系，如《生态美学导论》和《生态美学与保护地理学》等。此外，Umberto Eco 的《民族美学》等学术研究也对生态美学的理论创新有借鉴意义。

（3）后期阶段（20世纪90年代至今）　在这个阶段，生态美学的重要任务是实现可持续发展，致力于将人类的审美观念与环境保护有机结合起来，探索人类如何在尊重自然的前提下实现可持续发展。因此生态美学的研究重点逐渐转向如何建立可持续发展的社会和生态系统。在此阶段，生态美学逐渐与人类的可持续发展联系在一起。代表人物包括美国生态学家 J. Stanley Cobb 和法国哲学家 Frederique Ait - Touati 等人。他们提出了"可持续美学"的概念，旨在强调生态系统、文化和社会经济之间的联系。"可持续美学"是一种注重可持续性的审美观念，它要求我们在欣赏自然之美的同时，也要考虑到保护自然环境的重要性。这种观点认为，人类应该与自然和谐共生，尊重自然、保护自然，以使人类和自然环境在可持续发展的基础上实现共赢。

这个阶段的主要学术成果包括《生态美学：环境美学的卓越性》等著作。这些书籍在不同领域中扩展了生态美学的应用，并且加强了生态美学与社会、政治、经济等方面的紧密联系，例如目前迅速发展的森林生态系统服务等。

总而言之，生态美学是一个在众多学者的共同努力下，持续发展的、多学科交叉的研究领域。各领域学者通过各种研究方式和实践，探索人类与自然环境之间的关系，并努力实现人和自然环境的和谐发展。生态美学在不同阶段的发展中的主要任务均是为环境保护提供哲学和理论支持，在跨学科整合中建立生态美学的理论体系，构建起可持续发展的社会和生态系统。

三、现阶段生态美学的研究热点

受时代发展要求与现阶段出现的社会、环境等问题的影响，当前生态美学的热点主要集中在城市发展、文化教育与可持续发展等方面，我们选取了城市规划、环境教育、文化研究和可持续研究四类研究热点，并对其内涵一一解读，展示其具体应用方式，并探讨其发展方向。

1. 生态美学与城市规划

生态美学逐步成为城市规划应用的研究热点。城市空间本身浮现出较多问题，如居住条件拥挤、居民心理问题增多、交通拥堵致使时间成本提高、生产成本增加、生态空间狭小、生存环境变差等，需要付出大量公共设施投资和有效治理成本来改善环境。基于生态美学的理念，设计合理的景观和建筑，以实现城市的生态与美学双重价值，推动城市的可持续发展。以生态美学为基础的城市规划，是为了在城市化进程中实现人与自然、文化之间的和谐共生，更好地满足人们对优美城市环境的需求，并推进城市可持续发展构建的城市规划。这种生态美学的城市规划不再把城市看作一个与自然隔绝的存在，而是将城市作为自然环境的一部分，更好地与周围环境融合，创造出更加健康环保的可持续发展的城市空间。其强调利用现代科技手段，改进城市通勤、交通、绿化系统等城市重点设施的设计和建设，推动城市绿色建筑和生态水系建设，缓解城市的环境压力，减少环境污染和自然灾害的发生。

生态美学已经被广泛应用到城市规划、设计和开发中，且城市规划质量有明显提升，具体应用有：将城市的生态系统融入市政项目中，扩展城市生态空间，给予人们更加惬意的生存环境，也减少潜在的自然灾害的发生，打造更加宜居的城市环境；建立良好的自然生态系统，用生态美学的方法和知识来保护和提高城市的生态和自然系统，包括采用自然通风系统、内置雨水收集系统、降低独立车辆使用率等；提供与城市规划、设计和开发有关的可持续发展策略，促进环境质量的提高，最大化地降低环境影响；引起政府对城市与环境关系的重视，培养城市公民关心和保护环境的意识，建立更具环保意识的城市文化。

以生态美学为基础的城市规划应以自然保护为基础，结合区域自然地理条件，在保护生态的前提下，在城市化和经济发展中寻求和谐共存的方式；注重挖掘和传承城市文化，以充分利用当地文化资源，提升城市的美学价值；采用绿色建筑技术，它的衍生功能，如能源、水资源、废弃物等的处理，将给城市环境带来极大的生态效益，实现城市的可持续发展。充分挖掘当地文化及自然资源，利用公共空间，建设生态公园、广场，开展各种文化活动，打造城市文化风景线，从而提升城市环境和市民居住品质。

2. 生态美学与环境教育

生态美学所创造出的作品既可用来美化自然，也可以用来反映自然，大大提高了人们对生态的认知和关注，具有很高的环境教育价值，例如环境雕塑、生态诗歌和纪录片等。同时环境教育也是生态美学的研究热点之一，它通过强化人们对自然的热爱与关注来推动人与自然的和谐发展，大力发展环境教育能够增强人们的环保素养和环保意识，让环保行动在更广泛的社会范围内进行。

以生态美学为基础的环境教育可以在不同层次和场合实现具体应用，如校园种植、公共资源巡查、环保志愿者招募等环保体验活动，培养学生识别、解决和改善环境问题的能力；组织绿色交通活动、校园环保骑行、公益环保跑等活动，通过学校网站和微信公众号平台传播绿色出行观念；制作废物再生艺术品、进行环境相关的艺术创作等，并在工作室和众筹平台上举办"环保艺术家展"，让公众参与环保艺术教育；远足野营、捡拾垃圾、拍摄自然摄影等形式，让学生体验、认知自然，在野外践行环保教育。

以生态美学为基础的环境教育应该着重关注教育内容、教育方式及价值观培养等重点方向。在教育中应该通过文化、艺术、科技等多种方式，启发和引导学生；通过课程设计和教学活动，强化生态价值观和生态伦理观，培养学生对生态环境的关注和对生命周期视角的客观认识；创新教育形式，用课堂教育、校园活动、户外探究、电子游戏等多种方式开展教育，增加趣味性；增加亲身体验机会，通过户外探索、体验式学习、农耕体验等方式，感受到自然环境的丰富性和多样性；将教育植入学生培养计划，加强生态及环保意识，形成以尊重生态、珍惜资源、保护环境为核心的生态观念。

3. 生态美学与文化研究

生态美学不仅关注自然环境中的美，也关注不同文化背景下人与自然环境的关系。不同地域和文化背景下的生态美学有不同的特点，例如中国的自然山水画、日本的森林浴观念、西方的生态旅游等，通过对比和交流，促进不同文化之间的沟通和理解，创造出更加美好的人与自然环境的和谐关系。以生态美学为基础的文化研究，主要探究人与自然、文化之间的关系，通过挖掘、理解和传承本土文化、在可持续发展的前提下，实现生态环境与文化之间的和谐共生。

以生态美学为基础的文化研究具体应用范围广泛，包括文化地理学、环境心理学、文化遗产保护、文化产业和文学创作等，其具体应用有：探讨人类如何通过观察和认识环境，并以此融合和形成文化，推动文化地理学的发展；增强人与环境之间对话的深度和广度，促进人类更加深入地理解环境对人类行为心理的作用，推动环境心理学；激发艺术和文学作品的创作灵感，推进自然艺术与人文、生态融合发展。因此以生态美学为基础的文化研究尝试将文化、环境、生态和美学融为一体，并以环保理念为前提，探究文化与环境互动的规律。此外，强调生态美学与文化之间的紧密联系和价值，为人类探索可持续发展的前景与方向提供了一种新的思路与视角。

基于生态美学的文化研究，是一个多学科交叉的研究领域。在研究时应关注本土文化，通过对文化的挖掘和研究，探索其生态背景和生态传承，发掘生态场景和文化场景的内在联系，呈现出生态美学的独特视角和文化魅力；强调多元性和全球性，研究地域文化、跨国文化和跨学科的文化，提供多样化和全球化的视角，促进文化多样性和本土文化保护与传承；注意并深入挖掘文化中的意识形态因素，弄清政治和经济背景，进行更有深度的文化分析；结合多学科学者的研究，从多学科角度对生态与人的关系进行多维度探讨。

4. 生态美学与可持续研究

以生态美学为基础的可持续研究，是一项生态环境与人文活动相结合的研究。它强调了生态系统的完整性，突出人们参与生态、贡献于生态的过程，更加突出了生态设计和可持续发展的核心价值。以生态美学为基础的可持续研究方法，在城市规划中发挥着重要作用。它强调城市景观的生态完善、生态利用和可持续性，注重通过降低碳排放、提高资源利用率等措施，提高城市环境品质。同时它还注重承载城市记忆、传承文化等多方面作用。在建筑设计领域，生态美学引导设计师探讨建筑与自然的和谐，通过深入理解生态和环境的特征，将其融入建筑物的设计中，让设计更加符合生态条件。在建筑设计中体现生态美学，可以有效降低建筑物的耗能、减少碳排放以及提高建筑物的生态环境标准。在园林设计方面，重视生态条件与设计的相互协作，让园林景观展示出自然、环保、健康和有趣的特征。通过将生态设计原则融合到园林设计中，设计师可以创造出充满生命力的园林景观，可持续的园林景观有助于维持乡土生物的多样性，有助于发展生态上健康、经济上节约且有益于人类的文化体验，营造出可持续的自然生态系统，从而推进园林的发展，增强大众的环保意识。

在进行可持续发展研究中，我们应该以生态美学为基础，并以"人与自然和谐共生"为目标。这就要求研究者建立扩散性的人类环境观，将自然乃至生态景观的变异性、开放性纳入人类环境中。以生态美学为基础的可持续研究应该有自己的研究方式。首先，它是多学科交叉融合的研究。可持续研究是一个复杂的问题，其涉及的学科十分多样，包括社会学、环境科学、传播学、经济学和生态学等，多学科交叉融合有利于增加可持续发展问题的多维度性、复杂性和动态性。其次，要充分发挥地理环境诱发和塑造感知启示的重要作用，既要洞察相应地理环境中存在的非语言符号，又要灵敏地把握相应地理环境中存在的潜在趋向。从方法角度看，应充分采用多种定性与定量研究的方法，尤其需要生态美学场所感知构建法、地理信息系统（GIS）技术、可视化和三维建模等高新技术相结合的多媒体研究方法，以便在可持续研究中得到更直观的生态与环境美的感知，为保护地球生态环境提供理论和实践支持。最后，以生态美学为基础的可持续研究应该形成完整的理论体系，对相关领域的可持续发展问题进行集成和阐述。对于不同生态美学范式的相互激发和交互影响机制进行研究，可以发掘出更多环境美学的本体性内涵。

四、生态美学研究的意义

1. 社会意义

生态美学研究的社会意义在于强调了环境伦理学和生态可持续发展的重要性，提高了公众对环境问题的认识和重视程度。首先，生态美学研究一定程度上增强了人们的环保意识，加深了人们对环境的认识，使人们更加珍惜、保护自然环境，从而减少对环境的破坏。研究显示，审美教育是环保教育的重要组成部分。通过欣赏自然美景，人们可以获得愉悦感和满足感，进而增强对生态环境的保护意识。生态美学研究可以加深人们对环境的感知和理解，提高对自然环境的珍视和保护。其次，生态美学研究可以促进绿色发展。生态美学研究强调"以人为本"的可持续发展思想，追求在人与自然之间达到平衡和谐的共生状态，这具有重要的社会价值，可以引导人们推动经济发展模式由传统向更加环保、可持续的经济模式的转变。最后，生态美学研究可以促进文化多样性。通过推广生态美学，丰富了文化多样性，倡导文化交流和多种文化共同发展，缩小不同文化间的差距，促进文化间的融合。

2. 时代意义

环境问题的加剧，促进了寻求人与自然和谐共生的发展模式的需要，而生态美学研究可为可持续发展提供新思路和新方法，具有非常重要的时代意义。生态美学追求在人与自然间达到平衡和谐的共生状态，强调坚持"以人为本"的可持续发展理念。通过增加审美体验，可以增强人类对生态系统的保护意识和环境敏感度，助力人类社会实现可持续发展。

生态美学研究有助于推动生态文明建设。首先，生态文明建设已成为实现中国梦的重要一环。生态美学研究可以加深人们对环境的感知和理解，促进环保意识的普及和生态价值观的树立，构建和谐的人与自然关系。其次，生态美学研究有利于推进可持续发展。可持续发展是当前全球最重要的发展方向之一，也是实现人类与自然和谐共生的重要途径。生态美学研究强调生态系统的平衡与和谐，提倡在经济发展中考虑资源节约和环境保护，致力于促进社会与经济的长期稳定发展。此外，生态美学研究还具有推动人类文明发展的现实意义。生态美学将深入认识自然界的美丽和神奇，探寻自然环境和人类文化之间的联系，挖掘各种文化背景下的美学体验和文化价值，促进文化继承和传承，丰富并享受人类灵魂的精神财富。

生态美学研究的时代意义体现在其对生态文明建设和可持续发展的促进作用，以及对人类文化与自然之间的联系和对文化多样性的强调，它为人类社会未来的发展提供了重要思路。

3. 学科意义

生态美学是一门跨学科的新兴学科，它需要跨越自然科学、人文学科和社会科学等多个学科，探索不同学科的交汇点和互动点。

生态美学研究有助于推动跨学科研究。作为跨学科的研究领域，生态美学融合了美学、文化学、环境科学及哲学等多个学科，强调人与自然的共生关系和环境伦理学的重要性。生态美学的研究可以促进学科交叉与融合，创造了跨学科研究的空间和机会。例如，生态美学研究也有助于加强环境伦理学的建设。生态美学研究探讨的是人与自然之间的辩证关系，着眼于美学体验和环境感知，重点关注环境伦理学在文化领域的应用。生态美学研究有助于深化人们对环境伦理学的认识，从而为环保活动提供更加科学的理论支持。此外，目前绿色文化的概念已经逐渐受到人们的重视，生态美学研究可以为绿色文化建设提供指导和支持。生态美学强调"以人为本"的可持续发展思想，追求在人与自然之间达到平衡和谐的共生状态，提倡在经济发展中考虑资源节约和环境保护。通过加强生态美学研究，可以推动绿色文化的建设和发展。

小结

生态美学是一门以当代生态存在论哲学为理论基础的自然科学，在促进环境保护、文化传承、社会和谐和经济发展等方面有着重要作用，对生态文明建设与增进民生福祉有不可估量的价值。生态美学研究从环境、文化、社会、经济等维度来考虑美与环境问题的关系，不仅可以加深对自然美学、文化美学等的理解，还能够促进人们对环境的保护，达到人与自然的和谐共生。随着环境问题的日益突出，生态美学的研究日益受到重视，其社会意义和时代意义越发显著，为可持续发展提供了新思路和新方法。生态美学学科诞生于 20 世纪，是由工业文明到生态文明转型的产物，尚未建立系统的理论体系。虽没有悠久的历史，但生态美学确实旨在解决一个又一个时代环境与发展的问题。从自然环境到人造实物，从教育到研究，从理论到实践，其研究范畴也越发广泛。以曾繁仁、曾永成、袁鼎生为代表的一大批国内外学者正在为生态美学的学科建设贡献自己的聪明才智，目的是将其发展成为一个日益完善的专业领域。生态美学也将不断贡献自己的专业力量，助力人与自然的和谐共生与共同发展。

在本节中，我们对生态美学的内涵、研究范畴与表现形式进行探讨，并结合案例具体说明。根据时代任务与主要学术观点对学科的起源、历史发展脉络进行系统回顾。除此以外，对现阶段的研究热点举例阐述，并从社会、时代以及学科三个维度全面探讨生态美学研究的意义。通过学习本章内容，读者将会从理论、发展历程与研究内容等方面对生态美学学科有全面的了解。

生态美学是一门新兴交叉学科，其与美学、生态学等相关学科和概念有何异同？既然生态美学是以存在论哲学为理论基础的学科，那么中西方的哲学观与生态美学的关系是什么？是否对生态美学理念的形成有影响？这将是下一节我们主要探讨的内容。

第二节　生态美学的理论解读

一、生态美学相关概念及异同

1. 生态学

生态学与生态美学是密切相关的两个概念。简单地说，生态学研究的是生态系统的结构和功能，而生态美学则更多地关注人类与自然之间的关系及其对美的追求和体现。

生态学作为一门自然科学，是探究生物群落之间的关系及他们与环境相互作用的科学，是一门跨学科的科学，涵盖了生物学、地理学、化学和气象学等学科。生态学家研究生态系统及其基本组成部分，包括各种生物生境、生态位、生态链和食物网。生态学主要研究自然系统的结构和功能，其中包括生态系统的生物和非生物组成、分布、功能和相互关系的规律，以寻求人类与自然和谐相处的方法。除此之外，生态学的研究范围更加广泛，包括自然地理、生物多样性、生态系统稳定性等多方面。而生态美学则是跨学科的研究领域，着重于人类对自然和环境感知和认知的方面，旨在探讨人类对自然美和生态可持续性的认识，探讨人类与自然之间的美感、价值观以及对自然美的欣赏和呈现。生态美学的核心在于强调人类和自然之间的和谐关系，研究范围则更加关注与文化和人类社会的相关性，比如城市规划、建筑设计、艺术和文学等方面。以城市公园环境为例，生态学研究还关注公园中植物物种的多样性和生态系统的稳定性，还会研究人类活动带来的影响，比如垃圾污染和空气质量问题；而生态美学研究则较注重公园的设计美学和环境氛围的营造等方面，研究人们对于公园景观的审美体验和情感反馈，旨在提升公园的美学价值和可持续性。以湖泊生态环境为例，生态学主要研究生态系统的平衡性和生态环境的变迁规律；而生态美学则主要研究湖泊环境的美感和艺术价值以及它们对于人类文化的影响，如在国内著名的九寨沟地区，生态美学学者在对自然景观与人文遗产进行分析的基础上，提出了一系列可持续发展的生态保护策略，从而使区域内的生态环境总体上得到改善。

虽然生态学和生态美学都关注自然环境和生态系统的研究，但其研究对象和研究方向的不同导致了其研究方法的不同。生态学的研究方法通常是利用科学技术手段进行物质和能量的量化研究，如生态调查、野外观测、实验研究等，更加全面和科学，注重实验和数据分析。而生态美学的研究方法更强调人的主观感受和对环境的情感认知，在研究中更注重与人文学科的交叉研究，强调环境美学的价值和作用。以绿色建筑为例，生态学主要研究绿色建筑对于生态系统的影响，并引入工程学、工业设计等技术来制定绿色建筑标准；而生态美学则更倾向于从人文学科的角度来研究绿色建筑的艺术价值和审美价值，如评价绿色建筑是否与自然环境协调一致、是否满足人们的审美需求等。

在生态学和生态美学的研究过程中，二者之间也有一定的互动和相互作用。生态学提供了对自然环境的深刻认识和科学依据，为生态美学提供了理论与实践基础。同时，生态美学也通过研究人类与自然的和谐关系，探讨如何更好地保护和改善自然环境，促进生态系统的可持续发展。两者都崇尚自然和谐，都主张人类与生态系统之间建立和谐稳定的关系，均在为找到维护生态平衡及人与自然和谐共生的方法而努力。因此，生态学与生态美学不是单独存在或相互替代的，而是相互促进、共同发展的领域。只有二者结合起来，才能更好地找到生态系统和人类社会之间和谐发展的方式，保证自然和人类的可持续发展。

2. 美学

美学和生态美学两者之间的关系是密切的，都是关于审美和美的研究领域，均关注美和实现美的方法，都致力于更好地理解美以及为什么某些事物被认为美。美学是生态美学的基础之一，生态美学更加注重人类在生态系统中的作用和可持续发展。

美学是研究美和艺术的学科，其范畴涵盖美好的事物、美的表象和欣赏美的感受等，是关注人类对艺术、表象产生审美感受的学科，其主要研究内容是美本身，包括美学意义和美学价值等，关注人类感受到的审美体验感。自然作为主体审美认知能力的来源，一直是主体审美和美感体验的对象。美学着重强调的是美的独立价值，着眼于审美体验本身。生态美学包含了自然生态环境的美，它超越了传统意义上只关注人类的美学，超越了人类对艺术的审美，对生态系统中自然元素如动植物、水、山、林等也赋予了美的价值。生态美学关注实践和实践所带来的效益，即以保护生态环境为导向，保证人与环境之间和谐共存，实现共同、可持续发展。生态美学更多关注的是自然环境的美，如生物多样性、景观、生态平衡等。这就是生态美学与普通美学的不同之处。

美学关注美的对象，即对美的审美体验，是对于艺术、文化、美学意义、价值观等进行研究的学科，其研究对象主要是人类创作出来的艺术品、文学作品和音乐作品等；而生态美学的研究对象主要是自然环境和生态系统，是与自然环境有关的美的价值，包括生物多样性、景观和生态平衡等方面。例如，美学家可能会研究某个文艺作品或是某个建筑的设计是否符合美学标准，或是某个表演或音乐作品是否符合音乐或表演艺术的美学标准；而生态美学主要研究的是自然环境和生态系统中的物种多样性、景观构成、气候和地理条件等因素所构成的生态美，并研究人类如何与这一美进行互动和共生。美学研究对象的价值主要在于它们的创造性和审美价值，而生态美学的研究对象的价值主要在于它们的生态价值和环保意义。对于一个城市的街景，美学家可能会关注该街景的建筑设计是否合理、城市规划是否有美感等方面；而生态美学家则更关注该城市的绿化环境设计、自然植被覆盖面积及自然风景等方面，以及这些方面对于城市生态平衡的重要意义。

美学的主要价值在于审美本身，强调为感受美的人提供美，具有很强的主观性，每个人对美的感受不尽相同；生态美学的主要价值在于保护环境，强调保护自然美的美学意义，更注重美的客观性。美学重视艺术品的美感，例如名画、雕塑等；而生态美学注重保护自然环境，让人们在自然之中体验到美。例如，有一个"森林之眼"展览，以光的形式呈现出自然景观，在一些特别的场地里可以见到；生态美学认为这种展览方式具有自然美和艺术美，能够加深人们对自然美和生态美的认识和关注。

美学和生态美学的研究方法都采用了主观的评价方法，即对于美的感受和价值的评价主要依赖于人类的主观感受和认知，都需要通过研究和观察来产生关于美的知识并理解美。美学主要采用哲学分析、历史分析及形式分析等研究方法，主要包括形式分析和批评分析等，更偏向理性地思考和分析，注重通过系统的研究和理性的分析之后，对艺术现象的表现和审美价值进行判断；而生态美学应用了综合性的研究方法，主要包括生态主义和可持续性研究等方法，如生态学、环境科学、自然科学的研究方法，以期达到生态价值的最大化。其研究方法更偏向于对自然环境和生态系统的实地调查和实践，注重通过实践和实验，对环境价值进行判断和探索。例如对于一个古建筑的美学评价，美学家可能会采用形式分析，即对建筑的构造、材质、造型等方面进行分析和评价，从而得出他们对于古建筑美学价值的认识；而生态美学家则可能采用生态主义的研究方法，即将如何让该建筑更加环保、更能适应当地生态环境作为考虑因素，以期更好地保护自然环境。

美学和生态美学的研究对象、价值观、研究方法的侧重点和研究的方向有所不同，但生态美学和美学有着紧密的联系。将生态美学和美学结合起来，人们可以更好地理解艺术创作与自然环境之间的关系。把生态美学与美学紧密结合起来，可以为我们提供重要的指导和思路，让我们将审美和环保实现有机结合。

3. 农业生态系统

广义的农业生态系统是指在规定的时间和空间内，人类从事农业及与农业高度相关的生产活动，利用各种动植物或者环境与个体之间的关系，在不同力度的调节下，建立起来的不同的范围和标准以及农业质量生产体系。狭义的农业生态系统则是指农业生产组成的生态系统，由土地、水、作物及废弃物等要素组成。它包含了生物体、环境及其相互作用三个要素，具有生产功能、生态功能和社会功能，涵盖了生物与非生物环境之间的关系，是人们日常生活中重要的一部分。通过全面推进农业生态系统的保护和发展，可以保障水源、粮食和生态环境的可持续发展，更好地迎接未来发展中的挑战。

农业生态系统与生态美学之间的关系可以理解为：在农业生态系统中，自然环境和农业生产之间的关系可以从生态美学视角来探讨，同时生态美学也为农业生态系统的设计布局和产业管理提供指导。生态美学通过研究人类对于自然环境的美的感受和其审美价值，强调自然环境美的可持续性，可以为农业生态系统设计和管理提供指导。比如农业生态系统的规划设计，需要考虑土地的自然美、景观的精致美以及农业生产的经济效益等因素，同时也需要考虑农业生态系统的生态美学效益，如生态景观、生态农业美学等，力求达到美、实、效的相互协调。农业生态美学的最终目的是实现农业生态系统的可持续发展。与普通的农业美学观点不同，农业生态系统的美学价值被认为是可持续的，这是基于农业生产对于生态环境的需求和对于人类文化的需求的考虑，强调了生态系统管理的重要性，从而推动了农业生产的可持续发展。

将生态美学理念运用到农业生态系统中，可以从以下几个方面展开：农业景观设计方面，现代的农业景观设计强调绿化、水体景观、庭院建筑、田园风光等方面，其在农业生产和环保、修路和土建工程中都有应用。比如可以在农田之间的隔离林带种植，让桥梁下方的生活区达到美化的功效，同时还有减少农作物遭受风害的效果；农业园区中，庭院式建筑也被广泛采用，具备了基本的农业生产功能，同时也兼备了观赏性和生态美学效益。将农业景观设计的要求与生态学关联，实现以生态农业为主导的景观设计和管理，将农田和自然生态保护区结合起来，构筑具有自然生态美学价值的景观系统。农业特色产品的推广涉及美、实、效三个方面，其中美感是推广的一个重要方面。利用生态美学的思想，农业产品不仅可以与有机、健康或者美食相关联，而且也可以通过自身生态的丰富性，呈现出独特的农业生态美。

以荷兰的打铁农场为例，与传统的荷兰农业不同，打铁农场采用精致的农业景观设计，且通过独特的建筑设计，促使有机农业和废弃农田转型，强调了美感和生态价值。农场老板迈克·哈斯科特表示，"生态美学对于农业有着更深刻的意义，它不仅仅是对物理环境的关注，而且更加注重生态的社会属性，包括社会文化价值、人类文明等方面。"由此可知，农业生态系统中的生态美学与生态系统的可持续性和人类文化方面紧密联系，通过这样的紧密联系，实现了人与自然共存、可持续发展的目标。

二、生态美学的理论基础

1. 中国古代生态思想

（1）中国古代儒家的"天人合一"思想　儒家生态哲学和儒家哲学的研究，在中国特色生态哲学中是不可或缺的重要组成部分，也确定了儒学在生态文明哲学体系中的地位。"天人合一"是儒家学说的核心概念，它反映了中国传统文化对于人与自然关系的深刻思考。"天人合一"指的是人与自然相互依存、相互渗透、相互调和的和谐状态。儒家倡导人与自然的和谐，将"和谐"作为人类行为道德准则，表明了中国儒家传统思想对和谐人际关系、和谐人与自然关系理论的理解。

儒家的"天人合一"思想相当于"和谐共生"的观念，认为人与自然应该相互促进、和谐共存。在孔子的儒家思想中，天地万物与人之所以能够和谐共生，主要是由于"道"和"德"的调和作用。人们不能一味地采集、剥削和污染自然资源，而是应该保护和维护自然环境，使人与自然环境之间达到更加平衡和稳定的状态。而生态美学认为，自然环境中的美感体验是表达自然环境中各元素之间相互作用的关键，强调人类与自然环境的和谐之美，提倡在环保和生态可持续发展的过程中，通过提高审美体验达到环保和可持续发展的目的。在此意义上，中国古代儒家的"天人合一"思想与生态美学思想存在着既相通又互相联系的关系。

儒家"天人合一"思想的哲学意义正是在强调人类不仅要意识到自身与自然环境的相互关系，同时也将自然环境视为使人类，物质和灵魂和谐成长的条件，人与自然相互依存，不可分割，从而建立了人与自然的生态系统，这可以与生态学的概念相联系并实现和谐共存。此外，儒家注重精神层面的修养和人文素养的提高，注重人类与自然的共同精神归属，将自然环境看作人与自然共生、共荣的可爱之所，这进一步强调了"天人合一"的哲学意义与环保的重要性。

（2）中国古代道家的生态智慧　中国古代的道家思想强调了人与自然之间的和谐关系，提倡爱护和保护自然，体现了一种独特的生态智慧。自然就是道存在的本来状态，也是人道价值原则的依据。生态思想在道家占据了重要地位，道家认为万物之间都是紧密联系的，都在同一个自然系统中生存，万物应对自然的变化并互助共存。人与自然是相互依存、相互联通的关系。道家把自然看作一个整体，认为自然界的一切事物都是相互依存的，任何一种生命都不能单独存在。在观察和理解自然的过程中，道家注重从整体的角度去看待问题，强调其整体性和相互作用，提倡对生态系统进行综合的、系统的研究，以此来更加深入地认识自然，并根据自然的规律进行调节和控制。

道家提倡自然和谐，强调对自然的敬仰、爱护和保护。这种生态思想在《道德经》和道家文化中得到了广泛体现。例如《道德经》及其校释中提到："天地不仁，以万物为刍狗；圣人不仁，以百姓为刍狗""大道废，有仁义；智能出，有大伪""六亲不和，有孝慈""国家昏乱，有忠臣"，把人类与自然相处的方式归结为"仁义孝慈"等伦理道德原则，认为人与自然间存在相互依存、相互影响、相互促进的关系，所有违背与破坏自然的行为都会带来严重的后果。因此，尊重自然、热爱自然、保护自然成为道家的基本理念，这是一种与自然和谐相处的生态哲学。

同时，道家的生态美学思想也贯穿于《道德经》和道家文化中。道家认为自然万物皆有道，而这种道的本质是美，推崇自然的本真、自然的纯粹和自然的真实。道家亦重视自我约束，认为人要学会放弃私欲，谦虚尊重自然，使自然的规律在个人行为中得以体现。"道法自然"是《道德经》中最为核心的生态美学思想，意味着万物都应顺应自然的规律，人类应当效仿自然的方式生活，以达到与自然和谐共处的境界。"道法自然"不仅仅是世界万物的运行方式，还作为一种认知方式，引导人们去思考和行动，同时给予人们一个全新的视角去看待世界，让人们有机会反思自己，反思人与自然的关系。

（3）中国古代佛教的生态思想　中国古代佛家的生态思想和生态美学思想是相互关联的。佛家提倡"缘起性空"，其核心思想认为世界万事万物都是"因缘"所生，在此世界观中，一切事物都是相互依存、相互影响的，而这种相互依存和相互影响的关系在佛教中形成了一种独特的生态安排。佛家对大自然的敬畏和尊重反映在关于生命和自然的探讨之中，体现在他们关于自然、人类和宇宙的关系的理解和庄严的处理方式中。佛家鼓励世人对自然进行观察和思考，认为自然中蕴含着无尽的生命与智慧。

佛家重视自然之美，强调自然的美妙，甚至觉得世间所有美丽的事物都可以指向佛的真谛。佛家具有全局观的视野，把自然看作整体，认为世界万物都具有相互依存的关系。佛家着眼于生命之间的相互联系，鼓励对自然界进行观察和思考，注重探寻自然与人之间的联结。佛家指出生命之间的相互作用非常重要，只有充分理解这种相互作用，才能使生命在自然环境中获得真正的生长和发展。自然中的种种美等价于佛教中心灵状态所取得的美。

佛家的生态智慧，不仅包括尊重自然、保护自然的生态思想，还包含了通过修行、悟道与欣赏自然实现自身改变和人类与自然得以共荣的生态美学思想。他们通过超越世俗的智慧，理解自然法则，强调自然生命的意义、自然景致的美好、自然的和谐等，在跨越物我二元关系后，建立了人与自然之间的美学关系。在佛家看来，人类以自我为中心对自然的利用和破坏已经造成了严重的环境问题，因此人应当以平衡的态度面对自然，摆脱自私和狭隘，保护自然环境，为人类的生存和未来做出积极的贡献。此外，佛家倡导节约和俭朴的生活方式，还涉及自我约束改造，认为这样的生活方式最符合环保理念。佛家尤其强调节约资源和能源，在生活中倡导物尽其用、不浪费，避免造成破坏自然的浪费行为。

中国古代佛家的生态思想和生态美学思想是相互关联的。佛家以生态系统和伦理学为基础，重视尊重自然，提倡保护自然本体特征。在美学推论中，佛家注重超越物我二元，视自然为大美的源泉，推动自然美的发展，进而达到与心境美的融合。佛家传世的思想和实践指导我们改善人与自然的生存境遇，也为推进社会生态和谐作出了积极贡献。这种生态智慧与今天的绿色环保理念融合，并为我们所实践、所遵循，对于当今社会生态建设具有较高的指导意义。

2. 西方生态哲学理论

中国生态美学的理论根源可以追溯到中国古代的生态智慧与思想，这也是生态美学能够在中国扎根并萌芽的基础。另一个重要的理论基础是西方生态哲学理论。西方生态哲学探索人与自然的关系问题，关注生态系统的稳定和可持续发展。其中，人与自然的关系是研究的基本主题之一。

（1）亚里士多德的生态智慧　亚里士多德是古希腊哲学大师，他对自然的研究和思考对后世影响深远。亚里士多德将自然界看作一个复杂而又有序的系统，强调自然界中万物都有自己的生命和目的，人类应该尊重自然世界，并学会与之和谐相处。

亚里士多德的生态智慧包括以下几个方面：首先，亚里士多德认为自然中万物有其特定目的和本质，这也是他的理论基础。他认为自然的秩序和稳定性是由周围环境的相互作用和影响共同维持的，并强调人类应该尊重自然世界的规律。例如在他的《自然哲学》中，亚里士多德指出"树木的目的在于生长和繁殖，而飞鸟的目的在于飞翔和捕食"，他强调每个生物都有其特定的生命意义和目的。其次，亚里士多德认为人类应该生活在与自然和谐共处的状态下。他把自然界视为一种伴随着人类且与人类生活在一起的共同体，强调了人类与大自然之间的互动和相互关系。亚里士多德认为，人类的活动应该尽可能地减少对自然环境的破坏和损害，同时鼓励资源的合理利用、节约和再生。他强调人类必须认识到自己的行为对自然的影响，并采取必要的措施保护生态环境，来满足社会和经济的需求。最后，亚里士多德提出了生态虚拟和生态共同体的概念。他认为，自然界中的所有生物都是彼此相互依存的，构成了一个复杂而又有序的生态系统。在这个系统中，每个生物都有其独特的角色和任务，这些角色和任务以及生物之间的互动共同组成了一个生态共同体。亚里士多德认为生态共同体中的每个成员都应该尊重和支持其他成员，而不是抵消或对抗彼此，以达到生态平衡。亚里士多德的生态智慧对今天的生态保护和可持续发展仍有着重要的启示。

（2）海德格尔的生态观　马丁·海德格尔是 20 世纪著名的西方哲学家，他的哲学思想包含丰富的生态观念。他认为人类不应该把自然环境视为资源或工具，而应当以一种更加珍视、保护和尊重的态度来对待大自然。海德格尔的生态智慧基于存在论而非价值论，主要包括以下两个方面。

第一，海德格尔认为人类与自然世界之间存在一种非对抗性的关系，这种关系是一种神圣的相互作用。他强调自然世界中的所有事物，不论是生命还是非生命，都应该被看作生存的一部分，而不是简单地作为工具来利用。海德格尔认为，人类与自然之间的关系应该通过"掌握"而非"支配"来互动，以尊重自然世界的生命和本质。虽然海德格尔没有直接提出"生命节奏"的概念，但他对存在的理解、对时间的重视以及对技术的批判，都暗示了他对生命节奏的深刻洞察。海德格尔认为，人的存在是一种时间性的存在，人的生命在时间的流逝中展开，每一个瞬间都在向着未来展开，同时承载着过去的重负。这种对生命和时间关系的理解，可以视为对生命节奏的一种描述。在他看来，现代社会的快节奏生活和消费型文化破坏了生态系统的平衡，导致资源的过度消耗和对环境的破坏。

第二，海德格尔强调个体与其所处的环境相互联系并相互影响，他将这个环境称为"地（Erde）"。海德格尔认为人类需要在自己所处的环境之中找到一个位置和任务，以实现生命的重心平衡。他认为人类与自然之间的关系是通过个体与"地"的联系来实现的，应把自然看作人类生存的根基、人类栖居的家。人类应该尊重和珍视与"地"相关的文化、环境和生态系统，以便更好地实现可持续发展。他认为个体与"地"的关系是一种认知现实的关系，必须透过个体的感知，了解其存在的情境。人类所处的环境和文化，影响了他们的生活方式、价值观和思考方式。人类应当尊重和珍惜这种与"地"相关的文化、环境和生态系统，以实现生态持续发展和平稳进步。

海德格尔的生态观是建立在对自然界的尊重和珍视的基础上的，对于我们保护环境、实现可持续发展和实现人文精神与自然的和谐共处都具有深远的影响。

3. 马克思主义生态思想

马克思主义生态思想是指基于马克思主义哲学和政治经济学理论体系，以及因资本主义和工业文明给自然环境带来的负面影响进行批判和反思的生态思想。虽然在著作中他们并未明确提出生态危机、生态美学之类的概念，对于生态问题也未做出系统深入的分析，但马克思、恩格斯的言语中所展现的真知灼见依然具有普适性、批判性。

马克思主义生态思想的产生源于严重的环境问题和对可持续发展的渴望，并通过对社会制度、生产方式、人与自然关系等问题的独特思考与探讨，引导人们认识到当前环境问题存在的根源和各种深层次的挑战。马克思主义生态思想也为走向更加健康、可持续和繁荣的自然生态规划了可行的、科学的路径。

马克思主义生态审美观在"自然的复活""异化的积极扬弃"和"彻底的自然主义和彻底的人道主义的统一"等思想中，体现了丰富的生态理论意蕴，值得深入挖掘与进一步探索。

马克思主义生态思想认为，生态环境是人类赖以生存的物质基础。首先，自然环境和人类社会的关系是相互依存和相互作用的，二者的发展必须建立在平衡和可持续的基础之上。其次，马克思主义生态思想特别批判了资本主义对环境的破坏。其理论认为，资本主义的工业化和城市化发展破坏了自然环境的平衡，导致大气污染、水土流失、水资源过度开采及物种灭绝等问题，造成了严重的环境危机。对于马克思主义生态思想来说，保护自然环境需要坚决反对资本主义工业化的发展模式，同时建设可持续的社会经济系统。最后，马克思主义生态思想提出了一种全面而深刻的人类与自然和谐发展观，它认为人类和自然是有机的结合体，实现人类与自然的和谐发展，是全人类的共同愿望和切实需求。

总之，马克思主义生态思想的核心是注重绿色、可持续发展，是保护环境并实现人与自然的和谐，这些目标共同构成了一个更加人性化和持久的社会生态系统。马克思主义生态思想批判了资本主义的生产方式对环境的破坏，对人类与自然的关系进行了深刻思考，为现代社会的环境保护和可持续发展提供了重要的哲学和理论基础，引导我们正确认识人与自然的辩证关系，是指导中国特色社会主义伟大事业的科学理论体系，是指引中国人民创造幸福生活的行动指南。

小结

生态美学与生态学和美学有着千丝万缕的联系，但在研究对象、关注内容、研究方法上又有着较大的差别，其关系并非简单的对立或统一，我们应加强学习与思辨能力，同时进行多学科交叉研究，促进学科间共同发展、不断完善，形成完备的知识体系。当代中国的生态美学思想既不是对西方学者生态观的照搬照抄，也非完全源于中国传统文化，而是将中西文化融会贯通形成的具有当代中国特色的生态美学。结合了传统思想与现代语境的生态美学，给了我们极大的启发。

本节我们对生态美学理论进行了解读。首先着眼于与生态美学及其相关的概念，从概念内涵、关注对象、研究价值和研究方法等方面阐述了生态美学与美学、生态学与农业生态系统之间的异同。辨清关系后，从中国古代的儒家"天人合一"思想、道家的生态智慧及佛教"缘起性空"等的生态思想，到西方亚里士多德与海德格尔的生态哲学理论以及马克思主义生态思想，对生态美学理论基础进行了深入解读。通过学习本章内容，读者将会进一步理解生态美学理论，了解生态美学的前世今生，认识国内外哲学思想中的生态美学理念。

解决"三农"问题是实现中华民族伟大复兴的重要一环，美丽乡村建设是新农村建设的延续和升级，是以生态文明为主导的乡村振兴战略的重要实践途径和主要载体。那么生态美学在美丽乡村建设中起什么作用？美丽乡村建设中存在哪些生态美学问题？生态美学视域下的美丽乡村建设的内容有哪些？应该做怎样的规划？我们将在下一节内容结合案例详细讨论。

第三节　生态美学语境下的美丽乡村研究

一、生态美学视域与美丽乡村理念

从 1956 年"建设社会主义新农村"的奋斗目标到第十六届五中全会提出建设社会主义新农村，再到 2023 年中央 1 号文件发布从"美丽乡村"转变为"和美乡村"，乡村发展受政府的高度重视，为生态美学的发展提供了政策保证。

1. 美丽乡村定位与形塑

"美丽乡村"是中国政府提出的一项旨在加强农村发展，改善农民生活环境，丰富农民精神文化生活，推动乡村文化振兴的发展战略。这一战略的提出，既是对城市化发展模式下农村面临的困境和挑战的回应，也有助于推动城乡融合发展，促进农民增收致富，同时实现城市与农村优势互补、协同发展。《美丽乡村建设指南》（GB/T 32000—2015）中解释，"美丽乡村"是指经济、政治、文化、社会和生态文明协调发展，规划科学、生产发展、生活宽裕、乡风文明、村容整洁、管理民主、宜居宜业的可持续发展村庄。

"美丽乡村"的最终目标是树立既适应现代化发展、解决经济问题的世界观，同时又能顾及生态、社会、文化等各方面发展的要求。实施"美丽乡村"建设，旨在通过缩小城市和农村的区域差异，加强城乡协调发展；创新农村发展模式，吸引和保留人才；发挥农业和生态环境优势，促进城乡统筹、共建共享。战略的定位首先要求把乡村建设成人们生活的宜居乐土，实现城市化和乡村现代化为一个协调发展的整体；其次要促进"三农"问题的稳定和解决，增加农民收入，提高农产品的质量与价值，提高农民生活品质；最后乡村振兴既要提升乡村的内在气质，也要提升其外在颜值。在这一定位指导下，"美丽乡村"被赋予了降低环境污染、增进人类福祉等重要使命。

美丽乡村建设的过程，要重建和恢复社会记忆与历史记忆。乡村作为文化之根和精神血脉，承载了社会成员的精神意象，凝聚了人们的情感共识和共同理念。家乡的独特自然风光和传统民风民俗凝结成了对家园的乡愁和乡恋，代表了人们对家乡的群体认同感和归属感的精神寄托。美丽乡村建设建构了生态文明与政治、经济、社会、文化等多种秩序交融的过程。政府在美丽乡村建设中起到了重要的推动作用，通过充足的资金支持和基础生活设施的增设，激发群众的现代精神文明、道德秩序和传统伦理观念。这种嫁接与重构的过程，旨在社会主义新时代下重塑农村形象，为乡村社会的可持续发展奠定坚实基础。

建设美丽乡村体现了文明、自然与景观间共生共荣以及自然存续的互动过程。乡村文明血脉延续及其光辉成就均由乡村景观生动反映，重点延续建筑体块、样式、建材与布局，从视觉抽象角度和历史文脉唤起民众的记忆与归属感，展现本土特色，更加侧重呈现场地本身的自然生态风光。美丽乡村建设（图 2-1）"美"在特色，"美"在生态，"美"在精神，"美"在整体，美丽乡村之美还在于还原了历史记忆，让人们在精神上感受到愉悦，也将城市文明和时代呼应感生动呈现。

图 2-1　"美"在特色，"美"在精神，"美"在整体

2. 生态美学视域下的乡村生态系统评价

乡村生态系统是农村地区自然界中一种复杂的生态系统，包含了动物及植物群落、土壤、水体与大气等自然元素，以及人类、经济、文化、社会等人文元素，是维护农村生态平衡的有机整体系统。在我国的乡村耕地、自然村庄、

果园和农畜业的生态景观中，各项因素的相互作用共同构成了乡村生态系统。

植被是乡村生态系统的基础，在保持生态系统平衡中有着重要作用。农村的自然植被主要有草原、森林、林荫道、耕地及果园等，其中森林与草地是生态系统的重要组成部分，他们能够吸收 CO_2，减少温室气体排放；耕地、果园是农村的经济支柱，同时也能为生态系统环境保护提供支持。自然要素包括气候、水文和土壤等，其适宜程度决定了农村生态系统是否能健康发展。在自然环境相对稳定的农村区域，气候、水文以及土壤构成了乡村生态系统的三大支柱，例如若气候研究得当，并合理利用水资源，便可满足农村生态系统的光合作用需求，使农业生产大大增值。此外人类活动是生态系统的基本要素，人类的经济活动、文化生活及社会行为都与乡村生态系统发展密切相关。农村可以发掘自然资源，建设基础设施，发展旅游、文化等产业，增加经济活力；乡村文化是农村生态系统的重要组成部分，只有让传统民俗与现代文化相互碰撞，才能使乡村生态系统持续发展。

为了科学地描述和分析复杂的乡村生态系统，必须制定相应的指标体系。研究者可以根据乡村生态系统的特征和限制条件来确定指标体系。目前在乡村生态系统评价中，主要采用指数评价法，并逐步发展成综合评价法。这些方法可以更好地识别乡村生态系统中的潜在问题，诊断乡村生态系统的薄弱环节，提出"乡村绿色发展"战略。现存的评价指标体系主要关注农业资源的利用、生态安全性问题和环境保护的指标量化，如草地利用类型、土地退化类型、草地土地利用率和梯田密度等指标。同时，评价指标和方法的改进和创新在不断推进和完善，例如引入土壤健康指数，从动态的角度评价乡村生态系统的演变过程。乡村生态系统评价的研究内容和评价方法在不断更新，这为推动乡村绿色发展、维护生态环境和实现生态文明建设提供了有力的支撑。

3. 生态美学视域下的乡村景观评价

乡村景观，是指农村地区所形成的具有独特意义和特点的自然和人文景观，是乡村区域经济、社会、人文、自然和其他现象的综合表达。与城市景观相比，乡村景观（图2-2）更加舒缓宁静，具有明显的田园风貌特色，且有着深厚的历史人文底蕴和丰富的人文资源。

乡村景观的构成非常广泛，可以将其分为自然景观与人文景观两大类。自然景观包括农田、山林、河流和湖泊等，稻田、果园、森林和鱼塘等农业景观也是重要的人工自然景观。人文景观涵盖了农村建筑、传统民俗风情及乡土文化等元素，还有乡村道路、集市、广场、公园以及乡村酒店、民宿等人文设施。与自然景观相比，乡村的人文景观更能够带给人们深刻的视觉感受。乡村的建筑风格、村庄格局及传统手工艺等要素的组合，造就了独具特色的乡村风貌。

乡村景观评价是指对乡村区域的土地利用、建筑设计、自然和人工景观元素进行定性和定量评价。当前研究内容主要包括评价指标体系的建立与评价方法的构建。乡村景观评价的指标体系广泛，包括自然地貌、土地利用情况、道路交通、人工景观、生态系统、居民生活和文化资源等。不同乡村区域由于其不同的特点和限制条件，指标体系的建立也有所不同。在乡村景观评价中，通常采用定性和定量相结合的方法，包括专家调研法、问卷调查法、多元回归分析法、地理信息系统（GIS）分析法和现场调查法等。通过评价可以更好地识别乡村景观中存在的问题，理清发展方向并制定方案，提出因地制宜的发展策略。许多国家和地区已经开展了乡村景观评价的研究和实践，例如欧洲"文化景观"评价体系、美国"景观主义"评价体系及澳大利亚"可再生能源区域"评价体系等。

乡村景观评价的研究和评价内容在不断更新和完善，主要体现在以下三个方面：一是重点深入挖掘乡村景观中的文化内涵，充分体现当地的乡土文化；二是注重景观的可持续性，加强生态保护，保证景观的可持续发展；三是强调创新，突出绿色、低碳、环保等新理念和新工艺，并体现现代化的元素。总之，乡村景观评价研究有助于更好地发掘乡村自然、社会和文化等多元层面的美，也为促进乡村振兴和美丽中国建设提供了重要的参考依据。

图 2-2　乡村绿色景观

4. 美丽乡村建设中的生态美学问题

（1）乡村美学与地域特征　乡村建设不应是毫无章法的，而应讲究"比例与尺度"。以传统村落为例，顺应自然生态空间就是对"比例与尺度"最好的诠释，违背了原始生态空间就等于破坏了自然法则。首先，美丽乡村建设必须立足对既有村落进行科学的改变。彻底改变杂乱现状，从空间布局上杜绝房屋分布散乱、街道建设不规则的现象；在环境治理方面，降尘滞尘，建设完善的给排水管网系统，防止积水横流；对村民进行教育，减少随处可见的家畜横行乱窜、粪便汩水乱排放状况。其次，要厚植历史文化情怀，妥善保护古村落、古文物与古建筑，建设具有鲜明地方特色的乡村。想要留得住乡愁，就必须尊重、保护、利用厚重的文化历史，族谱、宗祠、先人遗物、故事和传说等，都是对优良传统的积淀及血脉精神的绵延，都值得我们代代珍惜。美也需要当代人在继承中不断创新，在深入挖掘历史、山水、农耕文化的过程中，将生态内涵全盘托出，展现场所本身的生态元素，真正实现"一村一景、一村一品、一村一韵"。

（2）农村生态法律法规　长期以来，我国采取"重城市轻农村，先城市后农村"的做法，农村为城市的发展作出了巨大牺牲，致使农村环境保护法规严重滞后于城市。一方面，农村生态环境保护缺乏专门性的法律。我国现有的环境保护方面的法律是以 2014 年修订的《环境保护法》为核心，以《水污染防治法实施细则》《自然保护区条例》《生态环境行政处罚方法》等为框架的体系。这些法律更多体现的是城市环境保护和工业污染治理以及特定领域（如草原、森林、渔业、土壤及海洋等）的保护，涉及农村生态环境保护的条文只有寥寥数语。并且现有的有关农村的法律法规只是对环境保护做了原则性的要求，但是对农民生活污染、农村工业污染和农业面源污染等尚未做出明确有力的规定，致使这些问题的解决在实际操作中缺乏法律依据。另一方面，农村环境保护执法工作面临诸多困难。一是相较于城市，农村面积较大，村民居住比较分散，污染源较多，环保部门难以监管，且乡镇企业及畜禽养殖场缺乏规划，小而散，加大了执法难度。二是农村地区缺乏专门的环保机构和环保执法人员，环保监督管理全靠县一级的执法力量。而当前县级环保执法人员的数量偏少，业务能力不足，对于相关环保法律法规把握不够准确，再加上农村地区讲究"熟人社会"，多数执法队伍碍于情面，或者迫于压力会降低执法的标准和要求，甚至直接以个人意志为执法标准，具有很大的执法随意性。

（3）村民生态环境保护意识　农民群众是农村生态文明建设的主力军，由于历史原因，农民在思想观念、生产生活方式上与城市居民相比会相对落后，减慢了农村生态文明建设的速度。第一，村民的文化水平普遍较低，综合素质偏低，生态意识淡薄，为了追求眼前的利益不惜破坏环境，未能充分认识到经济建设与生态文明建设之间的逻辑关系。此外，在一些农村地区仍存在着"事不关己，高高挂起"的思想观念，认为环境污染与自己无关，即使自己去爱护环境，但是个人产生的作用微乎其微，因此面对环境污染现象往往选择置若罔闻。第二，在生活方式上，我国大部分农村地区生活垃圾处理的技术水平和基础设施较差，农民垃圾分类意识淡薄，许多农民采取掩埋、焚烧等污染环境的方式处理生活垃圾，更有甚者直接将生活污水、生活垃圾及人畜粪便随意倾倒、排放，导致地下水和江河湖泊污染。第三，在农业生产方式上，距离绿色生产还相差甚远，为了追求产量的提升，过度使用地膜、农药、化肥，对生态环境造成了严重破坏。应加强生态文明宣传教育，对生态知识、技能观念、态度及行为习惯等方面进行素质培养。

（4）乡村生态建设社会参与性　乡村生态文明建设需要多方力量的共同参与，而政府、企业和农民参与的积极性不高，难以凝聚成农村生态文明建设的强大合力。基层政府工作人员由于能力有限，未能充分认识到农村生态文明建设涉及的领域繁多且复杂，对农村生态文明建设的整体把控不足，基层政府工作人员如何推进农村生态文明建设没有明确的目标和职责分工。此外，部分工作人员为了追求利益，对污染环境的行为视若无睹，盲目引进高污染、高能耗的企业，存在着"重视短期效益，忽视长期效益"的现象，极大地破坏了农村生态环境。而且农民受到传统小农思想的影响，对生态环境的重视程度不够，参与乡村事务的主体意识不强，且缺乏正确的引导和激励措施，致使农民不能积极主动参与生态文明建设。

二、生态美学视域下美丽乡村的基本内容

美丽乡村建设的最终目的是实现农村人民的安居乐业，能实现这一目标的唯一抓手就是经营乡村，要求我们用高水平的乡村建设加固乡村经营，用高效益的乡村经营实现新农村建设的可持续性。本节选取传统农耕、渔业养殖、乡村旅游和可持续农业发展四种手段，探究生态美学视域下的高水平的乡村建设方式。

1. 生态美学与传统农耕

传统农耕文化凝聚着历史、文化和人文等因素，是中国传统农业文化的一种表现形式，也是我国民族文化的重要组成部分，对于促进农村的可持续发展具有重要意义。而传统的农业文化，不仅是田园牧歌的表达，也是对社会和生态发展的有益参考。

在庞大的农耕社会中，人们的生活与生产不仅仅按照科学技术进行，还具

有很强的文化色彩和艺术味道。农村的建筑、耕作形式、当地的风俗民情及历史遗迹等，都是田园风光中不可缺少的美景。各种地域性的农耕文化，孕育了许多具有浪漫、诗意和艺术气息的人文地理，具有极高的美学价值。传统农耕的生态意义，更应该引起我们的高度重视。传统农耕是一种艺术与生态完美结合的耕作形式，农耕社会人类在耕作过程中不断地种植与收获，让土壤变得更加肥沃，繁衍出各种植被，而这些植被在彼此之间的交换与共享中又促进了彼此之间的相互作用。它舍弃了化肥等化学的、极不健康的生产方式，大大降低了污染环境的机会，不但保护了环境，而且还能为人类提供更多的资源，从而促进生态系统循环，提高人类的生活质量。而且作物生长速率较慢，这也降低了消耗农业自然资源的浪费。

　　总之，传统农耕在美丽乡村的建设中有着不可替代的地位，它对美的理解和对生态的塑造意义深刻涵盖了多方面的思考，具有极高的生态美学价值。我们应该重视乡村文化的传承和景观的保护，让传统农耕文化得到更加全面、深入、细致、系统的解读和弘扬。第五章还将以菲律宾科迪勒拉水稻梯田为例，讲述其中包含的生态美学价值与原理，分析其生态农业景观空间分析，讨论梯田景观的复兴之路。

2. 生态美学与水产养殖

　　在美丽乡村建设中，水产养殖也是非常重要的一环，它不仅具有较高的经济价值，同时也有较高的美学意义和生态意义，其典型代表是江南桑基鱼塘。

　　在水产养殖中，各种不同的视觉艺术和声音艺术都得到了体现。例如特色渔场的建筑设计及其装饰精美独到，为游客提供了优美的视觉享受。鱼塘中鱼儿嬉戏的场景、鱼儿优美的鳞片以及水面的涟漪，都可以被视作一种自然风景，可以给人们带来心灵的平静和愉悦。水产养殖的生态意义则更加明显。桑基鱼塘系统通过"塘基种桑、桑叶喂蚕、蚕沙养鱼、鱼粪肥塘、塘泥壅桑"的生态循环模式，实现了对生态环境的"零污染"，形成了多层次复合的生态循环农业系统。水产养殖作为一项永续性业务，应采取科学的管理方法，如建立生态循环系统、引进优良品种、掌握不同种类的饲养技术、监控水质等，可以将自然资源的利用效率最大化，并最大程度地减少环境污染。水产养殖对促进乡村经济建设和补充家庭收入有着非常重要的作用，可以满足新型城镇化时代的市场需求，为就业和社会稳定作出贡献，也为当地社区的经济增长提供强有力的支持。

　　总而言之，在美丽乡村的建设中，水产养殖业既是一种文化传承与艺术价值的表现形式，同时也为生态环境的保护和村庄经济的发展作出了重大贡献。第五章将选取浙江荻港村作为案例，探讨江南渔桑的生态之美，具体分析渔业养殖的生态美学价值、体现的人类智慧以及可持续性的社会效益。

3. 生态美学与乡村旅游

乡村旅游具有得天独厚的地域资源、生态资源和文化资源优势，通过合理开发利用和规划，不仅可以让更多的游客感受到独特的自然风光和民俗风情，还能传承乡村文化，有效解决"三农"问题，为村民提供更多就业机会，是美丽乡村的重要建设手段之一。

乡村旅游（图 2-3）体现出极高的景观、文化及人文价值。在充满自然和人文风景的乡村中，农家乐、生态农庄、民宿、景区等各类旅游服务设施的建设融合了美的方方面面，而这些特色乡村旅游，都能充分体现景观的艺术味道，为游客带来独特的视觉体验。由于乡村旅游带有浓厚的地域特色和民俗文化，这些文化元素被巧妙地融入各种旅游项目中，使游客体验到多样性、温馨的乡村旅游风情。恰当的旅游项目规划和管理可以保护生物多样性，推动当地的环境保护和可持续发展。这些旅游项目还可以激励和支持当地居民参与生态保护和复育行动。通过建立生物多样性保护区、推动土地流转及引导旅游消费回馈乡村等，提供最安全、最健康、具有可持续性的文旅体验，在自然中厚植绿色意识。

图 2-3　福建厦门鼓浪屿

总而言之，乡村旅游作为美丽乡村建设中不可或缺的元素，不仅可以带给人们一种文化、艺术和物质的消费体验，同时也为生态修复和可持续发展作出了不可磨灭的贡献。它对于城乡经济一体化的建设、地方特色文化的传承以及环保意识的普及和提高，都具有巨大的推动和引导作用。

4. 生态美学与现代可持续发展农业

农业可持续发展是指随着社会经济的发展，农业生产技术、生产方式及产业结构布局上进行相应的革新和调整，适应时代发展的步伐，使农业生产经营能满足市场需求，打破传统农业的限制，实现农业现代化。

农村的生态文明建设不仅仅要求环境清洁美丽，还要注重农村的经济发展，依照当地特色构建现代乡村产业体系，实现产业的绿色转型。而乡村产业体系绝不应是单个产品或单一产业的发展，而是应该传统产业、新产业及特色优势产业齐头并进，使乡村产业体系化、规模化、组织化和现代化。坚持绿色发展是农村生态文明建设的基本要求，也是实现人民对美好生活向往的必然要求。我国农村地域辽阔，各地区存在着自然条件、人文景观和风俗习惯等各方面的差异，广大农村应结合自身发展条件，因地制宜，走出一条"注重地区本体、具有自身特色的"绿色发展道路。各村要依托优势资源，凝聚各种资源要素，强化创新驱动，因地制宜打造农业全产业链，推动农村产业绿色转型。大力培育农业生产大户、家庭农场、农民合作社和农业龙头企业等新型农业经营主体，形成职业的农民队伍，逐渐成为多种经营模式共同发展的新型农业经营体系，助力推进农村经济组织化发展。

下文将以广东省韶关市的桃米村为例进行案例分析，具体阐述生态农业小镇采取的一系列生态农业技术手段，以及如何实现农业生产与自然环境的互惠互利、和谐共存的美好愿景。

三、生态美学视域下美丽乡村的建设路径

生态美学视域下美丽乡村的建设路径包含五项原则及两大策略。

（一）美丽乡村建设的五项原则

1. 审美性原则

美丽乡村景观规划中的审美性原则并不是某一特定方面，而是包含了自然审美和心理审美的双重内涵。从美学原则中的"主从与重点"和"过渡与呼应"得到启示，在确保保持场地本源环境完整性的同时，还应与自然环境相协调，使得乡村生活与自然生态和谐统一，做到有机融合。举例如下：首先，在规划中融入一些自然元素（如有机农业），使生产与生态和谐互动，同时也增加了旅客观光的娱乐性。其次，通过建筑和景观的设计来展现审美性。进行美丽乡村规划、设计时需要注意景观艺术的运用，结合村庄的容貌及地域特征，给建筑增添一份生活情趣。同时规划者应提升公共和私人空间的审美，确保净

化、美化环境，赋予乡村更多的审美吸引力。最后，人的参与也是美丽乡村规划的重要组成部分，乡村的社区需要积极进行生态保护与建设，保持乡村间的文化传播与连续性。规划者需要考虑村民的诉求，并尝试发掘本地传统文化以及可建立文化体验的开发项目，这种互动模式有助于形成友好的社区关系和文化景观，展现乡村的审美特征（图2-4）。

图2-4 安徽宏村

2. 生态性原则

生态性原则在美丽乡村规划中的应用至关重要，是美丽乡村景观规划的重要前提。生态性原则强调了人类和自然生态之间和谐、公正、可持续发展的共存关系。规划者应该保护自然生态系统，保证生态环境的完整性，确保没有任何损害生态环境的活动，通过采用低环境影响和可持续性原则来减轻负面影响，如水资源管理、土壤保持、植被覆盖、生物多样性和气候变化适应性。首先，在乡村建设中，依照美学原则中的"比例与尺度"，确保建筑和环境之间的协调与平衡，最大程度地带领乡村建设向自然化及有序化方向发展。如使街道、房屋的建设布局顺应生态空间肌理，保持池塘河流等水环境清澈干净等。其次，用创新思维结合最新设计理念开发生态系统，这种发展建立在促进种植业和养殖业的可持续发展基础上，如推广有机农业会有助于减少化学物质的污染，同时可以保护土壤和生态系统。在保障其他方面发展的同时，推动农村地区向"绿色"的方向发展。此外，规划者需要积极保护农村周边的自然环境，采取必要的经营管理措施确保它们的可持续性，并与有关政府和社区的利益相互协调，将可以带来比单一生态方案更多、更长远的生态效益。

3. 功能性原则

美丽乡村规划应该遵守功能性原则，需要符合乡村居民的实际需求，提供必要的社会服务和基础设施。首先，规划者必须考虑到村民的医疗保健、基础教育、基础交通设施、电力供应、通信和互联网接入等基本需求，同时充分考虑当地地理环境、人口结构、经济状况和文化特征等因素，综合开展园区的规划和布局。其次，美丽乡村规划还应该强调村庄环境的多样性，并针对每种环境制定不同密度和种类的规划，而且这种规划应该是基于村庄的自然环境和文化背景的。例如利用农业红利，为社区居民提供生态旅游的景点和服务，丰富其生活体验，增强乡村旅游的吸引力和地方产品的知名度。最后，规划者应高度重视村民的参与度，在规划方案的制定和实施过程中开展多种形式的社区走访调查等活动，以确保社区居民和规划者一起完成规划，创造出真正符合社区实际需求的规划方案。

4. 地域性原则

美丽乡村规划需要充分考虑本地文化和自然环境。在乡村旅游业的开发过程中，注重对乡土文化的深度挖掘和保护传承，并将其活化，形成具有生命力的乡土文化景观。首先，乡村本身独有的文化内涵承载着无数乡愁情感，它历经了乡村发展的历史过程，蕴含了厚重的历史文化风韵。正是这种独特的乡土文化气息，使得乡村旅游能满足现代人亲近自然的渴望与返璞归真的精神文化需求，因此，乡村这种恬静优美的自然生态风貌可被看作现代人的世外桃源。规划者可以借助当代科技手段和民间技能，采集和传承思想和实践经验，规划设计出既符合原有风情、又创新实用的方案，促进乡村的发展和繁荣。其次，由于地理位置和地形环境不同，生态系统和资源条件也存在差异，地域性原则要求规划者保护和利用本地的自然资源，建立起适合当地生态环境特征的生物和物种组合，启动新型的乡村发展方式。规划者需要考虑到当地水资源、土地利用、农业种植、林木和野生动物等资源的特点，制定出适合当地自然特性的开发和利用方案，保护并丰富生态体系，提高生产力和社会生产的可持续性。最后，应充分考虑当地建筑特色，将传统实践融入规划设计中。规划者在建筑中采用当地材料、当地制造工艺、当地设计和装饰风格，以融入当地的文化和历史，同时考虑当地气候、经济和工业发展，确保规划能够在自然和文化方面扮演协调和推进作用，最大程度地传承乡村历史。乡村历史是一代又一代优良传统文化的积淀，是乡村文化的象征，更是老一辈人精神的传承与延续（图 2-5）。

图 2-5　闽南建筑（福建漳州）

5. 可持续原则

美丽乡村规划中的可持续原则是指将自然生态与人文景观相结合，创造出既具有美感、又具有生态可持续性的乡村空间。生态美学理念是一种注重人与自然和谐共生的理念，强调环境保护与生态可持续发展的重要性。因此，在生态美学理念指导下，美丽乡村规划必须将可持续原则放在重要地位。

首先，不合理的开发建设会侵蚀乡村环境，破坏当地生态平衡，这将导致乡村的生态系统失衡并且会使经济发展和社会稳定面临诸多不利影响，因此，应合理分配地块、控制建筑密度及科学规划交通系统等，通过环境友好型的绿色设计和生态园林设计，实现生态与建筑、乡村与自然的和谐。其次，可持续原则也可以促进乡村地区的经济转型。传统的乡村经济模式以农业生产为主，但是现在社会对于乡村地区的需求不仅限于农业产品，而是应该充分利用区域优势资源，发展以旅游、休闲、文化创意等为主的新兴产业，为当地居民提供就业机会、创收渠道，带来可持续的经济效益。在美丽乡村景观规划中，还应制定科学的规划策略，最大限度降低资源消耗，实现社会经济和生态效益的同步发展。

（二）美丽乡村规划的生态美学运用策略

美丽乡村建设的本质在于发展、协调、富裕、健康，其根本意义即为建设乡村生态文明。生态美学作为一种功能主义美学，为合理利用乡村景观资源、改善人居环境与增进人民福祉提供了实践指导。

1. 人类与自然的融合

我国古代的"天人合一"理念追求个体与整体之间的融合，这种生态哲学智慧倡导人（个体）与自然（整体）和谐共处，此理念与生态美学有异曲同工之妙。生态美学视域下的美丽乡村景观规划既要在人与自然之间建立紧密的联系，又要保证各自的独特性。美丽乡村建设应摒弃"以人为中心"的过度开发，避免为满足人类需求而剥夺自然原真性的做法，以和谐平等的态度对待自然。人类不能违背生态系统的发展规律来建设乡村景观，而是应该把尊重自然的原真美放在首位，用最小程度的人工干预来展现最自然的生态美。为有效推动人与自然的共存共荣，人们应当选用合适的生态材料，因地制宜地采取生态手段以延展绿色生态，营造真、善、美三者协调发展的美丽乡村景观（图2-6）。

2. 生存与生活的诗意

在中国农耕文化的背景下，农业景观空间具有深远的历史与文化底蕴。这些农业景观空间不仅仅是单纯的生产场所，更是一个融合了自然与人类活动的绿色生态空间，这种特殊的空间属性使得乡村农业景观成为一个充满观赏和体验价值的场所，无论是当地村民还是外来游客都能够从中获得满足。为了优化乡村农业景观空间，规划者需要增加不同类型农业景观的差异性，这样的多样性能够激活农业生产空间，同时也能够带动乡村产业的发展。通过在农田景观、果林景观和生态林地景观之间找到平衡，规划者可以处理好生产、生活和休闲空间之间的关系。在实施乡村农业景观整合的过程中，规划者要以生态美学为指导原则，确保农业生产的生态化、绿色化和健康化。在规划美丽乡村景观时，首先要确保农业产业的生态良好，其次需要综合考虑各种自然景观的空间整合，以实现最大的生产效益。同时，在选址、空间布局和肌理设计等方面，也要注重生态美学的原则，以保证乡村农耕生活的诗意和谐（图2-7）。

图2-6　人类与自然的融合（福州）

图2-7　乡村景观

3. 动态与静态的平衡

动态与静态的平衡是美丽乡村生态美学建设的核心之一。首先，美丽乡村建设的过程中，要善于在建设中保护利用乡村自然资源，而不是过度开发。目前许多乡村地区的自然环境受到人类活动的影响，出现水土流失、土地沙化及水源减少等现象，因此需要制定科学可行的乡村环境规划，对乡村环境进行合理的区域利用和环境保护，保护好乡村的自然景观和文化生态。其次，为了保护乡村环境，一方面需要注重静态方面的文化和历史保护。在美丽乡村的建设中，应该尊重各地乡村特色文化和历史建筑，推广乡村传统文化，可以通过建设乡村博物馆并加强对乡村文化的保护来增加乡村环境的历史和文化气息。另一方面，即动态方面主要表现为产业和生活形态的改变，注重产业的多样性和灵活性，发展适合乡村自然资源的产业，创新乡村经济模式，例如可以发展生态旅游业和绿色农业等。此外，还可以同时借助互联网等新兴科技，为乡村经济的发展注入新动力。通过动态平衡和静态平衡相结合，可以在美丽乡村生态美学建设过程中达到经济发展与环境保护的双赢。

4. 传统与现代的传承

乡村人文景观作为乡土文化的重要组成部分，具有浓厚的历史性与传统性。这些景观承载着丰富的历史和传统，反映了乡村景观独特的美学意境与精神特质。传承乡村人文景观的核心在于深度挖掘其所蕴含的文化内涵。为了实现传承的目标，规划者需要创造具有内涵和传统艺术美的乡村景观，以通过感知和体验带领人们进入一个充满历史感和归属感的乡村空间。虚拟生态空间随着科技的发展，也逐渐被人们接受，并成为生态美学研究的新领域。大数据的渗透使得人们的生活环境中处处可见数字技术的身影，乡村生活也不例外。在数字科技的影响下，人们的生活方式和感知方式发生了巨大的变革。一方面，大数据的运用使人们更加关注个人的安全和健康，促使人们有意识地选择生态化和自然化的产品和服务；另一方面，数字媒体提供了丰富多样的艺术表现形式，如电影、音乐、戏剧等，在审美体验上带给人们更为广阔的视野和更加丰富的情感体验。数字生态空间的出现为乡村景观规划中的生态美学构建提供了新的视角，并为生态美学在乡村景观规划中的发展开拓了更大的空间。

小结

生态文明建设是关系中华民族永续发展的根本大计，而生态美学是生态文明建设的重要组成部分。生态美学研究关注人与自然、人与社会以及人与人之间的生态审美关系，为推动绿色发展，促进人与自然和谐共生提供了支持。生态美学视域下的美丽乡村建设不仅改善了乡村的生态人居环境，提高了景观美观程度，也带动了农业和旅游业的发展，大幅带动了经济与就业，是生态文明建设与农村发展的紧密结合，值得进行深度研究。

本节将生态美学与"美丽乡村建设"相联系，分析了生态美学视域下的乡村生态系统、乡村景观建设情况以及美丽乡村建设的问题，结合案例探究了生态美学与传统农耕、渔业养殖、乡村旅游及可持续发展农业的应用，本书后半部分将分别选取案例进行详细的分析。本节基于发展现状与政策文件梳理当下"美丽乡村"的基本内容、发展策略与典型建设路径，引导读者思考和探索新时代"美丽乡村建设"的新途径。通过学习本章内容，读者将能够在生态美学思想基础上重构"美丽乡村建设"观点体系，为新时代"美丽乡村建设"提供启发与思考。

一个学科在现实中应用，或多或少会出现些问题，那么在生态美学的实际应用中出现了哪些问题？出现问题的原因是什么？如何解决问题？此外，生态美学的未来发展趋势也值得关注。如何在生态文明建设中发挥最大的作用？如何从思想上树立生态审美观念？如何融入教育？怎么发展中国适用且具有中国特色的生态美学？我们将在下一节对这些内容进行具体分析与探讨。

第四节　生态美学发展中的问题及其趋势

一、生态美学发展中的问题

1. 生态美学的合法性问题

中国生态美学自诞生以来，其合法性就一直受到学界质疑。生态美学是具有严谨学科属性的独立学科，其研究内容覆盖了美学、生态学及哲学等多学科领域。生态美学作为独立学科的兴起和发展，与环保理念的兴起密不可分，在当前形势下，生态美学正以其符合事实、有合理基础及有指导性的特点逐渐成为一种独特而深刻地认识和理解生态现实的方式。

"生态中心"原则是生态美学中的核心观念，它旨在突破和剔除传统的"人类中心"主义观念。在西方生态思想的影响下，"生态中心"原则在中国引起了一系列的讨论。有人认为，在中国这样的发展中国家，我们仍需要进行大规模的自然资源改造以推动工业和其他产业的发展，因此，将生态放在首位的"生态中心"原则被认为与社会经济发展相悖。然而，"生态中心"原则的核心要求是实现相对平等。习近平总书记指出"我们既要绿水青山，也要金山银山。宁要绿水青山，不要金山银山，而且绿水青山就是金山银山。"充分表明了国家政府保护自然生态的坚定态度。生态美学既符合自然生态保护的需要，又符合对美好生活和美丽家园的向往与追求。

生态美学的合法性还表现为其对人们进行环保和生态保护思考的启发作用。生态美学提倡将环境问题视为一种美学问题进行思考和解决。对环境要大力保护，不仅仅因为它对人类生存和生活有重要意义，而且因为它对视觉和精神世界有很大影响。前人已经有了很好的继承概念和方法，我们只需借鉴和运用。同时，美学的感性和直观性也有助于提高人们对环境保护的情感认同和积极性，从而帮助我们更加深刻地理解和认识生态环境问题，并进一步积极地行动起来。

最后，生态美学的合法性还表现为其存在于当前生态文明建设和绿色发展的需求中。随着经济的快速发展，环境问题也在全球范围内成为影响传统经济的主要因素之一。在绿色发展理念的指导下，通过生态美学进行环境审美与价值创造，将为我们提供一种全新的、系统性的生态观和发展道路。特别是在现代科技条件下，我们能够通过各种传媒手段在超越时间和空间的范围内普及生态美学的理念，并使其与人们的日常生活相互贯通，形成生态文明的社会基础，因此生态美学理念对社会的绿色发展和文明的推进有着积极的作用。

2. 生态美学与科技之间关系的问题

科学技术作为人类与自然互动过程中不可或缺的工具之一，在生态美学的发展中具有重要意义，因此衍生出一个关键问题，即如何处理好生态美学与科学技术之间的关系。随着社会的不断发展和人类自我意识的提高，生态美学与现代科学技术之间的关系经历了从对立到统一的转变。

生态美学形成初期正值人类工业文明的全盛时期，在科技的助力下，人类扩大并加深了与自然的互动规模和强度，不加节制地从自然生态中取用所需的物质资源。人类对自然资源的取用主要得益于科学技术的发展，但这种无度的取用与生态美学的初衷存在冲突。科学技术往往将自然视为被征服和被利用的对象，而生态美学强调的是尊重自然并与自然和谐相处，这种对立关系使得生态美学和科学技术在发展中产生了一定的摩擦。森林面积急剧减少、水土流失、大气污染、酸雨污染、臭氧空洞扩大以及部分动植物灭绝等生态问题频繁发生，人类与自然的关系正面临着严重的恶化趋势。随之而来的是，人与自然之间的审美关系也遭到了扭曲，自然逐渐被视为人类的奴隶，而审美中的和谐感则被利益所取代。在这种情况下，一些激进的生态哲学、环境美学和生态美学学者主张人类应立即停止科技发展，完全回归自然，恢复生态的原始状态，因此科技与生态美学之间被塑造成对立的关系。对于工业文明时代初期的人们来说，改造和征服自然是普遍的观念，然而科技与生态美学的对立并非为了抑制科技的发展和人类社会的进步，而是希望引导人们摆脱单纯理性的视角，重新审视和感知自然，建立一种新的关系模式，实现人类与自然的繁荣共生。

进入 21 世纪后，由于生态危机的加剧，人类的生存和持续发展面临着严重威胁。在时代发展和国家生态政策的影响下，生态美学与科技之间的关系逐渐从对立转向统一。在生态文明时代，面临日益严峻的生态危机，科技的发展为生态美学提供了新的可能性，高新科技在生态保护和修复方面发挥了重要作用，例如人工智能技术能够高效响应生态保护和修复的号召，提高能源利用效率，减少自然资源消耗。这类高新科技在人与自然的关系调和方面发挥了积极作用，为促进生态系统的健康发展提供了新的途径。特别是现代科技在城市环境中的应用，不但给人们提供了全新的生态审美视角，同时也为探索融合自然与城市的理念提供了机会。在探索生态审美的过程中，虚拟现实技术发挥着重要的作用，这种技术能够通过模拟自然场景和感官体验，在一定程度上提供更广阔的生态审美体验。虚拟现实不仅能够满足视觉和听觉的需求，还可以通过模拟触觉和嗅觉等多个感官，为人们创造沉浸式的生态体验，从而加深对自然的认知。

生态美学与科技处于相互作用的关系中。科技的发展必须注重生态美学的指导和规范，以更好地平衡人类与自然的关系，实现环境和资源的可持续发展；而生态美学也必须借助科技的手段和方法，更好地把握生态环境的特点，追求并实践生态美学的目标。只有将科技和生态美学有机结合起来，才能提高人类的生活和生产水平，保护地球的健康和可持续发展。

3. 生态美学涉及的伦理问题

生态美学是研究和思考人与自然、人与人以及人与社会之间审美关系的理论形态。它不仅仅关注审美的感受和体验，还深刻反思和批判人类对自然所采取的行为。在这个思辨的过程中，生态美学涉及一系列值得探讨的伦理问题。

首先，生态美学涉及的伦理问题包括了人类与自然环境之间的权益分配问题，引发了关于人类对自然的行为是否合乎伦理原则的思考，例如是否应该利用科技手段改造自然、无度剥夺自然资源以满足人类的需求，与如何保护和维护自然生态系统的健康之间存在着伦理上的冲突。生态美学强调环境与人的和谐共处，但实际上人类活动造成的环境破坏和生态灾难越来越严重。在传统哲学和伦理学中，人类往往忽视了自然生态的内在价值，因为人类习惯以自身利益为基础进行思考和行动。传统观念认为，自然界对人类而言仅仅具有外在价值，即被视为一种工具，用来帮助人类获取生存利益或实现人类的价值目标。

为了解决这一问题，我们需要对环境中涉及的各种外部性，如环境成本和损失进行评估，以实现权益的公平分配，将自然的审美价值与工具价值区分开来。除了审美价值之外，大自然还具有支撑生命、休闲娱乐及保持生物多样性等多种内在价值，而且这些内在价值并非独立存在，它们与审美价值交织在一起，共同构成了自然生态的整体价值。

其次，生态美学强调维护生态的平衡，而在现实社会中，人类攫取自然资源是不可避免的，因此在权衡自然与人类利益时就需要找到一个平衡点以实现最大限度的可持续发展，需要寻求一种平衡以实现生态和人类利益的最大化。人类可以对环境进行适度干预，但也要及时停止过度开发和污染，避免造成严重的生态恶化。此外，生态美学也强调了"崇尚自然"的思想，在这一点上伦理问题的关注点在于如何理解自然并对其进行研究和保护。在不同的文化和历史环境下，对自然的理解往往存在很大区别，从而可能引发不同的观点和利益分歧，因此需要有共同的伦理价值诉求，以帮助不同利益方达成共识。

最后，生态美学的研究范围不应只局限于自然审美关系，而应延伸到人与人之间的审美关系。这种关系的建立不能仅仅停留在对外在美与丑的判断上，而应该更深入地探索一种内在的、散发着人性光辉的精神美。在当今社会经济飞速发展、物质财富大量增加的背景下，"拜金主义"已迅速在人与人之间蔓延开来。我们可以观察到生活中一系列令人困惑的现象，这些现象正是对财富和金钱过度崇拜的直接结果。

生态美学的核心理念是不以一个人拥有的财富量和其为社会带来的经济效益来评价这个人的审美价值，相反人与人之间的审美关系的建立应该基于社会整体性的考虑。换言之，我们需要评估个人是否促进了整个社会精神文化的发展。这意味着建立审美关系不再单以物质财富为基础，而是基于个体对整个社会的正面影响和对文化发展所作出的贡献。因此在生态美学的研究中，我们应该将注意力放在人与人之间审美关系的深层次解读上，以实现更为全面和包容的审美观念的构建。只有这样，我们才能超越财富崇拜的局限，拓展人类审美的边界，为整个社会提供更加丰富和有益的审美体验。

二、生态美学的发展趋势

1. 以生态文明观为指导

（1）当代中国生态文明观进程　在 1987 年，中国著名生态学家叶谦吉从生态哲学的视角提出了"生态文明建设"的新观点。他认为，"所谓生态文明就是人类既获利于自然，又还利于自然，在改造自然的同时又保护自然，人与自然之间保持着和谐统一的关系。"

新中国成立初期，针对我国水土流失严重、森林乱砍滥伐等现实问题，毛泽东发出了"植树造林，绿化祖国"的号召。1958 年，党中央根据我国生态发展状况，发布了《中共中央、国务院关于在全国大规模植树造林的指示》。改革开放初期，我国过度追求经济发展，忽视生态环境的保护，造成生态恶化。邓小平十分重视生态环境保护法律制度建设，1978 年将"环境保护"列入宪法，并于 1983 年确立为基本国策，中国全面开启了环境保护法治化的道路。江泽民同志提出"退耕还林、封山绿化"战略，向全党全国发出了"再造秀美山川"的号召。1995 年党的十四届五中全会将可持续发展战略列入第九个"五年计划"之中，这是党的文件首次使用"可持续发展"的概念。1997年，党的十五大将可持续发展战略作为我国经济发展的战略之一。胡锦涛在十六届五中全会上提出："大力发展循环经济，有效改善生态环境，加快建设资源节约型、环境友好型社会。"党的十八大以来，习近平总书记站在中华民族永续发展的高度，以马克思主义政治家、思想家、战略家的深邃洞察力、敏锐判断力、理论创造力，大力推动生态文明理论创新、实践创新、制度创新，创造性提出一系列富有中国特色、体现时代精神、引领人类文明发展进步的新理念新思想新战略，形成了习近平生态文明思想。习近平生态文明思想的时代内涵集中体现为"六项原则"和"五个体系"。"六项原则"即，坚持人与自然和谐共生；坚持绿水青山就是金山银山；坚持良好生态环境是最普惠的民生福祉；坚持山水林田湖草是生命共同体；坚持用最严格制度最严密法治保护生态环境；坚持共谋全球生态文明建设。"五个体系"即建立健全生态文化体系、生态经济体系、目标责任体系、生态文明制度体系、生态安全体系。

（2）建设生态文明观指导下的生态审美观　生态审美是为了回应全球性生态危机而形成的新审美观和审美方式。通过确立一种以"人类与自然生态和谐共生的审美关系"为指向的审美意识，生态审美旨在实现审美主体生命潜能的自由发展、对生态规律的真正认识和生态伦理道德的实现。

生态审美观承载了生态美学的价值理念，其核心在于确立一种审美观，将"人类的存在和发展与自然生态保持和谐共生的关系"纳入美的领域。在远古时期，由于人类认知和实践能力有限，客体代表了上帝和自然潜能，在审美关系中占据主导地位，人类表现出对自然的未知、尊重和崇尚之美，早期的古代中国和外国原始神话中充满了这种审美观。然而随着自我意识的觉醒、认知能力和实践能力的增强，人类不再愿意执着于对大自然的服从和崇拜，他们意识到在征服自然的过程中，也会对其造成破坏，因此大自然将以灾难反馈人类。在不断地探索中，人类逐渐意识到只有与自然共生，才能实现生活质量的提升和与自然和谐共处的平衡。通过深入学习科学知识和提高自身实践能力，人类得以更深层次地理解美学主题，将自然生态的规律和对待自然万物的伦理道德形成了新的审美内容。生态美作为审美主题，回归到对自然的反思，是在符合自然和伦理规律的基础上实现有意义的审美体验，有助于唤起人们对生态危机的关注。

环境作为生态美的重要因素，为审美主体的自由存在和生命运动提供了必要的外部条件，同时环境也为审美对象的存在和发展提供了适宜的条件。生态美将人与自然的共生关系作为构建完整生态系统的重要方面，该系统具有生命的融合与循环的特征。环境中的各种要素相互依存、相互作用，形成一个有机的整体。在当前阶段，生态审美的内涵主要包括三个方面。和谐共生的整体观，追求人与自然协调发展、相得益彰的关系；关注生态系统中各环节协调互动的生命循环发展观；双向参与的体验观，强调审美主体与环境之间的相互影响和互动，鼓励人们主动参与生态保护与建设。然而，不同时期的生态审美观念可能因文化、环境和社会发展阶段的不同而存在差异。在中国，发展生态美学必须基于生态文明观的指导，运用专业理论知识和实证案例反驳和批判错误的审美观点，还应帮助人们建立正确的生态审美观，推动生态美学与生态文明建设相结合，最终实现中国的生态文明目标。

2. 以生态审美教育为实践途径

（1）推广生态审美教育的意义　在美的价值观逐渐与环境问题紧密相连的当代社会，生态美学教育作为一种特殊形式的审美教育，更加注重将生态知识、生态理念和生态智慧融入其中。生态美育的核心任务是通过传授生态美学学科知识，使受教育者具备基本的生态美学知识、理念和智慧，从而能够欣赏生态美，并在生产和生活中遵循生态美的要求。生态美育不仅仅是一种艺术教育，更是一种培养公民环境保护意识和可持续发展思维的教育。它通过塑造人与自然和谐共生的生态观念，传递生态文化的精髓，培育生态文明建设所需的新型人才。生态美学可以解决公民"美丽中国战略"的观念性困境，对树立公民生态文明意识、提升公民的生态审美能力具有重要意义。

（2）推广生态审美教育的途径　推广生态审美教育旨在通过创造自然美、弘扬自然美、感悟自然美及享受自然美的方式，将生态美学的理念和生态价值观融入审美教育中，培养学生对自然和生态环境的感恩之心和责任意识，促进人与自然的和谐共处。

推广生态审美教育可以从以下方面着手：首先，教育部门应进行完善的顶层设计，鼓励各级学校在其课程体系中设立课程，制定相关政策文件并建立完善的课程标准。其次，社区和地方政府可以通过广播电视、报刊、微博、微信和网站等多种媒体来推广生态审美教育，充分宣传生态美学的理念和成果，引导公众从审美的角度关注和维护生态环境。再次，学校加强引进相关人才，并集中对本校教师进行培训，确保课程的质量和有效性，结合本校人才培养目标和学生素质现状制定生态美育课程体系，鼓励相关专业研究者编写教材，同时引进国外相关的经典教材作为补充，设计相应的教学内容和教学方法，充分利用多媒体手段深入浅出地向学生普及生态美学的理念、知识和方法，激发学生的学习兴趣和参与热情，多角度展现生态美，形成生态美的共同语言体系。最后，鼓励学生身临其境地感受自然美，亲自参与生态环保活动，如组织学生走进森林、山水和草地等自然环境，感受大自然的力量，或者组织学生参与园艺、植树及绿化等志愿者活动，加深他们对生物多样性的认识和关注，贯彻绿色发展和可持续发展的理念。在整个生态审美教育过程中，使审美活动与造美活动趋于统一。生态审美教育包含了欣赏、批评、研究和创造四个方面的艺术实践活动，通过这种综合性的艺术实践，培养受众对生态美的欣赏能力和创造能力，从而促进生态审美的发展。

3. 以发展中国特色生态美学为追求

中西方在经济和文化方面存在巨大差异，因此中国发展生态美学时，不能简单效仿西方模式，而应以中国特色为根基，创造具有独特元素的新型理论形态，建立中国特色生态美学。这意味着需要在贯通古今中外的基础上，将中国传统文化、哲学及生态智慧等元素与现代生态环境和社会实践相结合，以适应中国国情和文化背景的需要。

（1）中国传统生态与美学智慧的现代化转化　中国作为一个拥有悠久历史和深厚传统的文化大国，在传统生态与美学智慧方面拥有丰富的积累。然而，随着现代化步伐逐渐加快，中国的自然环境和生态资源面临着严峻的挑战，如何应对并继承发扬传统的生态与美学智慧，适应现代化的进程，成了一个重要的问题。

首先，中国传统生态与美学智慧的现代化转化需要深入研究。中国传统生态智慧的发展历史可追溯至古代的儒家、道家等诸子百家，其主张与现代生态经营的理念有很大的相似性，例如中庸之道和孟子之道等主张强调平衡万物，注重维护生态系统的可持续性，提倡人与自然和谐共处。中国传统美学智慧则主张促进美学观念的发展，将人与自然联系在一起，把生态环境视为美学研究与欣赏的对象。因此，在现代社会，对于这些传统智慧的研究和传承尤为重要。通过透彻地研究，拓宽对美学和生态的理解，借此探索更多具有可持续性和可维护性的方案。另外中西文化之间存在显著差异，这在全球化的社会背景下给构建中国生态美学话语体系带来了新的考量和挑战。文言文等传统语言在国际交流中往往显得晦涩难懂，因此，在推广中国传统生态智慧使其走向国际舞台的过程中，如何更准确将其转化为世界通用的英文，成为一个值得思考和探讨的课题。

其次，中国传统生态与美学智慧的现代化转化需要借助现代科技手段。利用现代科技的优势，充分挖掘并应用中国传统生态与美学智慧，从而实现智慧的现代化转化。例如运用现代技术，加强对生态环境的监测和管理，可以以可持续且和谐的方式保护环境，保障人类生存。同时数字技术的运用，也可以让更多人更直观地了解和理解美学和生态，进而形成对人与自然和谐共生的认识。

最后，中国传统生态与美学智慧的现代化转化还需要在思想上进行创新，需要不断将其与现代价值体系结合，进行新的解读。例如在景观设计中，可以在现代前提下，将传统的"山水田园""人为水乡"美学观念融入新的设计中，形成新的美感。同时在生态保护管理中，更加重视公众对生态保护智慧和美感的认知，以开展公民教育，加强生态保护意识的普及和推广。

（2）中国传统生态美学与当今中国实际相结合　中国生态美学相对于西方生态美学在发展上具有根本性的优势。首先，西方在思维方式上注重思辨理性，偏向于通过理性认知来理解世界，从而导致人与自然之间产生主客之分，将自然视为理性分析的客体。相较而言，中国自古以来拥有感性的"体质"，更注重通过感性的体验来认识世界，特别是自然界，也更有助于培养人与自然之间的情感关系，并帮助促进二者和谐关系的建立。其次，在价值取向上，西方在工业文明时期表现为强烈的"人类中心主义"，强调个体和自我的中心地位。相比之下，中国更注重整体的和谐统一，强调生态整体的重要性，这为"生态整体主义"在中国的发展提供了肥沃的文化土壤。最后，从伦理道德方面来言，西方倾向于崇尚个人英雄主义，过分强调个人的能力和成就，在处理人与自然的关系中倾向于征服和统治自然。相比之下，中国重视谦逊内敛，倡导中庸之道，这有助于人们更加平等地对待自然，尊重和顺应自然。在未来中国生态美学的发展中，应该不仅仅单纯强调自然生态保护，还应将更多的关注点放在经济与生态的关系上，探索促进经济与生态的良性互动和可持续发展的途径。

中国生态美学的发展要在保护自然生态的同时，充分注意经济发展与生态保护的有机统一。旅游业和城市规划具有显著的生态方面需求，生态美学可以与旅游、城市规划等领域进行深度结合，在城市规划中为人们创造更美的生活环境。当前，环保理念的深入传播和推广仍然存在一定的挑战，导致公众积极参与生态审美体验的程度不高。但在自媒体时代的背景下，公众的角色发生了重大变化，他们不再只是被动地接收信息，而是成为主动传播信息和参与体验的主体，这种转变为提升公众参与生态审美体验的积极性带来了新的机遇和挑战。为了积极响应公众需求，建立高效的公众反馈机制变得至关重要，政府可以利用微信、微博等新媒体工具，与公众直接进行互动，通过这种方式，公众可以更直接地对生态审美体验提出意见和建议，增加他们在相关决策过程中的话语权。这种直接互动的机制能够激发公众对生态文明建设的积极性，也为政府提供了宝贵的参考意见。

小结

学科在发展过程中必然会遇到一系列问题，而发现问题、解决问题、探索下一步的发展方向，是学科不断完善、持续发展的不竭动力，因此，本节基于前文的理论研究与案例分析，聚焦生态美学发展中出现的问题，探讨生态美学衍生出的合法性、与科技之间的关系及伦理问题，来分析问题产生的原因并积极寻求解决方法。本节还以生态文明建设、生态审美教育等问题为切入点，解析了推广生态审美教育的意义和实现途径，总结了学科未来发展趋势。最后分析并总结新时代的学科发展趋势，讨论了中国传统生态与美学如何进行现代化转化、生态美学如何与当今中国实际相结合、经济发展与生态建设的关系应该怎么平衡。这些内容引发了更深层次的思考，为广大读者提供了宝贵的思辨性思维，对探索具有中国特色的生态美学建设方法大有裨益。中国传统智慧中蕴含着关于人与自然和谐相处的智慧，这对于当代生态美学的理论建构和实践意义不可忽视，同时生态美学与当今中国实际的结合也是一项重要的研究课题。考虑到中国的国情和社会现实，生态美学应该在经济发展和生态建设之间寻求平衡，这需要深入思考如何在经济发展过程中实现可持续性，如何在保护生态环境的同时创造美好的生活品质，生态美学的理念和方法在解决这些问题过程中将发挥重要作用。通过学习本节内容，读者将会获得宝贵的思辨性思维，理性客观地看待生态美学学科的优势及其引发的问题，并结合现实情况及时想出应对策略，为发展具有中国特色的生态美学作出贡献。

总结

经济的发展总是以牺牲环境为代价，严峻的生态环境问题与国家的发展要求赋予了生态美学研究巨大的价值。生态美学是跨文化的研究，可以推动跨学科研究、加强环境伦理学的建设和推动绿色文化的建设，也将给我们带来新的思维方式和更大的视野，有助于人类更好地认知自然，逐步建立起人与自然共同发展的价值体系。生态美学自诞生以来，已经在理论建设方面取得了一定的成果，为推进中国生态文明社会向美学发展阶段迈进提供了有力支持。但丰富生态美学理论内容、进一步加强学科建设并应用于现实，仍是当前"美丽中国建设"的重要任务。如何进一步加强生态美学的建设，如何在高新技术的支持下传承传统生态理念并创新，让学科不断成熟并趋向完善，发展成具有中国特色的生态美学，是未来研究需要探讨的主题。

生态美学将以其独特的方案为发展生态文明奠定坚实的基础，从理论和实践两方面对中国实践生态美学发挥更为显著的作用。生态美学是一门具有广阔前景的学科，它既可以与当下中国实际相结合，也可以与国外学界展开对话。中国生态美学结合了中国传统的生态与美学智慧，同时借鉴了西方比较成熟的生态美学理论与实践成果。基于中国当前的国情和社会实际，中国生态美学在不久的将来必将取得光彩夺目的成就。

参考文献

曹家翔，2019. 基于生态美学视野下的乡村景观规划设计研究 [D]. 杭州：浙江农林大学.

曹顺仙，刘新元，2023. 儒家生态哲学研究进展及其生态文明转向 [J]. 南京理工大学学报（社会科学版），36（3）：12-23.

陈剑桥，2022. 建筑设计中的生态建筑学理论研究 [J]. 城市建筑，19（14）：143-145.

陈梦晴，吴卫华，2023. 道法自然：道家美学思想对现代设计的启示 [J]. 今古文创，147（3）：90-92.

陈伟，2020. 当代西方生态哲学中人与自然关系理论及其批判 [J]. 贵州社会科学，363（3）：11-17.

程相占，2015. 中国生态美学发展方向展望 [J]. 求是学刊，42（1）：119-122.

高源，2018. 发展乡村旅游助力乡村振兴应把握"四性"[J]. 中国发展观察（Z1）：51-53.

龚丽娟，2011. 从生态教育到生态美育：生态审美者的培养路径 [J]. 社会科学家，171（7）：130-133.

韩禹锋，杨帆，胡国梁，2023. 生态美学介入城市空间营造研究 [J]. 湖南包装，38（3）：

26－30.

胡友峰，2019. 生态美学理论建构的若干基础问题［J］. 南京社会科学（4）：122－
　　130，137.

胡友峰，2023. 论自然美的生成机制［J］. 北京大学学报（哲学社会科学版），60（2）：
　　42－50.

黄勇，2022. 加快构建贵州现代乡村产业体系［J］. 理论与当代（3）：20－23.

李西建，2021. 马克思生态审美观的理论意蕴与启示［J］. 陕西师范大学学报（哲学社会
　　科学版），50（5）：33－40.

林彤，2020. 生态美学视域下的美丽中国研究［D］. 赣州：江西理工大学.

刘春元，李明岩，陆黎敏，2018. 中国传统生态伦理思想与大学生生态道德教育［C］. 哈
　　尔滨：东北亚学术论坛.

刘家俊，2020. 新时代乡村振兴战略的四维导向［J］. 淮南职业技术学院学报，20（1）：
　　132－133.

刘思华，2008. 对建设社会主义生态文明论的若干回忆：兼论我的马克思主义生态文明观
　　［J］. 中国地质大学学报（社会科学版）（4）：19.

刘彦随，周扬，2015. 中国美丽乡村建设的挑战与对策［J］. 农业资源与环境学报，32
　　（2）：97－105.

刘熠冉，2020. 中国当代生态美学发展研究［D］. 武汉：武汉理工大学.

吕逸新，徐文明，2004. 论海德格尔的生态思想［J］. 山东理工大学学报（社会科学版）
　　（6）：22－25.

齐甲子，洪京，2017. 美丽乡村建设中的生态美学问题研究［J］. 内蒙古农业大学学报
　　（社会科学版），19（5）：41－45.

任世国，2015. 我国乡村旅游可持续发展中存在的问题及对策分析［J］. 农业经济（9）：
　　56－58.

王超杰，2022. 舟山市农业生态系统生产总值核算研究［D］. 舟山：浙江海洋大学.

王庆生，张行发，2018. 乡村振兴背景下乡村旅游发展：现实困境与路径［J］. 渤海大学
　　学报（哲学社会科学版），40（5）：77－82.

王芝，海力且木·斯依提，2022. 乡村振兴背景下孝昌县乡村旅游可持续发展研究［J］.
　　科技和产业，22（5）：266－270.

翁鸣，2011. 社会主义新农村建设实践和创新的典范："湖州·中国美丽乡村建设（湖州模
　　式）研讨会"综述［J］. 中国农村经济（2）：93－96.

吴庄铖，2022. 乡村振兴视角下湖南耒阳市特色农业可持续发展研究［D］. 湛江：广东海
　　洋大学.

向玉乔，周琳，2020. 中国传统伦理思想的自然主义特征［J］. 湖南大学学报（社会科学
　　版），34（2）：103－109.

熊倩，2021. 生态美学视野下的美丽乡村景观规划［D］. 长沙：中南林业科技大学.

轩玉琴，徐丹丹，2021. 生态美育的新时代教育价值研究 ［J］. 河南教育学院学报（哲学社会科学版），40（5）：80-82.

杨正勇，杨怀宇，郭宗香，2009. 农业生态系统服务价值评估研究进展 ［J］. 中国生态农业学报，17（5）：1045-1050.

殷钰婷，2021. 生态审美视域下的高新企业园环境设计研究 ［D］. 武汉：华中科技大学.

应珊婷，郑勤，2015.《美丽乡村建设指南》国家标准解读 ［J］. 大众标准化（6）：8-11.

余腾飞，2022. 农村生态文明建设助推乡村全面振兴研究 ［D］. 石家庄：河北科技大学.

俞孔坚，李迪华，2007. 可持续景观 ［J］. 城市环境设计（1）：7-12.

曾繁仁，2004. 当前生态美学研究中的几个重要问题 ［J］. 江苏社会科学（2）：204-206.

曾繁仁，2004. 马克思、恩格斯与生态审美观 ［J］. 陕西师范大学学报（哲学社会科学版）（5）：62-69.

曾繁仁，2005. 生态美学：一种具有中国特色的当代美学观念 ［J］. 中国文化研究（4）：1-5.

曾繁仁，2010. 生态美学导论 ［M］. 北京：商务印书馆.

张惠青，2020. 论自然生态审美的四个契机 ［J］. 南京社会科学（11）：124-131.

赵建军，2019. 以生命共同体理念为切入点构建中国特色生态哲学体系 ［J］. 环境保护，47（20）：30-35.

赵奎英，2017. 海德格尔生态伦理学的三大特征及其生态诗学意义 ［J］. 东岳论丛，38（1）：105-111.

周艳鲜，2019. 发生学视域下西方环境美学与中国生态美学的比较研究 ［D］. 南宁：广西民族大学.

Fluck W，2010. Fiction and Fictionality in Popular Culture：Some Observations on the Aesthetics of Popular Culture ［J］. Journal of Popular Culture，21（4）：49-62.

James S P，2005. Review：Aesthetics of the Natural Environment ［J］. British Journal of Aesthetics（3）：3.

第三章　农业、景观与美学相关研究

第一节　农业景观美学的意涵

一、景观美学的概念

(一)环境美学

美学早期主要应用于艺术领域,现代意义上的美学由德国哲学家鲍姆嘉通于1750年提出,"美学"这一词语的使用源于中国学者援引日本学者对西语的翻译。后来谢林、桑塔亚纳和杜威等人开始将自然美学纳入美学学科的探索之中。20世纪60年代,分析美学中出现了研究自然环境的相关探索。

自19世纪以来,工业化与城市化迅速发展,环境问题日益受到重视,环境美学随之兴起。环境美学是美学的一个分支,同属于哲学范畴。针对环境美学的概念,国内外不少学者都作出了不同理论方向的诠释。

当代学界大体认同国外的环境美学发端自20世纪70年代,可追溯至英国学者罗纳德·赫伯(Ronald W. Hepburn)于1966年发表的《当代美学与对自然美的忽略》一文,罗纳德·赫伯也因此被称作"环境美学之父"。环境美学最早源于自然美学,文中观点主要站在人的内在发展角度,推崇"自然美"。

阿诺德·伯林特(Arnold Berleant)和艾伦·卡尔松(Allen Carlson)是当代西方环境美学权威,二者都将景观作为环境美学研究的重要支点和范畴。在1992年出版的《环境美学》(*The Aesthetics of Environment*)一书中,伯林特将环境美学的研究范围从自然环境扩展到建筑环境,包括城市、街巷、建筑、园林和户外空间。他全面而详尽地阐述了艺术美学、自然环境美学以及环境体验与美学的交叉等重要问题。伯林特的环境美学思想也被称作"参与美学"(aesthetics of engagement),亦可译作"介入美学"或"融合美学"等。

艾伦·卡尔松的主要理论倾向是从环境与艺术的类比中寻找立足点,大量采用传统分析美学的术语来研究环境美学。在传统上,美学被定义为"感性科学",而卡尔松在以感性为特征的概念生活领域中,为普及科学知识作出了重要的贡献，因此，卡尔松的环境美学被学界称为"科学认知主义理论"（Scientific Cognitivist Theory）。

中国环境美学的出现要晚于国外，约在 20 世纪末。中西方环境美学最大的差异在于生态，中国的环境美学大体可分为两派。一方面，以陈望衡为代表的环境美学派别将当代生态文明发展作为重要的价值取向，并以西方视角作为反思和借鉴的对象，他提出环境美的本质是"家园感"，主题是生活。另一方面，以曾繁仁、程相占为代表的生态美学派别，则明确提出了与西方环境美学以及生态美学不同的中国生态美学概念，主要基于西方生态理论框架，融合了中国传统自然美学，较少关注西方环境美学的问题。

（二）景观美学

景观美学和环境美学作为相近的概念，常被放在一起讨论。有关二者关系的辨析，陈望衡在《环境美学》一书中提出，景观美学和环境美学在源头和品格两方面有所差异。从源头上看，景观美学源自绘画和园林，环境美学则源自哲学；从品格上看，景观美学更趋于形而下，更强调实践和落地，而环境美学更趋于形而上，更强调抽象的、理论的思考。环境美的本体在景观，它们是美的一般本体的具体形态。通俗来说，环境美学是景观美学的理论指导，景观美学是环境美学的实践支撑（图 3-1）。

图 3-1　优美的人居环境

本章所探讨的景观美学，是中国式的环境美学（即生态美学）中更形而下的部分。文中将较多地结合具体的景观进行论述，不做过多抽象的概括。

二、农业景观美学概述

（一）农业景观美学的范畴

陈望衡认为，农业最大的意义在于让人安居，只有安居才会给人以"家园感"。从这个角度看，农业在某种意义上是环境美学之源。20世纪末，农业进入美学家的视野。随着工业社会对生态环境破坏的日益加剧，理论家提出了"农业美学"这一新的美学话题，以应对这一挑战。

农业景观一般被视作一种半自然景观，反映了一个地区的地理和文化特征，包括自然风光、农业生产、人居聚落和历史人文等。在国外，它的定义（agricultural landscape）与乡村景观（rural landscape）的定义相似，且应用也更为广泛。

本章所指的农业景观不仅是农业生产的场景，还包括民众劳动的动态过程，同时也涵盖了在劳动过程中创造和积累的习俗和文化遗产。本章引入的农业景观美学与农业美学的差异在于，从景观美学的视角出发，更多地着眼于农业景观美的具体实践（图3-2）。换言之，就是对不同的农业景观，从景观美学的角度探讨其美，美在何处？为何美？美是如何形成的？这种美是否具备可推广性？

图3-2　福建省宁德市罗沙洋村

（二）农业景观美学的要素

作为一种人造景观，农作物可以很好地融入自然环境，因此农业景观中的自然性相当显著。但与此同时，农业景观中人的参与比重也相当多，甚至农业景观的出现都具备浓重的人文性。农业生产也因此具有明显的文化性。陈望衡认为，农业景观是自然与文化的统一、生命与生态的统一、生产与艺术的统一、功能与审美的统一。对于农业景观美学而言，体现农业景观自然性和文化性的要素具体包括生活方式、环境要素、生产资料及生产行为等，这些都是农业景观美学的要素（图 3 - 3）。

图 3 - 3　浙江省温州市蔡家堡

（三）农业景观美学的目的与意义

首先，农业社会是一种以乡村为基础的社会形式，即乡土社会。聚落与农田、果园、庄园等在此紧密相连，形成了独具特色的农业景观。这种农业景观通常由不同类型的农业用地、自然景观和人文景观组成，展现了该地区独特的自然和文化特征。但是由于东西方文化的差异，对自然的理解不同，在对农业景观的审美价值评判上也产生了差异。就乡村而言，农业景观美学的美学价值在很大程度上有助于吸引市民、企业家将大量货币性资产带入乡村，提高社会经济福祉。换言之，在当代社会，中国农业景观美学研究的展开最主要的意义和目的就是推动中国农业乡村现代化，助力乡村振兴。

其次，农业景观美学文化作为我国千年农耕风俗文化的一部分，具有重要的文化研究价值。此外，对打造农业生态健康的产业链和发扬农业科学精神而言，农业景观美学也是不可或缺的重要组成部分。

三、农业景观美学研究进展

（一）国外农业景观美学研究进展

在西方，理想中的天堂是适合农业生产的富饶土地，园林设计正是对农业景观的模仿。西方园林最早可追溯至古埃及、古希腊。受尼罗河泛滥的影响，古埃及缺少像中国一样相对稳定的自然环境，因此，象征着丰收和温饱的农田、果园和菜园便是古埃及最美的风景。古埃及园林由农业景观开始，逐步演化并影响到了欧洲的园林。虽然西方对农业景观的审美由来已久，但更多地集中于园林建造的角度，并未把农业景观作为审美的对象。

现代的农业景观美学源自环境美学，艾伦·卡尔松被认为是环境美学的代表人物之一。他在环境美学领域主张要关注对原生自然环境和有人工介入的半自然环境的审美感受，尤其是要站在人本的角度。农业景观是乡村景观中占据较大比重的一部分，而乡村景观正属于艾伦·卡尔松所认为的环境美学中的半自然环境，因此，随着环境美学的发展和其涵盖范围的进一步扩大，农业景观逐渐被纳入环境美学的重要议题，其审美模式也转变为生态和自然的融合。艾伦·卡尔松于第五届世界环境美学会上提问："为什么在当代，我们可以欣赏大规模的、单一的农业景观？为什么在现代社会之前，并未把农业景观作为一个审美的对象来看待？"20 世纪中叶，一些欧美国家如美国、加拿大、意大利、荷兰和德国等，通过大规模地对景观生态学、农业以及乡村景观规划进行分析研究，建立了相对完善的农业景观理论体系。这些研究主要立足于本国的乡村农业发展，从视觉、美学等不同角度对农业景观进行研究。

总的来说，相较于国内，国外更早地开展了农业景观美学的研究，所以他们对农业景观美学的探究也更为详尽。西方各国保护和发展农业景观的形式多样，本小节将主要以美国、加拿大、意大利、荷兰、德国及日本等国家为例，论述其农业景观美学发展的概况。

1. 北美（以美国、加拿大为例）

在美国，尽管乡村景观具有与丰富的土地和富饶的资源相关的自然优势，但由于以石油农业为代表的大规模农业耕作模式，其种植领域被认为是一种生物多样性较低的景观。19 世纪，美国农业景观初现雏形，20 世纪 70 年代以后，农业景观的保护成为焦点，大大推进了休闲农业和观光农业的发展。美国休闲农业的起源可以追溯到传统牧场，而度假和旅游农场的迅速崛起又加速了休闲农业的发展。美国北达科他州的气候和土壤条件很适宜多类牧草生长，因此美国第一个休闲牧场于 1880 年在此成立，此后各类休闲农业就开始在美国各地遍地开花。至 1925 年，观光牧场形成了一定规模和实力，其主要功能是吸引大量游客。截至目前，美国已经有超过 2 000 处休闲农场，以密西西比河为界，东部以农园为主，西部以农场居多。总的来说，美国休闲农业在发展过程中十分注重保护本土自然生态、当地人文历史和风俗习惯，以及休闲服务的细节和与社区居民的融合，度假农场和旅游牧场是其主要表现形式。美国休闲农业的发展既受到了农业景观美学的深刻影响，又反过来促进了美国农业景观美学的发展。

此外，在美国若提到文化景观，就一定绕不开乡土景观。美国对于乡土景观相当重视，甚至上升到了国家文化的层面。对于乡土景观，罗伯特·瑞利这么描述："这是一种未经专业人士专门设计的人造户外环境。"这种人造户外环境作为半自然、半人工的一种环境，即使有人工的部分也大多是在生产生活中自然形成的农业景观，因此，从某种程度上可以被认为是一种乡土景观。阿曼纳位于艾奥瓦州中西部，被认为是美国最具视觉特色的欧式乡村景观，建筑围合而成的这座欧式风情浓郁的乡村，其实用性和统一性发挥得淋漓尽致。不只是建筑，实用性和统一性在这个小村庄里也蔓延到了植物景观上，菜园和果园在这儿几乎占据了所有空地。尽管受 1932 年的"实用主义的、商业化的"改革影响，阿曼纳发生了一些变化，出现了与其独特风格相矛盾的美式典型牧场和住宅建筑，但这种矛盾的出现也从侧面展示了农业景观美学研究的必要性。

加拿大学者卡尔松从环境美学的角度，对农业景观美学的美学模型进行了研究分析，他主张改变传统的审美模式，开发更适应时代发展的新的审美方式，以避免传统评价方法对事物客观认识的偏颇以及对美的本质一定程度的忽略。也正是因为卡尔松主张的以新的审美方式看待事物，农业景观作为原本在传统审美角度上不很出彩的观察对象，才被看到了其审美价值和重要性。卡尔松尤其认同农业景观的可持续性生产力拥有极高的审美价值，这对农业景观美学的欣赏和研究具有重要意义。

农业是加拿大经济中相当重要的一部分，它创造了加拿大近 10％的国民生产总值。20 世纪 30 年代过度开发导致的环境恶化给加拿大敲响了警钟，这一事件使得加拿大之后极为重视对自然生态的保护。加拿大拥有得天独厚的自然环境条件，也正因此，农业景观美学助力兴起的休闲农业发展模式有了成长的土壤。加拿大充分利用当地的资源，只要是农业景观美学构成要素中用得上的，它都会合理地加以利用。黑溪先祖村是多伦多市北约克地区的一个传统村落，保留了 19 世纪 60 年代的生产资料和生活环境，包括农场、古宅和公共建筑等。甚至为了保留历史悠久的社会生活方式，黑溪先祖村的村民仍然穿着古式服装，习俗结构也以旧时代为基础。游客来到这里，仿佛走进了老相片，穿越到了 19 世纪维多利亚时代的美丽风光中，感受到了那个时代的风貌和气息。

加拿大的农业景观美学与生产力可持续性和生物多样性的关系十分密切，这使得加拿大的农业景观美学研究范围相当多元化。从宏观角度看加拿大有在农业景观变化的背景下，研究农业景观的保护与发展问题。农村的变化和衰退导致加拿大农村景观的面貌被改变，在此背景下，学者就加拿大新斯科舍省的大草地——这一传统的农业景观遗产，如何更好地焕发生机、焕发农业景观之美进行了研究。也有聚焦在中小研究尺度的，比如有研究证实花卉种植可以成为有力的保护方式，以增加授粉者和野生蜜蜂的数量。农业景观中的小规模花卉种植是一种简单且有效的保护管理策略，支持当地的昆虫传粉者种群，从而大大地丰富了加拿大农业景观。

2. 西欧（以英国、意大利和荷兰为例）

乡村文化是英国国家和文化身份的重要象征，其历史可以追溯到几个世纪前。保护乡村文化景观是英国人一直以来关注的问题，这些景观的变化和消失可能会使英国的文化身份和遗产造成不可逆转的损失。由于国土狭长，英国的乡村景观可分为两个部分：西部地区主要是牧场景观，而东南部地区主要是农田景观。英国乡村的振兴始于 15 世纪末至 16 世纪初的圈地运动，这场运动引发了土地所有权和农业生产的变革。虽然这场运动导致农民失去了土地并导致社会的不稳定，但也为英国的乡村振兴和经济发展奠定了基础，对乡村发展产生了深远影响。到了 19 世纪 90 年代，英国对于乡村景观生态的保护越发重视，已经发展到对整个栖息地，甚至整个农村环境系统的保护，这将有助于确保农村地区整体环境和生态系统的健康和繁荣，同时也为未来的可持续发展奠定了基础。进入 21 世纪后，英国对于乡村景观生态的保护进入了新阶段，实施了入门级管理和高级环境保护（高级管理计划）两种计划，从公民参与和管理的角度使乡村景观得到了切实的保护。此外，英国的乡村景观建设主张保留各个发展阶段的乡村遗留物，在自然环境的基础上进行美化渲染，保留乡村景观特征来保护历史文化传承，体现农业景观的特征美。

意大利农业景观的历史，是在其经济、社会和生态的综合背景下曲折前进的。塞雷尼对意大利农业景观的历史进行了详细的阐述，从古代到 20 世纪中叶意大利传统文化的角度出发，引导读者了解意大利地区农业和生态的千年变化。在意大利，农业景观发展已经有了广泛的民众基础，意大利人民的经济收入有很大比例来源于农业。19 世纪中期，农业景观美学的发展和观光休闲农业的兴起，带动了意大利乡村旅游产业的发展。农业景观带来了健康、生态、绿色及可休憩的环境，让人们可以远离城市的喧嚣和压力，享受大自然的美好与宁静，在这里清新的空气能洗去一身的浊气，新鲜的蔬果能带来饱满的情绪，让人感受到自然的力量和生命的活力。同时，乡村农业景观还为人们提供了良好的休闲和娱乐场所，让人们在忙碌的工作之余可以得到放松。这一新兴的旅游业态到 20 世纪 80 年代至 90 年代间已发展成熟，农业观光旅游地区大胆地尝试了创建生态农业园，成功地将文化遗产与自然景观结合到一起，并展示了农业景观中蕴含的自然美、生态美和社会美，开创了农业观光旅游的新局面，从而丰富了农业旅游的内涵和外延。

在荷兰，乡村景观规划已从农业生产等经济因素转向土地的有效利用、景观质量的整合以及生态过程的保护和发展，这种转变表明了荷兰在乡村发展方面理念的变化，即开始更加注重生态环境和景观价值的保护和开发。20世纪初期，荷兰小规模的传统农业景观开始发展，形成了许多树篱和林地，此时荷兰农业景观生产的效率得到了稳步提升，但也因此遭遇了负面的环境问题。在此背景下，具有荷兰特色的理性景观应运而生，为了适应需求，理性景观追求农业功能，忽视景观感受。此外，水资源是荷兰的重要文化资源，水道作为荷兰乡村景观的重要组成部分，其构成的水系网络不仅具有功能性的作用，还象征着存在主义的利益性以及技术与自然的统一。

3. 东亚（以日本为例）

中国古典文化在东亚各国广泛而持久地传播，因此形成了以中国古典文化为核心、辐射其他东亚各地的"东亚文化圈"或"汉字文化圈"，也被称为"儒家文化圈"。日本正好处于"东亚文化圈"中，其景观文化受中国，尤其是受中国唐朝时期影响很深。除此之外，日本的农业景观也深受其本身地理气候条件的限制，日本的农业景观中，常见的景观意象：一个是海，一个是富士山。作为四面环海的岛国，不论是农业生产还是农业生活都脱离不了海，海岸线上的养殖海带、海浪中沉浮的捕鱼船，都构成了其农业景观的一部分。日本国土狭小，地形起伏不大，富士山作为无论哪个角度都能看到的景观，理所当然被纳入农业景观的一部分，形成了日本独特的农业景观文化。

日本最早的现代乡村建设起源于20世纪60年代。1967年，通过对农田水利设施等基础设施的加强，人民的生活水平得到了改善，农业景观才开始提上议程。在1979年的"一村一品"活动中，深入挖掘当地的特色优势，以推动乡村经济的振兴。近年来，政府积极推动绿色休闲活动的发展，致力于打造宜居宜业的乡村环境，鼓励城市居民在农业山区和渔村定居，从而推动日本创意农业迈向新的高峰。除此之外，日本农村农业景观建设一般采取"民众主导"的发展模式，人们自发组织起来的各类协议会和工会，在当地农业景观开发与管理中拥有更多的自治权，例如长野县小布施町设立了"花创造推动协议会"，呼吁人们参与庭院景观设计，并提出了营造"花之城"特色景观的开放庭院规划，使外来游客享受沉浸式观光体验的同时，还能提升当地民众的情感认同感。

（二）国内农业景观美学研究进展

中国古代园林最初也受到农业景观的影响，以实用性的"囿"为起点，甲骨文中的"囿"字呈现出成行成畦种植树木、水果和蔬菜的形象。到了唐代，"囿"作为一种具有实用功能的园林逐渐被人们接受并成为园林艺术形式之一。然而，这种具有实用性的园林在很短的时间内，便转向了以自然为蓝本的山水园林，山水园林逐渐展现出了其独特的魅力。到清代中期以后，随着西方科学文化的传入，才开始有学者关注到农业景观的美学特征及其价值所在。国内农业景观美学方面的研究滞后于国外，这也是其中一个原因。在早期，许多学者曾认为农业景观缺乏内涵，例如森林、草原和农田等景观，只是形式上的优美，缺乏内在意涵，随着时间的推移，人们的审美感受会逐渐疲惫。在这一文化环境影响下，农业景观美学的研究在我国展开得相对较晚，在专门的研究展开之前农业景观美学归属于环境美学和生态美学。

国内一些学者对农业景观美学的审美价值进行了深入研究。舒波在综述中表示，"张敏关于农业景观之美的观点是'其美在于生产性和审美性相统一'"，并指出"片面地追求'高生产性'已导致农业景观遭到损害"。因此，我们应将农业环境看作是与生产、生态和审美相协调的，不可分割的统一体。王云、张凯旋则指出，农业和景观应紧密结合，农业生产过程中要考虑农业资源美学价值，结合旅游业探索农业景观的观光旅游功能，增强农业生产经济价值及休闲教育功能。廖濍甚至提出，当代农业景观的审美价值已与其实用价值获得平等地位。

农业景观存在地域差异，具有明显的地域规律性。中国地大物博、幅员辽阔，南北两端最大距离约 5 500 千米，东西两端最大距离约 5 200 千米。与此同时，中国还有着多种多样的地形、气候和地貌塑造出来的空间形态上的差异，使得中国农业景观具有先天的、丰富优越的自然条件的同时，天然地需要面对复杂多样的农业景观类型。如果将其分类，并归纳至一个体系中，有学者提出了"乡村尺度农业景观分类方法"体系，采用功能形态分类方法，从四个不同的角度进行分类。其中，在农业景观类层次上，依据农业景观为农户提供的主导功能特征的不同，将其划分为农业生产景观、农业服务设施景观、农村聚落景观和农业生态景观四大类。在农业景观亚类层次上，从全国角度以 19 种区域大地貌形态类型作为农业景观亚类划分的主要依据。本小节将主要以山地丘陵地区、河谷平原地区及滨海低地地区等为例，论述其农业景观美学发展的状况。

1. 山地丘陵地区

从地理学角度来看，山地丘陵涉及山地、丘陵两类地区。根据中国科学院地理研究所 1960 年制定的标准，若地形的绝对高度超过 500 米，相对高度为 200 米以上的为"山地"，其他如"海拔在 500 米以下、相对高度不超过 200 米、坡度较缓、连绵不断的低山区"为丘陵。根据中国政府网官方数据，中国山地丘陵地区占中国陆地面积约 36%，如果按通俗的说法把山地、丘陵和比较崎岖的高原称为山区的话，中国山区面积占全国总面积的 2/3。这类地形给农业发展带来了极大的困难，但也催生了与众不同的、璀璨美丽的农业景观——梯田景观（图 3-4）。以下内容将以梯田景观作为主要对象，简述中国山地丘陵地区农业景观美学的发展概况。

图 3-4 浙江省杭州市龙井茶梯田

梯田，作为山地丘陵上最为常见的农业景观，其分布范围遍及全球。中国山多地少、人口众多且分布不均，梯田这种耕作方式恰巧符合中国独特的地形特征。梯田在中国分布非常广泛，主要有两类：一类是在漫长的农业生产中适应自然条件、适应难以耕种的山地而形成的梯田，这类梯田所在的聚落往往会发展出与梯田相关的民俗文化，集中分布在南方山岭地区。另一类是在新经济时期，在科技的帮助下，有目的性修建的，大多是黄土高原地区的旱作梯田。其中，云贵高原以梯田的审美价值为核心，将其打造成当地旅游业的支柱产业。

关于梯田农业景观美学的研究成果有很多。角媛梅等基于分形理论和复杂性理论，通过计算分析得到梯田边缘的计盒维数和信息维数，从而分析梯田的分形美特征。章侃丰等运用主客观相结合的景观视觉评价方法，将研究区域的视觉景观划分为不同的保护等级，并对抽象数据进行有效的量化，以真实反映观景者内心的感知。一些学者运用物理元素知觉法，对关键因素进行分解，再通过数理统计和定量化分析的方法，得出梯田之美主要由其形式美所决定。其形式美中，线条美占据了最大比例。

2. 河谷平原地区

山区河谷内由河流冲积而成的平原称为"河谷平原"，属于河谷地貌的一种。随着人类活动的增多，河谷平原的环境发生了一定的变化，其景观演变与人类活动有着紧密联系，其中最主要的、长期持续性的人类活动就是农业开发。河谷平原的农业生产有着较高的农业发展水平。

因为河谷平原景观系山区内河流冲积形成，不同的山区、不同的河流形成了形态各异的河谷平原，所以各个地区的河谷平原都拥有其独特的特点（图3-5）。国内的研究多以某个地区整体进行分析，对于河谷平原景观的研究常散落在研究地区的部分角落，单纯针对河谷平原景观的研究较为缺乏。由于河谷平原适宜农业开发，大部分情况下河谷平原作为农业灌区的同时，也是人类的聚居地。对河谷平原景观的研究多从传统地域景观、人文景观的视角，研究其景观特征、时空演变及与生态相关的问题。

图3-5　浙江省温州市苍坡村

冯心愉从宏观区域、中观灌区单元以及微观聚落个体3个尺度为切入点，分析了传统水文干预、空间营建与水资源管理之间的关系，并对松阴溪中上游河谷平原古堰灌区景观体系的格局及特征进行了探索。张迪对陕北黄土沟壑区河谷平原型的乡村聚落空间展开分析，研究延河干流河谷平原型乡村聚落的特点，丰富了河谷平原景观人文角度的研究。张海强针对淮河流域河谷平原两侧分布呈平地高台状的村落，探究其演化的内在逻辑，挖掘其人居环境和人文景观。此外，在地区整体研究中，河谷平原被认为是人文景观集中的区域，如林琳等在运用GIS核密度估计法研究增城地名文化景观空间格局时指出，人文景观类地名、空间分布特征场所类地名，集中在被山川分割成带状的河谷平原以及交通要地。耿金对明中后期浙东河谷平原湖田水患及水利应对的历史问题进行了研究，指出该区河网密布，河道纵横交错，交织成密集水网，构成了河谷平原特有的水网景观。石维栋还对西宁盆地的地质情况进行了研究，他认为一个区域的地质是复杂多变的，西宁盆地虽然从地理学的角度来看属于盆地的范畴，但其地貌既有高原山地，又有黄土丘陵，本身就是比较复杂的复合类型，此外西宁盆地还呈现以黄土红岩丘陵与河谷平原为主的特征。

3. 滨海低地地区

本小节的滨海低地地区主要指沿海地势较低的区域。河流和海洋之间的过渡区以三角洲、河口和潟湖等水网平原型地区风貌的形态呈现，是冲淤平衡的产物。这类地区典型代表的农业景观是圩田景观，又称"基塘景观"或"围田"。以下内容将以圩田景观作为主要叙述对象，介绍中国滨海低地地区农业景观美学的发展概况（图3-6）。

图3-6　浙江省温州市滨海低地地区圩田景观

圩田景观可以被定义为：一处平坦之地，初遭高水位之威胁；在围垦后，这一区域能够独立调控水位，并因此与其原来所处的水文状况隔离开来，成为具有特定功能的生态系统。由圩田衍生的圩田景观作为一种文化和历史的表达，是当地自然环境、知识技术和管理相互交织、相互影响的产物。

圩田景观在我国历史悠久，有着充足的自然发展条件。以苏州为例，苏州地处长江三角洲，有着典型的水网平原型地区风貌，区域内河网密布、湖荡成群、有着肥沃的土地资源，因此苏州农业十分发达，有"苏湖熟，天下足"的美誉。《越绝书》记载吴国迁都到苏州地区时，在苏州城外开垦了大量"大瞰""鹿陂"等土地，据考均为圩田。越破吴后继续围田，此时的圩田多称为"塘"。自隋唐以来，苏州腹地逐渐具备了大规模开展圩田的条件，这得益于隋代江南运河的畅通以及太湖湖堤的兴建，这些因素共同促进了太湖东部浅滩的淤积，为大规模圩田的开展提供了有利条件。

圩田景观是人们在当地特有的自然条件基础上，进行适当改造的结果，因此它是典型的乡土景观类型。基于荷兰对圩田景观的研究，结合我国圩田景观的特点，郭巍教授给圩田景观下了定义：多层系统的立体叠加，底层为自然系统，中间是农业系统，上层是聚落系统，下一级系统为上一级系统提供背景基础，共同作用下形成区域特有的圩田景观模式。关于圩田农业景观美学的研究已取得一定成果。李哲等通过 SOM 神经网络、K - means 等量化分析技术，利用小圩形态指数分析解释典型圩田景观肌理，实现圩田肌理的表征识别与聚类分析。在探索圩田景观格局下村庄聚落空间特色时，华星悦等指出圩田的美学价值不仅仅在于其多样的外在形式，更在于其位于田堤水岸与纵横河道之间，为实现农业生产发展提供了必要的前提条件，这与单纯的艺术性审美标准有所不同。在研究芜湖陶辛水韵水利景区圩田景观要素时，李婷君等学者指出，1938 年德国学者 Seiferts 首次提出了"亲河川治理"的概念，强调水利工程在发挥防洪、供水和水土保持等功能的同时，也应该注重与自然亲近的美学价值。综上所述，圩田景观及聚落可以说是城市设计、农业与水利工程的完美结合。

小结

本节首先讨论和界定了几个概念，包括环境美学和景观美学这两个相近概念的区别，界定了本章探讨的景观美学。其次，对农业景观美学作了简要概述，包含其范畴、要素、目的及意义。最后，就国内外相关研究现状做了简单介绍。并提出了几个问题：对不同的农业景观，从景观美学的角度探讨其美，美在何处？为何美？美是如何形成的？这种美是否具备可推广性？

中国的环境美学有以陈望衡为代表的环境美学派别和以曾繁仁、程相占为代表的生态美学派别。在某种程度上，环境美学是景观美学的理论指导，景观美学是环境美学的实践支撑，本章的景观美学范畴，是中国式的环境美学（即"生态美学"）中更形而下的部分。农业景观美学则更强调从景观美学的视角出发，更多地着眼于农业景观美的具体实践。对于农业景观美学而言，体现农业景观自然性和文化性的要素，包括生活方式、环境要素、生产资料及生产行为等，都是农业景观美学的要素。在当前社会，中国农业景观美学研究开展最主要的意义和目的就是推动中国农业乡村现代化，助力乡村振兴。

西方园林是从农业景观中衍生出来的，尽管西方对农业景观的审美由来已久，但其视角多集中于园林建造，很少将农业景观作为审美的对象。现代的农业景观美学源自环境美学，美国、加拿大、意大利、荷兰及德国等国家从不同角度，建立了相对完备的农业景观理论体系；中国古代园林最初受农业景观的影响，以实用性的"囿"为起点，但后来的园林多是以自然为蓝本的山水园林。清代中期以后，受西方环境美学影响，学者开始关注到农业景观美学。中国地大物博，农业景观存在地域差异，通过分别对山地丘陵地区、河谷平原地区及滨海低地地区的农业景观进行实例研究，可以更好地了解农业景观美学的发展状况。

第二节　农业景观美学的形式及机制

一、农业景观美学的构成与形式

（一）农业景观美学的构成

每一种美都有其独特的物质基础，而农业之美的物质载体主要为农业，另外还包括以农业动植物及其依赖的土地、田园、水系和自然环境，甚至是乡村地区的集市和道路等环境的物质载体，这些共同构成了农业景观的物质基础。

关于农业景观美学，有些学者吸收了国外相关研究，同时立足中国国情，提出过一些不同的构成要素体系。邓锡荣和毋彤认为，美学的构成系统由四大层面组成，即感知审美的对象、构成形式美的要素、美的事物呈现的共性特征及审美主体的感受。梁发超将农业景观划分为类、亚类以及单元这三个层次，以便更好地呈现其多样性和复杂性。其中，农业景观"类"所包含的元素涵盖了生产、服务设施、聚落以及生态等多个方面，形成了综合性的景观体系，这些景观各具特色，为人们提供了丰富多彩的体验。

本节参考了陈望衡"农业景观的构成"一文中对农业景观构成要素的思考，将从客观存在，即环境要素、生产资料和人参与比例较大的生活方式、生产行为这两个方面的四个构成要素展开，阐述如何从农业景观美学的视角欣赏农业景观之美。

1. 环境要素

环境要素是构成农业景观美学的物质载体之一。

环境要素可从自然环境和人工环境两个方面阐述。农村的自然环境与农业生产相互依存，构成了一个有机的整体，而农业景观则是与农业生产相关的一种景观。农业劳动是一种直接与自然进行"对话"的活动，其对象是自然界本身，因此它的背景是自然界，农民在这些自然环境中工作，顶着蔚蓝的天空，脚踩着大地，与大自然融为一体。农业是在广袤的土地上孕育而生的，因此与周遭的自然环境密不可分（图3-7）。农作物则是农业景观的主要表现形式，以一株水稻为例，若其生长于实验室，便会失去其原本农业景观美的魅力，因为它失去了广袤无垠的自然土地。在自然界中，植物和动物一样，都是由一定数量的个体组成的群体，实验室里的水稻与周围的自然环境毫不相干，便无法被视为一种农业景观。如果农业景观脱离自然环境而单独存在，脱离田园风情，那便不是真正的农业景观美。或许脱离自然环境的农业景观会发展出其独特的美，虽然这种美也会有其独特的美学价值，但绝非本章探讨的农业景观美学。

图3-7 浙江省丽水市平田村

乡村地区的集市和道路等环境同样是农业生产不可或缺的部分，人工环境与大自然的相互融合、相互适应才形成了农业景观。虽然被表述为人工环境，但确切地说应该是经由人工形成的环境。在多数情况下，这里的人工环境指的应该是"半人工环境"，因为农业景观中的人工环境，首要的一点是与自然保持和谐，在与大自然相辅相成的基础上助力农业发展。

农业景观往往是山水、林田、湖草有机融合形成的立体复合景观，比如部分江南水乡河网纵横，田在水间；梯田景观本身既是山，也是田。我国坚持系统观念，扎实推进"山水、林田、湖草、沙一体化"保护和系统治理，因此，在不过多考虑人工环境的前提下，也可以简单从山水、林田、湖草几个角度来看待环境要素这一构成农业景观美学物质载体的重要部分（图3-8、图3-9）。

图3-8　浙江省丽水市象溪村

图3-9　福建省福州市花海公园油菜花田

在农业景观中，山是非常重要的部分，山塑造了地形的起伏，对农业景观的形成起奠基作用，是农业景观之美多样性的源头之一。过于高峭耸立的山体，有着令人震撼的野性美，然而这类山很难能被用于农业生产。对于稍微和缓的山脉，林场、畜牧、梯田耕作等丰富的农业景观则纷纷涌现。除此之外，山体拦截水汽与调节区域小气候的作用也是构成农业景观不可缺少的一部分。

水体形态多变，不同的水与不同的自然环境相结合，会创造出独特的景象。水之多变，在于其平静，在于其澎湃，在于其舒缓，在于其湍急，在于其幽深，在于其清透，在于其赋予大地山脉以灵动的灵魂。从农业生产的角度看，水是动植物生长的必需品，是农作物的生命之源，同时水也为农业景观注入了灵动的生命力。随着农业生产的不断发展，水的状态也呈现出多样化的特征。例如长江之水浸润两岸农田；新疆气候炎热，蒸发量极大，农业生产、农民生活的需要使得"坎儿井"顺势而生，水也变为了地下流动的河。

"林"结合山水环境形成风景林、河流景观廊道等生态景观，"林"结合聚落、建筑等形成传统聚落环境、四旁绿化等人居生态景观。农民的生存离不开土地，因此他们对土地有一种独特而深刻的情感。"田"结合山水环境形成了水田、梯田及圩田等传统农业生产景观。"草"是牧场的根基，是畜牧业得以发展的土壤，也是构成草原农业景观必不可少的组成部分。

2. 生产资料

劳动过程的简单要素包括有目的的活动或劳动本身、劳动对象和劳动资料。从劳动资料来看，马克思认为"所谓劳动资料，就是劳动者在自己与劳动对象之间、用以向劳动对象传递自身活动的物或物的综合体"。恩格斯认为劳动资料包括土地、农具、作坊和手工业工具。而作为农业生产中的一部分，劳动资料即生产资料也是农业景观中的一个重要部分。谈到农业劳动所构成的景观，不能不谈到劳动工具。劳动是不能离开工具的，工具本身具有一定的美学价值。在农业生产中，农业生产资料中最为重要的即是农具。以农具为例，可以了解生产资料这一构成农业景观美学物质载体的部分（图3-10、图3-11）。

图3-10　福建省福州市嵩口民俗博物馆内的传统农具展示

图 3-11　福州嵩口古镇古街边小商铺

人们对农业景观美的欣赏，往往与其在农业生产中的实用性息息相关。农具的实用性最初并非源于满足人类审美需求，而是蕴含着功能美、依存美和流动的时代美，农具为人们提供了必要的支持和帮助，以确保生产的顺利进行，从这个意义上来说，农具就是人类创造出来的一种特殊形式的工具。农业生产效率的高低可以通过其生产或存在的目的性来表现，这是一种显著的指标。依存于科学技术的不断发展和物质生活的不断演变，原始农业中的劳动工具随着时间和技术变革，其形式和功能呈现出更加多样化的面貌，农具本身也呈现出一种相互依存的美感，但同时也蕴含着功能美和流动的时代之美。这就使得农具不仅具有实用价值，而且还具有审美性。

现在有许多像陕西杨凌教稼园一样讲述农业文化景观的公园，他们会以农具（如曲辕犁、石磨、风车等）作为景观小品来向人们展示农业景观之美，这也从侧面印证了农具等生产资料是能让人感受到农业景观之美的，这些生产资料是构成农业景观美学的重要组成部分。

3. 生活方式

自古以来农业生产受自然环境制约，不同区域自然环境与地理条件不同，导致农业生产生活方式风格各异。生产方式是生活方式之本，而农村传统生活方式则是与农业生产方式相适应的。农村景观中的生活方式多以乡村聚居的形式存在。

乡村聚居是农耕这一农业生产类型中最常出现的生活方式。乡村聚居实体景观形态的本体由广义上的村落聚居的整体格局、风貌特征及组团簇群构成。

我国有着数量众多、分布广泛的古村落，从北部到南部的典型村庄，我们可以欣赏到它们所蕴含的艺术价值，以及它们所呈现的美学形式和内涵。通常情况下，农舍建设并不作规划，它的格局大多是自然形成的，错落有致、朴素大方，既贴近自然，又亲近人性，故别具风韵。农舍一般来说具有民族传统的美学特色，这一点几乎成为全世界农舍所共有的特征如中国江南那种黑瓦白墙式的农舍，几乎成为江南风光的标志；而毡包式建筑可以说是草原景象的代表。

除了乡村聚居，还有在畜牧业需求影响下出现的"居无定所"的生活方式，这一生活方式中，最特别的要数"转场"。"转场"是在传统牧业生产基础上衍生出来的四季轮牧制度之一，并无特定的迁徙日期。有经验的牧民可以通过牧草生长状况及当季雨雪水量来判断其转场时间，四季轮牧中夏冬转场，约在农历6—7月。草原入夏后，牧场温度较低，蚊虫较少，有益于牲畜健康的药用草本植物，最适合牲畜居住，所以牧民引导牲畜由春季牧场转入夏季牧场。转场离开时，牧民把原牧场定为禁牧区，以更好地保护草场资源，实现可持续利用。

此外，还有一些诸如进行渔业生产的渔民选择的生活方式：可以出海捕鱼的季节进行渔业生产而休渔季经营副业。甚至渔民中还出现了一种相当特殊的生活方式：定居在海上。因常年在海上漂泊，这类人也被称为"疍民"。

这些不同的生活方式作为农业生产生活的一部分，带来了不同的体验感受，成为农业景观中的重要组成部分，也成了构成农业景观美学的重要物质载体。

4. 生产行为

"人"是景观活态性的重要表现形式，因为人类的劳动过程与生产生活实践是农业景观形成的基础。农业生产采用的是体力劳动的模式，随着科技水平的发展和经济全球化进程的加快，这种以体力为主的生产方式已逐渐被机械取代。虽然现代农业已经广泛采用机械技术，但仍无法完全摆脱体力劳动。

在这里要讨论的就是体力劳动对人体的影响及其表现出来的特点。体力劳动在生活中随处可见，但很少被视为与体育、舞蹈相提并论的肢体活动。体育竞技与艺术活动都无法直接创造物质价值，只有劳动才能做到。农业劳动是所有劳动中最为全面、最为丰富的一种，其肢体活动的调节方式也是最为灵活多变的，这种灵活、自如和协调，不仅表现出人体对外界事物反应的灵敏性，而且还表现出对环境条件变化迅速而敏捷的应变能力。人类的生存意志在肢体活动中得以体现，而人类的智慧和创造力则是人类精神的具象化表现，因此它也就表现为一种美的享受，也正因如此它才具有重要的审美价值。

农业劳动本就具有一定的艺术性，天然的节奏感使人类自然而然会在进行肢体活动时，寻求协调的韵律感，这在农业生产中表现得尤为明显。在原始农业中，人们通过弓术、射击术、骑术和狩猎术等手段获取人类生存所需的自然物资。虽然这些都不是生产人工产品，但进行这种活动的人的姿态和运动可以让我们感受到美。宋代诗人杨万里在《插秧歌》中写道："田夫抛秧田妇接，小儿拔秧大儿插。"在这幅农业劳动图景中，就很好地表现了农业劳动中的韵律感。

（二）农业景观美学的形式

形式美是客观存在于审美对象中的。美，并不是一个抽象的概念，而是以客观具体的事物为表现形式，呈现出其生动具体、形象、感性真实的一面，因此对于艺术来说，形式是其主要因素之一。在现实中，美的表现形式是多种多样的，但无论哪种表现形式，它们的基础都是客观存在。只有存在于客观世界的实体，才拥有具体的、可被感知的可能性。所有能让人感受到美的事物，首先是有其形式载体，其次有其美学内涵，二者融合统一，才构成了美的形象。本小节将从农业景观的特征之美、变化之美、生命之美和意境之美四种美的形式展开分析。

1. 特征之美

特征之美在于一些具有美的特性的客观事物所体现的美的特征，通过总结、归纳、概括众多美的事物的相同特征，可以发现农业景观的特征之美。邓锡荣就把线条、色彩、季相、质地及空间等作为构成农业景观特征之美的要素。参考邓锡荣的观点，将构成农业景观特征之美的要素大致可分为生产价值、线条、色彩、质地和空间。

关于生产价值，不论哪类农业景观，生产价值是其必备的共同特征。究其原因，农业景观的审美价值不可能独立存在，它必须首先建立在农业用地的生产价值之上，因此农业审美常常与收获、丰饶的大地紧密联系在一起。此外，农业景观美学既不能片面地强调其生产价值，也不能全然不顾其生产价值。尽管农业景观之美是建立在土地生产性基础之上的，但片面追求产出的高低来作为衡量农业景观美的标准同样不值得提倡。

关于线条，线条是人类感知美的原始要素之一，它在审美对象的表现中扮演着独特的角色，它带给人们的感觉是灵活变动的。美国建筑学家波特曼深入浅出地解释了自然中的曲线之美更受人推崇的原因，波特曼认为曲线形式因其更具生活气息和自然性，因此更能吸引人们的视线。在自然中很难能看到纯粹的、笔直而生硬的线，哪怕是一些如刀削斧劈般的绝壁，其峭壁上也点缀着苍翠植物，两相结合，呈现自然协调的美；而曲线在大自然中比比皆是，如云雾中起伏的山峦、碧海中翻腾的波涛和天空中柔软的云朵等。"百道飞泉喷雨珠，春风窈窕绿蘼芜，山田水满秧针出，一路斜阳听鹧鸪"，清代诗人姚范的《山行》描绘了一幅如诗画卷：田地宛如一面明镜，波光粼粼，高低田间有水道相连、细瀑清泉、飞花溅玉、水车飞鸟，梯田层叠在山间。这首诗展现了极具韵律感的美景，曲线之美在这画卷中体现得淋漓尽致（图 3-12）。

图 3-12　浙江省丽水市庄河村梯田景观

关于色彩，在农业景观植物艺术美中，色彩是最为丰富的组成部分（图 3-13、图 3-14），它是最先给人留下深刻印象的美学构成部分。农业景观种植的主要色彩基调，毋庸置疑是淡雅宜人的绿色，然而随着季节及作物生长阶段的变化，大地将呈现出不同的颜色及鲜明的季相变化。当然，农业景观的颜色并不只有绿，油菜花的浓黄象征春天的盎然，清潭、碧水、微波象征夏天的碧波荡漾，白色象征着冬天的纯洁无瑕。色彩和笔直方正的线条可谓农业景观之美的一对好搭档，以水稻田为例，其呈现出的金黄色调与方正规整的田字格相碰撞，令人感受到强烈的色彩冲击和整齐归一的形式美感。

关于质地，指的是由触觉和视觉器官所感知的，具有粗糙或细腻、柔软或

图 3-13　浙江省台州市上盘镇

图 3-14　浙江省温州市蔡家堡

坚硬等特性的触感，能够引发人体不同的生理和心理感受的材质。在农业景观中，农作物呈现出多种多样的质感，而且质感所带来的感受能激发人们不自觉地产生各种不同的美感体验。在农业景观中，农作物是具有生命力的存在，虽然也有如王棕（大王椰子）这种可致人受伤的植物叶片，但总体而言农业景观中的植物叶片给人以柔嫩轻盈的质感，农业景观中的果实则给人以沉甸甸的质感。不同的农作物表现出来的质感不同，人们体会到的美感自然也有所不同。

哪怕是同一种作物，甚至是同一株作物，受生长状态、生长时间、周围环境的影响，也会给人以不同的质感（图 3-15）。

图 3-15　浙江省丽水市松阳县

关于空间，北宋山水画家郭熙总结"三远"说："山有三远，自山下而仰山巅，谓之高远；自山前而窥山后，谓之深远；自近山而望远山，谓之平远。"这体现了古人对空间美的划分。在农业景观中，空间的感知常常与自然界地形地貌所呈现出来的形态相关，草原牧场辽阔空旷，可谓之平远；山间梯田蜿蜒深邃，可谓之深远。

2. 变化之美

农业景观的变化之美莫过于四时之景和光影变幻了。以下将举例说明农业景观中蕴含的变化之美。

从要素的角度看，农作物是农业景观中最重要的要素。而农作物的季节性活动，如播种、生长和收获，这些过程反映了农业景观的季相变化，进一步突出了农业景观的美学价值。当人们在不同季节漫步于稻田或果园，会发现景观往往会有些不同之处。当作物播种时，能见到的景观多是光秃的泥土，但不同于寸草不生的裸露泥土，可能因为人们可以预见、也期待着这片土地未来的模样，田间见到的泥土常给人以暗藏生机之态；当植物生长时，翠绿无疑是生命的代名词；稻田和果园的成熟场景同样令人心旷神怡，果实在阳光的映照下闪耀着绚烂的光芒，散发着收获的喜悦。

草原是畜牧业景观最重要的阵地，以草原为例说明这一农业景观类型中蕴藏的变化之美。草原是一片碧草茵茵的壮丽景象，它四季变换，四时景色各异。春天的草原，嫩芽初发，让人感受到生命的萌发和希望的涌现；夏天的草原，馥郁芳香的百花，潇潇洒洒地铺就了花的海洋；秋天的草原，斑斓的暖色构成一幅曼妙的秋景；冬季的草原，风雪中牧民的吆喝声唤醒了它的寂静，让人感受到一份超凡脱俗的宁静与美好。

以哈尼梯田为例，寻找其变化之美。在哈尼梯田的四季中，每一季都呈现出独特的景象，随着季节的更替，梯田呈现出多姿多彩的面貌。它以其个性、创造性、率真性及整体的平衡而引人注目，同时又展现出统一性和雅正性的特质，形成了一种独特的动态平衡之美。春季的梯田青翠初浮、稻禾萌芽，给人一种清新的感觉；夏季的梯田青葱翠绿、稻谷摇曳，展现出生命的旺盛；秋季的梯田金色一片、稻浪滚滚，给人以丰收的喜悦；冬季的梯田水漫其上、波光粼粼，呈现出一种静谧的美景。这四种不同的梯田美景，有着各自独特的魅力，呈现出丰富的多样性和独特的个性，让人流连忘返。

3. 生命之美

地球上生长的所有植物，绝大多数都经历了孕育、发芽、生长及成熟的生命历程，它们有的在漫长的岁月中衰老死亡，而有的顽强生存并不断地发展壮大。在农业问世之前，这些植物已经在大自然的馈赠下茁壮成长；随着农业的兴起，它们被人类的智慧所渗透，呈现出一种令人陶醉的生命律动感。中国古代的思想家主张大自然包含了一切生命物质存在，这种生命的存在意义可以被视为美学的延伸，值得被欣赏。在审美的体验中，人们感受到了生命的力量，这种感受激发了他们的精神，给他们带来了无尽的愉悦。

农业生产是人类与自然面对面的交谈，因此农业生产中的作物皆为自然物。农耕中的农作物、畜牧中的动物、渔业中的鱼类，这些自然物经由农业生产产出，可作为工业生产的原料。而工业生产则是利用自然物通过重新塑造来实现其生产过程的，也正因如此工业生产中的产品就称不上是自然物了。

农业景观的独特之处在于其展现了生命之美的精髓。从某种意义上说，农业就是一个创造生命和保护生命的过程，而农业景观是一种具有生命特性的特殊艺术形式。农业景观之所以比任何精美的工业产品更具美感，是因为它蕴含着人类生命活动的本质。虽然在某种程度上可能不如生命本身，但总体而言，生命的本质之美胜过所有缺乏生命的人造物品。农作物的生命周期呈现出高度有序的自然特征，然而它的变化却是无限的。正是这种秩序之中的无序，展现了生命的魅力。

在农业景观审美的过程中，人们对田野里庄稼的热爱源于对农作物生长状态的欣赏与赞美，这种美感可以打动人们的心灵，激发人们的情感共鸣（图 3-16）。新生的小鸡、小鸭因其充满活力和可爱的形象，成为人们钟爱的对象，因为它们代表着新生的生命。人们倾向于对具有生命力的事物进行美的感受，这是人们某种程度上对具有生命力的事物的移情感受。人类本身也具有生命力，也拥有与生命有关的生老病死的过程，能够从自然中获得相似的体验，可以为人们带来一种积极向上的审美观。

图 3 - 16　浙江省丽水市河头村

4. 意境之美

在中国古代的审美形态中，意境是一项至关重要的元素，在诗歌、绘画和音乐等艺术形式中都有着深刻而广泛的表现。宗白华先生认为："意境是'情'与'景'的结晶。""意境"这个概念，在他看来是指作品所表现出来的那种情景交融、意趣盎然、妙趣横生的艺术境界。由此可见，"意"是主观的概念，"情""境"是客观的物，也就是"景"。"意境"则是通过对事物或情景进行分析、综合之后所形成的一种艺术美。在人的审美过程中，意境以心灵之眼审视外部对象，并在此基础上展开无限想象，在这个认识过程中，主体通过对客观事物及其内在精神、本质等因素的感受，获得一定程度的体验。通过超越外在形象的思维意识，能够创造出全新的内涵和境界，也就是说情与境融合，便会产生"意境"。

在农业景观审美中，景观不仅是自然的美景，更是一种能够唤起人们情感共鸣的基石。当人们沉浸在农业景观中时，这种情感激发了想象力，从而创造出各种不同类型的艺术效果。在对浙江景宁东垟村进行农业景观区设计时，以"农"为主题，利用农田、溪水和山林资源，规划了一个集山水农田、观光游憩及农事体验等多种功能于一体的农业观光、体验、消费区，展现了古村落之美、田野之美、多样化的农副产品之美，营造出了乡村特有的农业景观空间意境。

二、农业景观美学的演化机制与实现途径

(一) 农业景观美学的演化机制

先民在对自然界的探索过程中，掌握了改造和利用自然的技能，经过漫长的岁月变迁，逐渐形成了完整有序的农事体系——农耕系统。作为人类活动的痕迹，这些农耕系统已深深地扎根于大地，形成了各具特色的农业景观。农业景观是发展的、变化的，农业景观美学有时随之变化，也有时影响农业景观的变化；但总而言之，农业景观美学绝不是一成不变的。那么影响农业景观美学的驱动因素与演化机制又是什么，以下将围绕这个问题进行阐述。

在《农业景观分类方法与应用研究》一书中，梁发超等对农业景观如何分类进行了系统研究，其中依据功能将农业景观划分为了农业生产、农业服务、农业生态和农业生活四大类景观。温瑀则在此基础上对这四类农业景观的驱动因素展开了分析，得出结论如下：农业生产景观的驱动因素为农业资源禀赋和土地资源结构，农业生活景观的驱动因素为地形地貌、聚落文化差异和精神文化等。

农业景观美学的演化机制有自然条件、地域差异、劳作需求及科技发展等，并且往往不是由单一机制构成，而是由部分因素作为主导，多种机制交错耦合，才导致了一处农业景观的形成演化。以下内容将举例说明，讨论某一机制为主导的情形下形成的农业景观美学。

1. 自然条件

农业景观美学的发展依托农业景观而存在，农业景观的发展变化则离不开农业生产。在农业生产和景观设计中，人们通常会重视人类的需求和利益，而忽视自然条件对农业系统和景观的影响，因此，了解自然条件在农业景观美学中占主导的演化机制非常重要。

自然条件的变化、相互作用和可持续性共同构成了以自然条件为主导的美学机制。在农业系统中，自然条件的多样性和复杂性，可以创造出各种不同的景观类型和景观质量（图 3-17）。气候和地形的变化给农业景观搭建美学奠定了基础，山川、河流、草木及鸟兽等自然要素相互作用、相互交织，进一步勾勒出美学的轮廓。"绿遍山原白满川，子规声里雨如烟。乡村四月闲人少，才了蚕桑又插田。"宋代翁卷诗中就借山原、子规鸟和雨声这寥寥几个自然要素，向世人描绘了农业景观之美。自然条件的可持续性是这一机制的最后一块拼图，农业系统和景观的演化，应该考虑到自然条件的可持续性，以保证农业系统和景观的可持续发展。

图 3 - 17　浙江省丽水市碧湖镇

以自然条件为主导的农业景观研究多集中在景观格局演变及其生态方面的影响，例如关于黄土丘陵区，焦峰等的研究表明斑块形状受到地貌形态因素的显著影响，尤其在林地和荒坡地上表现得更加明显。还有些研究，例如关于德国 Lahn - Dill 高原边缘地区，Elke Hietel 等研究了其环境状况和农业土地覆被变化的关系。张艳芳等人的研究表明，自然环境因素如水资源和地形，对秦巴山地农业景观空间格局的动态产生了一定的影响。但对于以自然条件为主导的农业景观，其农业景观美学的研究相对匮乏。

2. 地域差异

由于农业景观的地域差异、农耕民俗的多样性和文化内涵的丰富性，及历史的沉淀和推广，该地区的土地和文化呈现出了广泛而巨大的差异。地域差异是影响农业景观类型的关键因素，而不同的农业景观类型有其各自的美。

地域差异可表现为自然条件和人文条件两方面。其中，从自然条件的角度来看，中国地域辽阔，东南西北跨度均较大，自然条件多种多样，人类活动改造而成的景观，受该地区自然状况限制，表现出地方特色，农业景观因此具有地域差异。

不同区域的人凭借各种自然地理条件，因地制宜进行着农业生产活动并最终形成了多种农业景观特征，如丘陵地带的梯田、平原地带的水田等（图 3 - 18）。在东南沿海地区，夏季高温湿热，冬季温暖湿润，又位于季风带，适宜热带作物生长；而在新疆等昼夜温差大的地区，瓜果葡藤是常见的农业景观；除了东南沿海地区和新疆等地区，还有许多其他具有独特农业景观的地区，例如在东北平原地区，广袤的耕地和草原是其农业景观的主要特点，人们在这里进行大规模的玉米、小麦等作物的种植和畜牧业生产。

图 3-18 浙江省丽水市松阳县

就人文条件差异而言，不同的地域文化和不同的自然条件会产生独特的农事习俗和文化传统，反映在农业景观上也有着不小的地域差异。北有青纱帐，南有桑田果园，再结合当地的民俗民风，形成了丰富多彩各具特色的农业文化景观。有的地区更加注重农业生产，有的地区则更加注重景观保护和旅游开发。在这些农业景观中，乡村聚落景观最能反映人文地域差异。聚落景观是可以被人们直观感知到的物质景观，它可以向人们展现它的历史和脉络。在空间格局和建筑形式上，乡村聚落通常取决于地理环境，如在使用本土材料基础上，根据不同地点、不同时间和不同需要营造而成，并能完全融入乡村环境。不同地域呈现出的建筑风格和风俗习惯都有明显的不同，从而形成了具有地方特色的人文景观。

综上所述，不同区域的农业景观因自然地理条件和文化历史等因素的差异而各具特色。这些特色不仅体现了不同地区的自然环境特点，也反映了人们各自不同的农业生产方式和文化传承，更是直接影响了不同地区独特的农业景观美学。

3. 劳作需求

劳作需求是农业发展中一个关键的因素，它决定着农业景观在社会经济环境中的演化。农业劳作需求的变化直接影响到劳动组织形式的变化，从而对农业景观的美学特征产生影响。随着农业的发展，劳作需求也在不断变化。从最初的个体农户独立劳作，到后来的机械化生产，再到现在的家庭农场和农业合作社等新型劳动组织形式，都是为了适应不同的劳作需求。这种变化不仅提高了农业生产效率，也带来了经济效益的提升。

从本质上来说，劳作需求都是为了获取经济效益，但是获取较好经济效益的方式变化，劳动需求也随之变化。现代农业获取经济效益的主要方式有两种：一是农业产出农作物的生产价值。这类需求农业景观的变化是以提高农业的生产价值为中心的，例如现在提起稻草人，人们会在脑海中勾勒出它矗立在稻田中，微风拂过的画面。稻草人已经成为农业景观中不可或缺的一景，但是稻草人的诞生与欣赏、与美没有任何关系，而是为了防止鸟雀盗食田间谷菜，为了保护农田的产出——即农业的生产价值。二是农业景观的旅游观光价值。随着城市化进程的加速和人们生活水平的提高，越来越多的人开始追求回归自然、放松身心的旅游方式，农业景观的旅游观光价值也因此逐渐被重视。通过农业生产过程、自然风光、文化传承及现代农业科技应用等与城市相去甚远的农业景观，观光农业成功从游客手中获取了经济效益。农业景观生产功能作为产业发展模式和效应的外化，其休闲旅游功能作为农业固有观赏价值，在乡村旅游环境中得以彰显。

中国几千年小农社会产生的精耕细作，就是古人对农业景观生产功能需求的体现。在古代，由于生产力的限制，人们不得不采取精细的耕作方式来提高作物的产量和品质，以满足家庭生活和市场的需求。在传统农作中人们会采取轮作、间作、混种等方式，来提高土地的利用率并增加作物的产量，同时也会注重保护生态环境，如设置田埂、水沟等来保持水土和防止水灾。虽然这些措施也有其生态和文化功能，但归根结底占据主导的还是其生产功能。即使发展到了现代农业，提高效率和获得丰产仍然是农业景观不可忽视的劳作需求。

休闲、观光农业是劳作需求这一演化机制下的代表性农业景观，它是农业景观美的集中反映，其实用经济价值成分较高，并且较易唤起人的愉悦情感，主要表现为其不仅有审美价值，而且有实用功利价值，是事物多质性表现的一种。休闲、观光农业使人产生生理上和心理上的愉悦情感，而且往往与美感同步产生。此外，旅游农业不仅涵盖了农业科学技术和农耕文化，还包含了丰富多彩的文化元素，以满足游客的需求。休闲、观光农业作为乡村旅游的重要一环，常与乡村振兴等相联系，通过吸引游客到农村地区旅游来促进当地经济发展和提高农民的收入水平，既可以促进农业景观的文化传承和保护，同时也可以为当地居民提供就业机会（图 3-19）。

图 3-19　浙江省丽水市大木山骑行茶园

4. 科技发展

随着城市化进程的加快和农村外出务工人员的增多，农村农田面积逐渐减少。由于农田地块规模增大，农业景观也呈现出现代化和产业化趋势。为了提高土地利用率和生产效率，大量集约化农田应运而生，这些农田通常采用现代化农业技术和设备，以实现高效率、高产量的农业生产。机械化技术的发展也对农业景观的变化产生了重要影响，机械的使用使得劳动力需求减少，在这个转变过程中，一些传统农业景观特征逐渐消失，同时新的景观美学特征出现，如大规模、高效率的种植模式，这种景观对劳动组织形式的变化起到了推动作用。

机械化的农业景观，其美突出表现在规模、统一及高效等方面。为了适应机械化的耕作方式，将小田合并为大田，减少了田埂的数量。机械化农业景观呈现出整齐开阔、场面壮观的视觉效果，大面积的单一色彩营造出无限广阔、无边无际的视觉盛宴。在机械化的现代农业中，由于追求效率和产量，人们往往采用单一的种植模式和农业技术，导致农业景观多样性的减少（图 3-20）。

图 3-20　浙江省台州市格坑村

科技与农业的结合远不止产生机械化的农业景观，如光伏农业的兴起为农业景观的多样性打开了全新的局面。2022 年 1 月《国务院关于印发"十四五"节能减排综合工作方案的通知》强调，加快太阳能和其他可再生能源在农业生产中的应用。光伏农业是一种将太阳能发电和农业种植养殖结合的新兴产业，优点在于可以实现土地资源和自然光照资源的立体化及高效能利用。据《人民邮电》报道，在库布齐沙漠中的达拉特旗提出了一个行之有效的发展战略："沙漠＋生态治理、旅游、光伏、农业，打造沙漠经济先导区。"这使得沙漠中出现了植被，甚至出现了动物的身影，光伏农业打造了茫茫大漠中令人难以置信的却充满着勃勃生机的风景。

此外，利用先进科学技术宣传农业景观开发模式，建立培育基地和农作物展示基地等，在农业开发过程中展示新品种、新技术等，使游客在现场观摩、听科学讲解、提升科学文化素养的同时，又能促使农业景观科技之美得到充分展现。

（二）农业景观美学的实现途径

陈清硕的研究表明，"美"字源于农业，源于"羊大为美"（甲骨文）。当时人类的审美能力还不强，对美的追求远不如今天的人类，但在爱美天性的驱使下也会很自然地追求美并创造美，在农业活动中就表现为创造农业美。例如据《氾胜之书》记载，公元前 1 世纪，"种麦得时，无不善。夏至后七十日，可种宿麦。早种则虫而有节，晚种则穗小而实少"。据此记载可以得出结论：过早或过晚播种都会对冬麦的植株性状和产量产生显著影响，这是追求作物的健康成长，追求健康美。从这个角度看，现代农业创造的农业美，是原始农业无法比拟的。农业景观美学的研究，需要依托农业和农业景观的存在，因此，可以从农业生产、农村生活以及农业审美三个方面入手，探究农业景观美学的实现途径。

1. 农业生产

农业生产是实现农业景观美学的主要途径之一。农民的勤劳耕作不仅奠定了农业文明的基础，同时也为美的诞生注入了活力。从这个意义上讲，劳动本身就意味着一种审美和创造的活动。对人类而言，生命的存在是至高无上的，为了生存人类必须依靠自身的力量去挑战自然，然而这种挑战并不是盲目的，而是在人类自身智慧指导下实现的，因此当人类目睹自己所创造的劳动成果时，必然会产生一种愉悦的情感，这种愉悦情感实际上是美的萌芽。

农业生产包括种植、畜牧和养殖等横向环节，以及生产、加工和流通等纵向环节。在农业生产中，通过运用科学的种植技术、现代化的农业设备以及合理的农业规划等手段，可以提升农业生产的效率和品质，同时也能够增强农业景观的审美效果。例如农民通过运用现代化的灌溉技术和种植技术等手段，可以控制和管理农业景观的生长和发展，从而使农业景观的美学价值得到更好地展现。

　　农田中的作物色彩、形状、纹理以及田间景观的变换，构成了丰富的农业景观（图3-21），例如一片金黄色的麦田在风中摇曳，给人一种动态的美感；而一片果实累累的果园，则给人一种丰收的喜悦。此外农业生产中的农具及灌溉设施等元素，也能表现出一种独特的美学。

图3-21　浙江省台州市上盘镇

　　农业生产催生出了独特的地方文化，也是农业景观美的表现途径之一。例如云南哈尼族聚落中的梯田景观，对哈尼族文化的一切都起着制约作用。当地梯田景观无法忽视的是其生产功能，哈尼族的铓鼓舞为了期盼丰年，传统服饰中下穿短裤为了更方便地进行劳作，都与生产息息相关。此外，哈尼族聚落的规模也取决于农业生产力的大小，可以说哈尼族的传统习俗文化都与梯田相关，与农业生产相关。而且，地方的农业生产与许多民间工艺品所采用的原材料密不可分，二者相辅相成，共同构成了当地文化的重要组成部分。因此，农耕文明背景下产生了大量具有独特艺术魅力和实用价值的民间艺术形式，如中原地区生产小麦，当地农民女挥创造力，在濮阳、汝南等地区使用麦秆制作出麦秆画。

2. 农村生活

农村生活也是农业景观美学的重要实现途径之一。农村生活中的房屋、街道、集市及文化遗产等元素，都反映出一种独特的生活美学（图 3-22）。例如，一条蜿蜒的乡村小径，两边是青葱的树木和鲜花，漫步其中让人感受到一种宁静和谐之感；而在一个热闹的农村集市上，叫卖声、欢笑声、各种农产品的不同色彩和形状，又构成了另一幅生动的画面。

图 3-22　福州嵩口古镇

农村生活是围绕乡村聚落和农业习俗文化展开的。乡村聚落是承载着乡村居民生产和生活的重要场所，是农业劳动者在漫长的生产生活中逐渐形成的定居点。这些聚落通常由传统的建筑材料按一定的建筑风格建成，如砖、木和土等，这些材料和风格与周围的自然环境相融合，形成独特的乡村风貌（图 3-23）。农业习俗文化是指农村地区人们在生产、生活及社交等方面的传统习俗和行为规范。这些习俗和规范是中华民族历史文化的重要组成部分，也是农村社会文化的重要组成部分，反映了农民的生活方式、价值观和信仰。例如农村中的传统节日、婚丧嫁娶以及民间传说、故事，都是农业习俗文化的重要组成部分。如地方戏曲，是乡土文化中非常活跃的一种艺术形式。在中原地区，二夹弦作为一种独特的戏曲形式，其唱腔婉转、缠绵、柔美，展现了极具特色的艺术魅力。农村聚落和农业习俗文化不仅体现了农村地区的特色和魅力，也是农村经济发展的基础和支持，更是农业景观之美的重要体现。

图 3-23　浙江省丽水市杨家堂村

3. 农业审美

审美活动作为人类对自然形态的感知和创造的一种心理行为方式，能够为人类在农业实践中构建美的形式提供认知前提，从而推动形式的不断创新和多样化。这种审美意识也影响着人们的思维和行为，进而促进了农业景观美学的发展。当谈论农业审美时，不可避免地要探讨以功用为主的审美和以形式为主的审美这两个概念。

一是主流：以功用为主的审美。以功用为主的审美由来已久，距今约 1 万年前的新石器时代，人类的视觉思维呈现一种以实用性作为主要美学因素的特征。从这个时期开始，随着生活水平的不断提高，人们对于实用功能与艺术形式之间关系的认识逐渐深化，而这种观念的发展又促进了对形式美的追求。尽管当时的视觉思维仍处于萌芽阶段，但先民开始认识到，制作工具时均衡和对称的器物能够更好地促进工具的使用，因此最初的形态平衡和匀称并非纯粹的审美结果，而是一种以实用性为核心的思维方式。

从理论上来说，美是合目的性和合规律性的有机统一。这种有机统一在农业方面的具体表现就是，为了实现农业的"高产、优质、高效"这一符合人类需求的目的，在农业生产的种植及管理上采取一系列合乎农业运动规律的措施。这种合目的性和合规律性越统一，或统一得越好，农业美的程度就越高；或者说，农业美的程度越高，这种合目的性和合规律性越统一，农业就越能实现高产、优质、高效。当农业美发生质的飞跃时，农业的高产、优质、高效便能登上一个新的台阶。

二是支流：以形式为主的审美。在农业景观中几乎找不到脱离内容的形式美，美的形式表现为或青葱翠绿或金黄遍野的油菜花田、紫色薰衣草覆盖的乡村、秋天里金黄的麦浪，也表现为云南红河的哈尼梯田、现代技术条件下整齐的温室、机械化耕作条件下大片的农田（图3－24、图3－25）。人们平时大多会对这样的美丽风景产生眷恋之情，由此可见农业景观给人带来的是一种淡淡的且值得收藏的美丽。

图3－24　浙江省台州市白水洋镇

图3－25　浙江省丽水市石门圩村

观察这些优美的农业景观，我们发现形式上的审美都蕴含着支撑起这些景观核心本质的功用，归根结底都不是单纯为形式而生的景观。但是存在以形式为主审美的农业景观，观光、休闲农业及各类专项种植基地是其典型代表。随着时代发展、科技进步及生产力的提高，人们不再极力追求每一块农业土地粮食产量达到最大值，而是同时追求达到一定的景观美。

农业审美不仅关注农业生产的色彩、形状和纹理等元素，更关注这些元素如何与周围的环境和生态系统相融合，例如一片稻田在阳光下随着微风的吹拂而波动，它的色彩、形状和纹理都与周围的环境相融合，形成了一幅美丽的画卷。这种美感不仅仅是视觉上的，还涉及嗅觉、听觉和触觉等多个感官体验。农业审美也是农业景观美学实现的重要途径之一。在农业审美中，可以通过提高人们对农业景观的审美能力和审美意识，让更多的人发现和感受农业景观的美学价值，例如通过举办农业文化节、举办摄影比赛等方式，可以让更多的人了解和认识农业景观的美学价值，从而更好地保护和传承农业文化。

农业景观美学的实现途径不仅仅是上述三类，还包括更多的元素和可能性。随着人们对农业景观美学认识的不断提高，它的实现途径也将会不断扩展和增多。

小结

本节主要梳理了农业景观美学的形式及机制的相关内容，主要包括农业景观美学的构成与形式、演化机制与实现途径两个方面。

农业景观美学的构成与形式包括物质基础构成和美的形式两部分。首先是构成的部分，每一种美都有其独特的物质基础，农业之美的物质载体即为农业。农业景观的物质基础包括很多方面，从客观存在，即环境要素、生产资料和人参与比例较大的生活方式、生产行为这两个方面的四个构成要素展开，较全面地阐述农业景观美的物质基础构成；其次是形式的部分，美不是一种抽象的概念，而是以客观具体的事物为其表现形式。所有能让人感受到美的事物，首先有其形式载体，其次有其美学内涵。农业景观中蕴藏的美学有着许多不一样的形式，从特征之美、变化之美、生命之美和意境之美四种美的形式展开分析农业景观美学的形式，领略农业景观中不同的美。

农业景观是发展的、变化的，农业景观美学有时随之变化，也有时影响农业景观的变化。面对处于发展变化中的农业景观美学，通过阐述自然条件、地域差异、劳作需求和科技发展四个演化机制，可以认识到某一机制为主导的情况下的农业景观美学。农业景观美学的研究，需要依托农业和农业景观的存在，这使得农业景观美学是稳稳地立于泥土之上的，农业景观美学在现实中的实现途径主要有农业生产、农村生活、农业审美这三种，从这三个角度可以感知到农业景观美学在现实中的存在。

第三节　农业景观美的感知

在 20 世纪 60—70 年代，景观感知理论的诞生引发了西方国家对风景资源评价和管理的重视，且促使环境心理学、风景园林学和设计美学等多学科开始探索景观价值及其评估方法。随着社会经济发展水平的不断提高，人们对于生活质量的期望也日益提高。景观感知是指人与景观相互作用的过程，感知是在体验活动过程中形成的，感知的结果反过来影响人和景观本身。

感知作为人类接触外界的直接手段，是人类认识和理解世界的重要方式。在日常生活中，感官不断地接收着来自外界的信息，这些信息构成了人们对于世界的认知和理解。就美学而言，对于外界感知是更加不容忽视的。以景观感知评价为代表的现代风景园林美学研究，正以惊人的速度崛起，并进入一个新的领域，其中包括现代科学技术理论研究和多方面社会实践。信息技术的快速发展和广泛应用，对传统风景园林学科产生了巨大的冲击和影响。

当前对于农业景观感知的研究，仍然主要集中在乡村景观感知这个更广泛的范畴。这表明在农业景观感知领域中，研究者更多地关注乡村景观的感知现象，而忽略了农业景观自身的独特性和感知特点。乡村景观感知的研究，目前主要以文本挖掘分析为主，近年来人工收集大量数据的方式存在局限性，但是利用机器学习快速准确获取大量网络数据开展研究的做法得到了快速发展，如陈乐等利用机器学习获取湖南武陵山的网络评价并分析其景观感知状况。

美感的实现阶段中首先是审美知觉阶段，也就是对审美对象的感知。感知可以帮助人们获取外界的信息，通过感知，可以了解物体的形状、大小、颜色、味道及气味等属性，从而更好地认识和理解外界的事物，只有认识和理解事物后才会出现对美的感知。同时感知可以影响情绪和行为，不同的感知体验会带来不同的情绪和行为反应，反映到农业景观美学中就是对于不同的农业景观的偏好，而且感知能促使人类通过不断地探索去发现农业景观的美。

从环境心理学角度来看，景观感知以人的五感为基础。在人类接触外界的过程中，五感感知是直接接收信息的主要途径，这些信息的接收是主观的，因为每个人的感知会受到他们个人偏好和经验背景的影响。这些不同方面的感知形成了人对场所的整体感知，其中场所精神和场地依恋是五感感知在场所中的具体体现。场所精神是指一个场所的整体特征和氛围，它通过五感感知被人们所感知和体验。场所依恋则是指一个人对特定场所的依赖和情感联系，这种依恋也是基于五感感知形成的。

一、农业景观美的五感感知

五感一词最早源于佛学五根。人类的感知过程可以被划分为"感觉"与"感知"两个不同的阶段，狭义上是指由眼睛、耳朵、鼻子、舌头和皮肤对周围环境所形成的直观感受，即视觉、听觉、嗅觉、味觉和触觉五种基本感官；广义上是指五种感觉器官接收信息并传递给大脑，由大脑进行组织、识别与处理，并上升到意识层面，形成对环境较高层次的理性感知，这是一种综合性的体验、理解与情感投入。研究显示，视觉感知在环境感知中占据主导地位，其次是听觉，但每一种感知都是多个感官的协同作用。

在国内外的研究中，五感感知与五感体验、五感设计这两个术语经常被交替使用，因为它们都强调了人通过感官来感知外界，并强调了五感对创造和提升人们体验的重要性。莫雷于1968年提出的"Soundscape"一词，被称为五感设计的起源。他主张周遭的声响就是大自然最美妙的音乐，并呼吁人们重新审视听觉体验。

国内的视觉和听觉体验景观理论研究较多，而嗅觉、触觉和味觉相关理论研究较少。五感感知被广泛应用于各种设计领域，包括景区规划设计、室内设计、城市规划和展览设计等。通过考虑人们的感官需求和偏好，五感设计可以创造出更具有吸引力和竞争力的环境或产品。五感感知可分为单感官体验和多感官体验，本小节主要阐述以单感官体验为主的五感感知。

（一）农业景观美的视觉感知

随着科学技术和社会经济的进步，人类对环境问题越来越重视，景观美学逐渐成了一个新兴的学科分支。而景观美学的核心研究领域是探究视觉美的本质，即景观或风景，因此某种程度上，可以说景观美学实际上是一种视觉艺术形式。景观感知以人的五感为基础，其中视觉要素占人体五感作用的75%～87%。通过视觉感知景观环境和多样的视野体验可以为游憩者提供不同的游憩观赏体验，从而进一步激发其环境责任行为，因此，视觉感知是体验农业景观美的重要方式。农业景观美的视觉感知主要体现在色彩、造型及空间等更具特征之美的方面。

一是色彩，对比强烈或者搭配和谐的色彩，常常是影响人们视觉的最敏感的要素。它既能给人一种愉悦的心理感受，又能带给人美的享受，还能够提升产品的价值与竞争力。农业景观的色彩之美，主要来源于植物。这些植物随着季节的更替，光线的变化，会产生不计其数的组合，呈现出丰富多彩的视觉效果，通过有机的搭配，创造出多样化的色彩主题，通过视觉冲击力给人带来独特的感官体验。许多地区在传统观光农业的基础上，积极探索彩色农业的发展，将色彩的创意融入农业生产中。通过科学的培育和种植方法，不仅赋予了色彩更为丰富的内涵，同时也在不同程度上提升了农产品的口感和营养价值。

二是造型，远观色而近观形。在农业景观中，造型之美主要通过植物的形态和农田的布局来体现，例如，纵横交错的田埂，整整齐齐的田地，甚至是树木和农舍的形状，都可以给人带来独特的视觉感受。这些元素以它们独特的方式，传达出农业景观的秩序感和节奏感。

三是空间，空间的布局是农业景观中的重要部分，在某种程度上会影响人的视觉体验。农业景观的空间之美，既包括整体的空间布局，也包括局部的空间结构，例如，一座孤零零的农舍，一片孤立的树林，甚至是天空中的一行大雁，都可以在空间上创造出一种独特的美感。这些元素通过空间上的排列和组合，形成了一种既有规律又无规律的视觉效果，给人留下深刻印象。

人们既可以从远距离的整体视角，感受农田的形状、布局和色彩，从而体验到农业景观的宏大和壮美；也可以从近处的细节视角，观察农作物的生长情况，体验生命的奇迹和农业的韵律。适当的距离和时间的变化也会带来不同的视觉感知效果。总而言之，农业景观的视觉感知是农业景观美核心的体现（图 3-26）。这种美不仅仅是感官上的享受，更是一种对自然和生活的理解与尊重。只有用欣赏的眼光去看待这些色彩、造型和空间，才能真正感受到农业景观的美，并理解它在日常生活中的重要作用。

（二）农业景观美的听觉感知

随着景观审美要求的日益提高，人们已经把对景观美学的研究引入到更广泛领域，由视觉转向听觉、嗅觉、触觉甚至"整体景观"体验。听觉作为人类五种知觉中不可或缺的组成部分，也是感知景观的重要渠道之一。关于听觉感知的相关研究在国内更常被使用的是"声景感知""声景"等术语。

图 3-26 浙江省丽水市桥头村

声景的概念最早在 20 世纪 20 年代由芬兰地理学家格拉诺提出，他试图在地理研究中调用更为全面的感官，因而尝试创造了新的术语。2004 年，关于听觉感知，李国棋提出"声音景观"，即"声景"，旨在以人、声音与环境三者之间的相互关系及有关问题为新的切入点，探讨声景学与传统景观学的差异。这填补了传统景观学只顾及视觉景观的空白，同时也使声景学成为人居环境学的基础学科，为声景奠定了美学基础。

与传统声学相比，一方面声景所注意到的声音幅度更大，包含了周围环境中的噪声及正面积极的声；另一方面声景更加强调人类的感知。此外，近年来声景相关的研究集中在视听感知的相互影响、声景地图的绘制以及声景的设计与保护等方面。声景是"场所感"（sense of place）的一个重要信息来源，特别是标志性声景，更容易给使用者带来强烈的场所感，因此，声景对农业景观美学的感知具有重要意义。

农业景观中的声音指的是农业和农村相关的人、事、物所发出的，能够被人类听觉所感知的声音，可以分为人声、动物语言、除动物之外的自然声音和工具的声音。人声主要就是农民在劳动景观中所产生的一切声音，包括谈话声、脚步声等人的活动声，劳动号子和山歌也属这类。动物语言是指人类豢养的畜禽以及自然界中的动物，在活动中发出的各种声音。自然声音是指乡村中大自然在运动过程中发出的各种声音，如风吹动树叶发出的沙沙声。工具的声音指的是农业劳动工具在运动的过程中发出的声音，例如拖拉机的声音、拖拉机上放着的喇叭声以及锄头和田园表土撞击、摩擦而产生的嚓嚓声等。农业景观因雨打芭蕉、夏夜蝉鸣等声响而呈现出无限的意境和美感，令人陶醉。

声景和视觉景观不是完全并列、毫不相干的关系，它们相互交织、相互渗透。从艺术角度而言，声景会产生一定程度的审美价值，但这种作用建立在"人"的感受之上，而非纯粹物理效果的呈现。国内的李国棋做过一个实验，结果表明随着景观和声音的和谐度提高，视觉和听觉之间的互动更容易引发共鸣现象，从而提高美学评价的水平。因此，声景作为一种特殊的景观要素，其对园林景观效果有着重要的影响和作用。通过将风、雨、鸟等声音元素与场景相结合，创造出各种不同的声境，从而营造出令人陶醉的声景。鸟类所带来的听觉感受与林木的融合，使得"鸟鸣山更幽"的景观增添了几分神秘之感。

（三）农业景观美的嗅觉感知

道格拉斯提出的嗅觉景观是指人在场所中所感知到的嗅觉环境，旨在探究人、气味与环境之间的关系。这个概念强调了嗅觉感知虽然具有瞬时性，但可以通过地图、标记等方式进行表达和记忆，从而更好地理解和欣赏嗅觉景观的美。

嗅觉感知是解读嗅觉景观的重要依据。根据神经学研究，嗅觉神经直接连接着大脑的中枢神经，而中枢神经掌控着人的语言、记忆以及情绪。嗅觉景观的解读离不开嗅觉感知的情感性、记忆性和可视性这三个重要的特性。研究发现，嗅觉感知的特性使其在激发人的情感、增强对当前环境的记忆、调节成年人视觉感知以及促进其对空间感受的评估方面扮演着至关重要的角色。此外，嗅觉记忆的精度在最初的一天内将会下降至 20%，然而这种精度将会持续维持一年甚至数十年，因此，嗅觉记忆的持久性使得嗅觉感知在激发人的情感和记忆方面具有不可替代的作用。

物体和地方因其独特的气味而呈现出与众不同的特征。每一个地方都有其独特的嗅觉环境，并与当地地理环境及居民生活方式密切相关。气味是空间环境中的重要组成部分，也是体现场所精神的重要元素之一，是人与空间环境相互沟通的载体，其蕴含着空间信息与特点，再加上刺激灵魂，使人们对环境产生快乐、沉默、寂寞、热情及悲伤等情感认知。

在农业景观美学中，气味的识别扮演着不可或缺的角色，其重要性不容忽视。气味作为一种自然现象和艺术形式，它在人们日常生活中起着举足轻重的作用。日常生活离不开周围的空气，而这些空气所散发出的气息，或许是清新怡人，或许是醇厚甘甜。通过嗅觉感知，人们可以感受到场所中的各种气味，当空间中的物体呈现出不同的形态时，它们所释放的气味也会随之不同，这种微妙的嗅觉差异暗示着空间环境的变化。

在农业景观中，植物是最主要的嗅觉来源，它们所释放的气味不仅能够给人带来愉悦感，还具有一定的药用价值，所以农业景观应该将植物作为重要元素加以利用，以达到良好的生态效益及经济效益。在农业景观中，泥土的芳香、果实的甜香以及花的幽香等元素独具特色，为游客提供了独特的游览体验，从而使游客能更好地领略和欣赏场所的美（图3-27）。嗅觉感知在农业景观中的表现形式，常常与康复疗养景观相互关联，呈现出一种紧密相连的关系。重视嗅觉型保健植物在休闲农业园康复疗养景观中的存在，引入芳香疗法可在一定程度上刺激神经系统，刺激嗅觉感知，提高思维活跃度和肢体反应能力，使人产生快乐之感。

图3-27 浙江省温州市黄宅村

（四）农业景观美的味觉感知

研究表明，食物的酸甜苦辣咸可以通过味觉感官进行感知，而味觉是记忆最为持久的感官，因此在景观体验中，品尝植物及其果实是一种应用味觉的可行方式。然而在以往的研究中，对味觉感受的关注并未得到足够的重视。李明洋指出，味觉与空间为关联体，优美的空间对味觉体验的激活具有积极的作用。

可食用的味觉感知使用并不广泛，很重要的原因是人的味觉感知器官相对于视觉、听觉、触觉等还没有充分表露出来。相对而言，可食用的味觉感知在观光农业、休闲农业中的运用反倒更受重视，这可能是因为味觉是直接与人们的饮食体验相关的，而对于观光农业和休闲农业来说，美食往往是吸引游客的重要因素之一。此外，味觉感知最能够让参与者产生联想、勾起记忆，也很容易让人在观赏农业作物景观时想到它被制成食物的滋味。

农业景观中的食物和食材品种丰富多样，有不同种类的水果、蔬菜、肉类、奶制品，还有果汁、肉罐头等农产品加工品，这些食物和食材是农业景观味觉感知中非常重要的一部分。农业景观美的味觉感知常通过农产品的品尝活动、烹饪体验、品酒活动及特色小吃等多种方式体现出来。这些活动可以让人们感受到农业景观中的美妙味道和丰富文化，提升农业景观的吸引力和魅力，使游客建立起有差异性的农业景观感知。

观光采摘果园是味觉体验的一种常见形式，当人们采摘和品尝水果时，味觉景观就自然形成；烹饪课程的形式，可以让游客学习当地的烹饪技巧和特色菜肴的制作方法；此外，农产品展览或美食节活动，可以让人们品尝到各种当地的美食；在农业景区的小吃店或集市中，可以品尝到各种当地特色的美食和小吃。这些方式不仅可以让人品尝美味，而且其具有的浓厚地方文化特色，可以让人们更加深入地了解当地的风俗文化和饮食习惯。

（五）农业景观美的触觉感知

触觉在感知外部世界时扮演着重要的角色。尽管眼睛接收信息的速度远远大于触觉，但视觉所传达的仅仅是色彩和形态。由于实体边界具有"不可入性"，这就要求人必须凭借触觉才能感知到客体实体性。

就李格尔艺术知觉理论而言，触觉有两方面的意义。一是触觉为视知觉的产生提供了支撑。这意味着在感知外部世界时，触觉可以帮助人们更好地理解和感知物体的形态和特征。二是触觉对知觉感知的客体的真实性进行验证。这意味着通过触觉体验，可以更加真实地感知到物体的存在和实体性。贝克莱的研究理论认为，触觉和视觉是同时产生作用的。当人们看到一个物体时，不仅捕捉到其视觉图像，还会复合感知到身体对这个物体的触觉经验。这意味着在视觉产生的同时，身体也会回想起关于这个物体的触觉经验。这种触觉经验可能来自过去的经验或记忆，但是它们会影响人们对当前物体的感知和认知。

人类的感知器官，包括手、脚和裸露的皮肤等，会对周围环境做出反应，这种反应被称为"触觉"。在"五感"中，触觉感知以其高度敏感、直接而真实的方式脱颖而出。在景观中运用触摸艺术具有很高的审美价值和文化内涵，它能使人产生身临其境之感。体验者可通过触摸植物感知四季变化和植物形态，触摸水感受温度变化，触摸岩石感受历史沧桑。触觉把各种各样的景观信息传达给人们，其中最主要也是最重要的方式就是皮肤感知（cutaneous sense）。

从手到脚再到躯干的皮肤感知路径是一个重要的生理过程，它使得我们的身体能够感知外界的刺激并做出反应。手在皮肤的景观空间中占据了主导地位，手的触感能够传递出农业景观中的许多细节和特征，如叶片的质感、花瓣的柔软度及果实的饱满度等；脚的触感直接影响着人们对周围环境的感知和理解，不同材质不仅在视觉上呈现出各自的特征，其在足部的感受上也各有不同；躯干的触感为人类提供了一种通过皮肤感知环境，从而引发对未来行为条件反应的可能性。

二、农业景观美的精神感知

五感感知可以说是人体感官与外界环境的直接接触，具体以单感官体验为主。这一节的精神感知则指将多感官对外的感知经通感串联到一起，对外界环境产生场所感，进而让人们对场所产生整体感知和情感联系。这种情感联系的具体表现就是场所精神和场所依恋。

在农业景观中的场所感知、场所精神和场所依恋相当重要，这关系到人们对农业景观美的感受，农业景观之美是否能够为人们提供舒适、安全和愉悦的体验，提高人们的幸福感和生活质量，是否能够给人们提供情感支持和安慰，缓解压力和焦虑等负面情绪，很大程度上取决于人们从农业景观中获得的精神感知。

（一）农业景观美的场所感知

1. 场所感知的概念

"场所"一词在词典中被定义为"活动的处所"，包括了空间、活动以及使用空间并产生活动的人。也就是说，场所包括了自然和人文两个方面的要素。Relph 提出了场所感知的概念，他指出人们对于场所的感知和意识往往集中在一些场所的特殊设施之中，且具有很强烈的情感和心理联系，使得在该场所进行的活动都富有意义。本小节的场所感知具体来说，是指人们通过身体器官对农业景观的整体感知和体验。农业景观作为场所的一种，包括农田、果园、牧场和林场等不同类型的农业生态系统，这些场所通过其独特的自然风光、生态环境和历史文化等，影响着人们的感知和体验（图 3-28、图 3-29）。

图 3-28　浙江省温州市万金片区

图 3 - 29　福州嵩口古镇

2. 多感官体验

尽管五官感受的生理机理尚未被完全揭示，仍需要不断探索其深层次的奥秘，但多项实验已经证实，五官感受的生理机理密切相关。例如，德国有学者就嗅觉和视觉的功能区神经元活动与人脑海马区神经元活动之间的相关性进行了研究，得出结论"嗅觉和味觉之间存在着紧密的联系"。

在多感官体验研究方面，比如杨静平在研究私家花园的特色美时，以感官体验为切入点，深入探讨了多感官对花园特色美的鉴赏和感知。研究发现，通过建立结构方程模型发现视觉、听觉、触觉和嗅觉与儿童的行为经验显著相关。而且还通过网络文本的方式发现城市森林公园游客的感官体验以视觉和嗅觉感知为主，其次是视听觉和视触觉交互。

在农业景观的感知过程中，感官之间的相互作用和相互影响，为景观带来了一种错综复杂的综合感受。在"雨打芭蕉"的景观中，听觉得到了刺激，同时视觉也受到了相应的影响；在视觉上形成一种强烈的冲击感，让人们感受到大自然的美。游客可以在农业景观中感受到微风拂面、植物芳香的多重感官体验，为使用者带来多层次、多维度的感受体验。钱奇霞等基于多感官体验对农业观光园中的竹子景观进行了形象塑造，其中竹笋、竹乐等景观形式不仅依赖味觉、嗅觉、触觉和听觉等感官体验，而且与视觉一样，是人与景之间不可或缺的重要桥梁。她还指出，塑造竹子的感官体验性景观形象的本质是使竹子景观更加感知化，促发人内心的美好，实现人和景观的良性互动。

3. 通感

在艺术创作和艺术欣赏领域，早已有学者对五官感受之间的关系进行了深入研究，特别是对于"通感"这一概念进行了探究。人类感觉器官是一个整体，彼此关系紧密，牵一发而动全身，这在心理学上被称为"共感觉"或者"通感"，即任一感觉器官受刺激后，引发其他感觉器官产生的伴随感觉。

通感在文字中有一些痕迹，比如"光亮"也可以说成"响亮"，此处视觉与听觉就产生了"通感"。钱钟书先生曾以多个诗词实例为基础，深入探讨了艺术通感的主题，他指出"花红得发'热'，山绿得发'冷'……鸟语如'丸'可以抛落；五官的感觉可以有无相通，彼此相生。"

在农业景观中也存在着许多有趣的通感现象，比如农业景观中的视觉元素和听觉元素，看到的景象和听到的声音会相互映衬和强化，形成更加丰富的感知体验；视觉元素和嗅觉元素也可以相互联系，相关研究显示，视觉嗅觉的一致性有助于提高人们对植物景观的评价，提高植物景观单一刺激对人们身心的恢复效果。视觉元素和味觉元素也可以相互影响，例如，在果园中看到鲜艳的水果时，会让人产生想要品尝的欲望，或者仿佛能尝到水果的味道，这都是视觉与味觉相互影响的体现。通感在农业景观中的运用，可以帮助人们更加深入地感知和体验场所的美好和独特性，同时也能够丰富人们的感知体验和情感联系。通过多感官之间的相互联系和影响，人们可以更加全面地理解和认识农业场所的重要性和独特性，同时也能够促进人们对自然环境和人类文化的尊重和保护。

（二）农业景观美的场所精神

1. 场所精神的概念

1979 年挪威城市建筑学家 C. N. Schulz 提出了"场所精神"的概念，他主张一个地方的特质在很大程度上取决于其"场所精神"。场所精神是指一个场所的整体特征和氛围，包括场所的布局、环境、文化和历史等方面。这些元素共同构成了一个场所的独特气质和个性，使人们在其中感受到独特的感觉和情感。农业景观的场所结构受季节和科技等不同因素的影响，并不是永恒不变的，所以场所精神会根据场所的历史得到"自我实现"，这是场所精神的重要特征。

在中国的农业景观中，游客对场所精神的理解多以意境或景观意象的形式展现。一些学者认为，因为历史认同一致或者公众认同较高，所以在场所内感受到的花木香味会留存在文化心理上，长久积淀形成"第三性质"和艺术联想，继而产生意境。

意境和景观意象是一组相近的在景观领域运用的概念，虽然他们在概念上有些相似，但其实质还是有区别的。它们都涉及人们对场所的感知、体验和情感联系，但又有着不同的侧重点。意境更侧重于人们通过艺术和文学等形式创造出的情感和情境，而景观意象更侧重于人们在场所中通过感知和体验所形成的对场所的意象和认知。学术界有一种广泛认可的观点，即将"意象"视为"意境"的素材，认为"意象"与"意境"之间的相互关系体现了局部与整体、材料与结构之间的复杂互动关系。

2. 景观意象

意象是中国美学与艺术实践范畴中的一个概念，也是标示美与艺术本体的一个重要概念，它涉及了多个学科，且不同的学科有着各自不同的解释角度。"意象"作为一种诗学概念被解释为"融入了主观情感的客观实体，或者是借助客观实体表现出的主观情感"，但当涉及具体的文学作品时，通常指的是使用语言创造出具有表意特征的艺术形象。而作为美学概念，它是中国美学的核心概念，体现中国哲学中的"天人合一、物我同一"的理念。意象所追求的并非"象"所直接呈现出来的含义，而是隐含在"象"背后更为深刻的内涵，蕴含着言外之意，能够为人们的心理体验增添丰富色彩。

景观意象包括原生景观意象和引致景观意象两大类。农业景观中的原生景观意象是通过亲身感知农业景观后获得的，而引致景观意象则通过各种媒介获得。在农业景观中，原生景观意象可以指人们在场所中通过感知和体验所形成的对农业场所的意象和认知，例如感受到农田中的一片金黄色、果园中的繁花似锦等。获得引致景观意象的途径很多，包括小说、诗歌和风景画等传统手段，以及影像技术和信息技术等现代手段。

3. 意境

中国传统文学中，"意"与"境"的概念最早被应用于诗学。随着佛教经义的引入，其内涵演变为精神层面上的"意中之境"，因为"意之感兴"需要通过对周围环境的描述来表达，"境之感发"是通过对"意"的思考而升华出来的，因此"意"与"境"融合在一起，形成了诗学探讨的核心概念。

意境是文学艺术中刻画的形象和表达的思想情感相结合的产物，它不仅生动地展现了生活图景，更是创作者情感思想和情与景相融合的产物。具体的艺术形象是塑造意境不可或缺的要素，意境的产生离不开艺术主体对客观事物的感受、体验以及由此而形成的联想，因此应注重作品的情境化处理，使之成为情景交融的"画境"。

园林意境与意境也有不可分割的关系，园林意境是造园者用艺术手段把自己的感情寄托在园中景物上创造出来的精神氛围，能使游园者触景生情而产生美的感觉。园林的意境与诗、画不同，是通过实际景物与空间构成的；但与诗画又有共通之处，即"境生象外，情景交融"。孤立的景象难以形成园林的意境，要有"景外之景"，给游赏者更丰富的美的信息与感受。同时中国的园林景观所呈现的意境，与文学绘画所追求的"诗情画意"息息相关，通过巧妙地运用文学绘画艺术，可以大大地为景观增色，达到画龙点睛的效果。"景借文传"就是景观营造里常使用的手法。

在农业景观审美中，景观能够唤起人们的情感共鸣，即人们常说的"触景生情"。当人们沉浸在农业景观中时，这种情感激发了他们的想象力，从而创造出各种不同类型的艺术效果（图3-30）。在农业景观中，意境常指人们在场所中通过感知和体验所创造出的情感和情境，例如在农田中感受到的勤劳和坚韧，在果园中感受到的温馨和幸福等，这些也可以通过文学和诗歌的形式进行表达并为人所知。"茅舍槿篱溪曲，鸡犬自南自北。菰叶长，水蘋开，门外春波涨渌。听织，声促，轧轧鸣梭穿屋……"唐朝孙光宪这首《风流子·茅舍槿篱溪曲》就描写了春日水乡的农家风光，一幅祥和中散发着浓郁生活气息、勃勃生机的农业景观画面就栩栩如生地跃然眼前。

图3-30　浙江省丽水市宅基村

（三）农业景观美的场地依恋

1. 场地依恋的概念

场所依恋可追溯到 Wright 开创的"敬地情结"，表达人类对自然地理世界与空间的理解所带来的敬重情感。Williams 和 Roggenbuck 正式提出了"场所依恋"的概念，黄向、保继刚等学者则最先将"场所依恋"的概念引入国内，并提出了基于 CDEEM① 的场所依恋研究框架。"场所依恋"是指一个人对特定场所的依赖和情感联结，这种依恋是基于场所感知形成的。人们会对某个场所产生依恋，通常是因为这个场所能够满足他们的需求和期望，同时这个场所可能也与他们的个人经历或文化传统有关，例如家庭、友谊或文化遗产等。

2. 乡土情怀

随着传统村落社会经济的演进、人口结构的重塑以及旅游产业的开发，村民的生产生活方式和对村落的情感也在不断演变，而场所依恋与乡村发展是一个相互作用且不断发展的动态过程。一个地方的风景或许能轻易被改变，但流传下来的文化和精神却很难被磨灭。几千年来形成的乡土情怀，吸引人才回到乡土生活中去，同时乡土情怀还鼓舞着回乡人才为乡村建设作出贡献。乡土情怀是农业景观中人们对于场所的情感联结和依恋，它是农业景观的重要组成部分。无论乡村如何发展，乡土情怀始终是人们对于农业景观的重要情感纽带。

乡土情怀可以表现为人们对农业景观中的自然环境、传统文化和历史文化遗产等的情感联结和依恋。它能增强人们在农业景观中的认同感和归属感，也能促进对传统文化和历史文化遗产的保护和传承。在景观建设过程中，应充分考虑本地区的地质地貌特点和气候变化情况，巧妙地运用当地特有的植被和花草树木，以个性化的方式突出农村生态旅游景观的人文性，将乡土特色和乡土情怀相融合，从而达到更好的景观效果。"种豆南山下，草盛豆苗稀。晨兴理荒秽，戴月荷锄归"，这首诗抒发了无数人内心深处的乡愁情怀，深深地扎根于每个人的心灵深处，成为越来越多人追逐的田园梦想。

小结

感知作为人类接触外界的直接手段，是人们领略农业景观美的重要方式。感知可以帮助我们获取外界的信息，也可以影响我们的情绪和行为。

五感感知是身体器官接触外界最直接的方式，是精神感知的重要基础。五感感知可以分为单感官体验和多感官体验。单感官即视觉、听觉、嗅觉、味觉及触觉这五种感知单独对外界环境的感知。其中，视觉感知在环境感知中占据主导地位；景观和声音的和谐度越高，视觉和听觉之间的互动就越容易引发共

---

① CDEEM，即 concept 概念、description 描述、explanation 解释、evaluation 评估、methodology 方法论。

鸣；嗅觉感知能够更直接地唤起人们内心深处的情感，从而对情绪产生深远的影响，嗅觉还可以通过气味这个媒介，塑造出独特的景观形象；味觉则是记忆最为持久的感官；通过触觉体验，可以更加真实地感知到物体的存在和实体性。五官感受的生理机理是密切相关的，无法完全割裂开来，因而多感官对外界的感知才是常态。

多感官对外界完整的整体感知，常常出现"通感"的现象。人体通过器官感知接收到了丰富的外界信息，这些信息受每个人的个人偏好和经验背景影响，使得人体对外界环境产生了场所感，在对外界环境产生场所感后，人们会对场所产生整体感知和情感联结，这种情感联结的具体表现就是"场所精神"和"场所依恋"，这个过程被称为"精神感知"。在农业景观中，游客对场所精神的理解多以意境、景观意象的形式展现。乡土情怀则是人们对农业景观场所依恋中极其重要的一环。农业景观是否能给人们提供情感支持和安慰，缓解压力和焦虑等负面情绪，很大程度上取决于精神感知。

总结

陈望衡认为，景观美学和环境美学有所差异，景观美学源自绘画和园林，而且更趋于形而下，更强调实践和落地。农业向来是扎根在广袤大地上的，不论是农耕、畜牧还是捕鱼，没有比农业景观更具有实践性和落地性质的景观了。此外，农业景观的价值很大程度上取决于其带来的经济效益，而农业景观美学的美学价值在很大程度上有助于吸引资产进入乡村，提高社会经济福祉。当然，农业景观美学文化作为我国千年积淀的一部分也很有研究价值，因此研究农业景观美学不仅能够推动景观美学的发展，更重要的是能够促进乡村发展，助力乡村振兴。

从景观美学的角度看农业可以发现许多农业中的美。农业景观美学包括客观存在，即环境要素、生产资料和人参与比例较大的生活方式、生产行为这两个方面的四个构成要素和特征之美、变化之美、生命之美及意境之美四种美的形式。这些构成和形式表现在农业生产生活的方方面面、角角落落，构建起了农业景观美学依据的物质基础和形态。事物是变化发展的，不断变化着的农业景观美学现在的状态是怎样的，其发展经历了什么，影响农业景观美学的驱动因素与演化机制是什么，等等，都值得探究，即对自然条件、地域差异、劳作需求和科技发展四个演化机制与农业生产、农村生活及农业审美三种实现途径进行深入的了解。面临当下的社会现状，这些机制和途径悄无声息地浸润着农业生产生活，显现着细微的差异，时刻准备着推动农业景观美学的发展与演变，甚至是变革。

景观感知理论的诞生，很大程度上加深了人类与农业景观美学的联系，使人们更广泛、更具体地了解农业景观美。对农业景观感知的研究很大一部分集中在对乡村的景观感知上，这说明对农业景观自身的感知仍有欠缺。然而，感知作为人类接触外界的直接手段，是人类认识和理解世界的重要方式，在认识农业景观美的过程中，应该更加注重感知体验和感知教育，从而更好地认识和理解农业景观的美。

五感感知作为最直接接触外界的感知方式，同时也是景观感知的基础，五感感知通过不同的方式为人们提供了丰富的外界信息，这些信息的接收是主观的，因为每个人的感知会受到他们的个人偏好和经验背景的影响。这些不同方面的感知形成了人对场所的整体感知，"场所精神"和"场地依恋"是五感感知在场所中的具体体现。

总而言之，农业、景观与美学相关研究是农业美学的一部分；另一方面，就农业景观美学自身而言，从景观美学的视角观察农业，可以从不一样的角度感知到很多农业中独特的美，提升人类对农业景观的审美感受。

参考文献

Arnold R. Alanen，宋力，郝菲，2005. 审视平凡：美国风土景观保护 [J]. 中国园林（9）：45-50.

爱德华·雷尔夫，2019. 地方与无地方 [M]. 北京：商务印书馆.

安然，李军，2017. 基于中国环境美学思想的鄂东南传统村落空间形态研究 [D]. 武汉：武汉大学.

贝克莱，2017. 视觉新论 [M]. 关文运，译. 北京：商务印书馆：23-24.

陈蝶，卫伟，陈利顶，2017. 梯田景观的历史分布及典型国际案例分析 [J]. 应用生态学报，28（2）：689-698.

陈敬芝，2019. 美丽乡村建设视野下我国农村生态旅游景观建设研究 [J]. 农业经济（4）：47-49.

陈望衡，2007. 环境美学 [M]. 武汉：武汉大学出版社：7-293.

陈望衡，2008. 农业的审美性质 [J]. 陕西师范大学学报（哲学社会科学版），37（2）：47-51.

陈望衡，2015. 环境美学前沿：第三辑 [M]. 武汉：武汉大学出版社：3-5.

陈瑶，2021. 基于感知体验的灵宝柏树岭山地郊野公园景观设计研究 [D]. 西安：西安建筑科技大学.

程相占，阿诺德·伯林特，2009. 从环境美学到城市美学 [J]. 学术研究（5）：138-144.

邓洁，莫凯迪，黄建华，等，2022. 乡村振兴战略背景下供给侧改革推进田园综合体农业景观开发实施路径［J］. 湖南行政学院学报（5）：99－107.

邓锡荣，2008. 农业景观的美学释义［D］. 成都：西南交通大学.

丁锐清，2021. 水阳江下游圩田景观水绿空间系统规划研究［D］. 合肥：安徽建筑大学.

段婉婷，2022. 马克思主义视域下的数字劳动及其正义重构［J］. 实事求是（6）：98－105.

冯心愉，2021. 松阴溪中上游河谷平原古堰灌区景观研究［D］. 北京：北京林业大学.

冯彦明，2021. 中国小农（家庭）经济的重新认识和评价［J］. 北部湾大学学报，36（1）：55－70.

高翅，1995. 试论中国园林景观意境的创造［J］. 华中农业大学学报（4）：397－400.

高玉玲，于晓蒂，黄绍文，2010. 哈尼梯田文化审美的再认识［J］. 贵州民族研究，31（3）：55－61.

耿金，2016. 明中后期浙东河谷平原的湖田水患与水利维持：以诸暨为中心［J］. 中国农史，35（2）：96－107.

郭莉，施德法，章晶晶，等，2020. "大花园"建设背景下的丘陵区农业景观规划探讨：以浙南瑞安高楼镇乡村农业景观规划为例［J］. 浙江园林（4）：25－30.

郭渲，杨玲，危艳梅，等，2022. 声景感知下的历史街区场所营造影响因素研究［J］. 声学技术，41（1）：108－115.

汉·迈也，王晓迪，郭莉，等，2022. 威尼斯与鹿特丹：潮汐之城的潟湖与三角洲景观［J］. 风景园林，29（11）：21－33.

何谋，庞弘，2016. 声景的研究与进展［J］. 风景园林（5）：88－97.

洪亮平，2002. 城市设计历程［M］. 北京：中国建筑工业出版社：107－109.

胡飞，付瑶，2008. 中国古典园林中的曲空间［J］. 山西建筑（3）：349－350.

胡珺涵，高煜芳，魏怡然，等，2023. 传统生态知识与自然资源管理和保护［J］. 科学，75（3）：30－34，63，69.

华星悦，胡幸，孙源源，2023. 圩田景观格局下村庄聚落空间特色塑造策略分析［J］. 山西建筑，49（12）：58－61.

黄若愚，2019. "内在者"的立场与视界：论环境美学与景观美学的会通基点［J］. 北京林业大学学报（社会科学版），18（4）：14－20.

黄向，保继刚，2006. 场所依赖（place attachment）：一种游憩行为现象的研究框架［J］. 旅游学刊，21（9）：19－24.

江娟丽，杨庆媛，张忠训，等，2021. 农业景观研究进展与展望［J］. 经济地理，41（6）：223－231.

蒋雪琴，2019. 苏州农业特色小镇景观差异性研究［D］. 苏州：苏州大学.

角媛梅，杨丽萍，2008. 基于遥感和GIS的元阳梯田分形美的多尺度研究［J］. 山地学报（3）：339－346.

金星可，2021. 乡村美学在江浙村落入口空间设计中的运用研究［D］. 无锡：江南大学.

金学智，2000. 中国园林美学 ［M］. 北京：中国建筑工业出版社：371-375.

李郴媛，2022. 基于"五感"体验的宜章县骑田森林公园自然教育基地景观设计 ［D］. 长沙：中南林业科技大学.

李忱蔓，2022. 国土空间规划背景下的乡村产业与景观融合研究 ［D］. 武汉：华中农业大学.

李丹妮，2020. 试论农业美学及其研究意义 ［J］. 现代农业研究，26（9）：131-132.

李广尚，2023. 基于"五感"的体验式设计手法在田园景观中的应用 ［J］. 设计，36（5）：152-154.

李国棋，2004. 声景研究和声景设计 ［D］. 北京：清华大学.

李金哲，2017. 困境与路径：以新乡贤推进当代乡村治理 ［J］. 求实（6）：87-96.

李立红，李志鹏，2022. 中国传统"意境"说美学概念与三种界说的格义与会通 ［J］. 艺术百家，38（4）：1-6.

李立君，2013. 新农村景观设计中的问题与对策研究 ［D］. 西安：西安建筑科技大学.

李明洋，2011. "触摸"自然 ［D］. 济南：山东师范大学.

李婷君，金莹莹，2023. 古圩水乡，田园人居：芜湖陶辛水韵水利景区圩田景观解析 ［J］. 安徽农业科学，51（9）：197-201，206.

李香会，2003. 中国农业中的美学考察 ［D］. 南京：南京农业大学.

李颜伶，2020. 乡村振兴视角下南北乡村人居环境宜居性和景观特征差异性研究 ［D］. 雅安：四川农业大学.

李泽厚，2005. 浅谈审美的过程和结构 ［J］. 中国书画（9）：153-158.

李哲，卢馨逸，施佳颖，等，2023. 基于小圩形态指数的宣芜平原圩田景观肌理量化研究：以固城湖永丰圩为例 ［J］. 中国园林，39（1）：41-46.

梁发超，刘黎明，2017. 农业景观分类方法与应用研究 ［M］. 北京：经济日报出版社：2.

林琳，钟志平，张洋，等，2018. 增城文化交汇区地名文化景观特征及其影响因素 ［J］. 城市问题（10）：85-94.

刘滨谊，2022. 走向景观感应：景观感知及视觉评价的传承发展 ［J］. 风景园林，29（9）：12-17.

刘凡，傅伟聪，洪邵平，等，2021. 景观感知对公园游憩者环境责任行为影响关系研究：以福州市山地公园为例 ［J］. 林业经济，43（8）：80-96.

刘芳，2017. 身体现象学视角下的农业公园景观体验设计研究 ［D］. 武汉：武汉理工大学.

刘红伶，李帅，2023. 现代农业景观规划中的艺术元素剖析 ［J］. 大观（2）：43-45.

刘江，2016. 声景在场所营造中的应用：以意大利阿尔泰纳小镇声景设计为例 ［J］. 城市规划（10）：105-110.

刘丽，2015. 唐代苏州农业发展原因述略 ［J］. 中国经济史研究（6）：62-71，144.

刘士林，2019. 江南文化资源研究 ［M］. 1版. 南昌：百花洲文艺出版社：33-57.

刘向阳，2022. 中原传统节日习俗文化的现代意义及其价值转化 ［J］. 中州学刊（5）：

83 - 86.

刘笑明，张容，2020. 陕西省乡村旅游品牌化发展研究 [J]. 西安石油大学学报（社会科学版），29（4）：30 - 36.

刘雅丹，张迪妮，2023. 浅析中国古典园林中拙政园意境的营造 [J]. 河北建筑工程学院学报，41（1）：114 - 117.

吕美进，潘红燕，2022. 光伏农业的应用前景分析 [J]. 中国果树（11）：132.

罗凯，2007. 农业美学初探 [M]. 北京：中国轻工业出版社：22 - 24.

罗凯，2020. 农业音乐的特征研究 [J]. 湖北农业科学，59（S1）：480 - 483.

马婧，2011. 现代农业景观的审美性研究 [D]. 咸阳：西北农林科技大学.

毛宣国，2022. 意象与形象·物象·意境："意象"阐释的几组重要范畴的语义辨析 [J]. 中国文艺评论（9）：50 - 61.

孟凡行，2023. 手工艺的思想资源及其对现代生活的反思 [J]. 民俗研究（3）：27 - 46，157 - 158.

彭成广，2022. "自然美"何以可能及其作为"问题"的理论启示 [J]. 四川大学学报（哲学社会科学版）（4）：46 - 56.

彭璐，韦松林，2007. 农业旅游产品开发初探 [J]. 安徽农业科学（28）：8990 - 8991.

钱奇霞，陈楚文，李萍，等，2011. 基于多感官体验的农业观光园中竹子景观形象的设计 [J]. 农学学报，1（7）：21 - 27.

邱瑶，罗涛，王艳云，等，2023. 基于视觉关注度与审美偏好的城市景观元素感知特征研究 [J]. 中国园林，39（6）：82 - 87.

沈费伟，2018. 赋权理论视角下乡村振兴的机理与治理逻辑：基于英国乡村振兴的实践考察 [J]. 世界农业（11）：77 - 82.

石维栋，张森琦，周金元，等，2006. 西宁盆地北西缘地下热水分布特征 [J]. 中国地质（5）：1131 - 1136.

史成，2022. "审美相关性"与艾伦·卡尔松的环境美学 [J]. 世界哲学（6）：102 - 110.

史建成，刘纲纪，2017. 北美环境美学基本问题研究 [D]. 武汉：武汉大学.

舒波，2011. 成都平原的农业景观研究 [D]. 成都：西南交通大学.

斯蒂芬·奈豪斯，韩冰，2016. 圩田景观：荷兰低地的风景园林 [J]. 风景园林（8）：38 - 57.

苏毅清，邱亚彪，方平，2023. "外部激活＋内部重塑"下的公共事物供给：关于激活乡村内生动力的机制解释 [J]. 中国农村观察（2）：72 - 89.

孙晶晶，2013. 注重精神感知的疗愈景观环境设计 [J]. 中国医院建筑与装备，14（5）：29 - 33.

孙娜，2015. 先秦美学中的视觉思维研究 [D]. 青岛：中国海洋大学.

孙杨，2012. 基于文化资本理论的山东面塑景观研究 [D]. 青岛：中国海洋大学.

孙应魁，翟斌庆，2020. 社会生态韧性视角下的乡村聚居景观演化及影响机制：以新疆村落的适应性循环为例［J］. 中国园林，36（12）：83－88.

覃劲舟，2021. 康复疗养景观视角下的休闲农业园规划设计研究［D］. 荆州：长江大学.

万凌纬，2016. 农业景观在公园设计中的应用研究［D］. 北京：北京林业大学.

汪芳琳，2001. 农技课中的爱国主义教育［J］. 中国职业技术教育（9）：59－60.

汪晓雪，2022. 生态美学视角下浙江景宁东垟村旅游空间设计［D］. 杭州：浙江理工大学.

王春晓，黄舒语，2023. 珠三角桑园围空间形态特征及其景观的历史演变［J］. 广东园林，45（2）：46－51.

王海飞，2023. 河西走廊传统牧业生产中的地方性生态知识及其发展［J］. 原生态民族文化学刊，15（3）：34－45，154.

王柳丹，2017. 宋代农业景观文化及其审美解读［D］. 天津：天津大学.

王璐，唐世斌，吴访，2022. 甘肃省临潭县乡村景观保护与利用探究［D］. 南宁：广西大学.

王晓博，宁晓笛，赫天缘，2016. 对国外5个中微观都市农业项目的思考［J］. 中国园林，32（4）：56－61.

王译锴，2014. 湖南乡村农作物景观设计研究［D］. 长沙：湖南农业大学.

王云才，刘滨谊，2003. 论中国乡村景观及乡村景观规划［J］. 中国园林（1）：56－59.

望思强，2017. 边壁约束条件下冲积扇发育过程的概化试验研究［D］. 武汉：武汉大学.

温瑀，2022. 影响农业景观类型的因素探讨：评《农业景观分类方法与应用研究》［J］. 棉花学报，34（5）：472.

毋彤，2016. 杨凌农业景观审美研究［D］. 咸阳：西北农林科技大学.

吴灿，王梦琪，2022. 农业文化遗产景观美学的构成与自洽：以紫鹊界梯田为例［J］. 文艺论坛，300（4）：106－113.

吴婵，李兵营，2019. 国内乡村民宿业的现状及发展策略研究［J］. 青岛理工大学学报，40（2）：96－100.

肖捷菱，冯慧超，谢辉，2021. 从"嗅"到"景"：嗅觉景观研究方法与设计理论综述［J］. 西部人居环境学刊，36（5）：7－14.

徐晖，周之澄，周武忠，2014. 北美休闲农业发展特点及其经验启示［J］. 世界农业（11）：110－116.

薛富兴，2023. 博物学：恰当自然审美的必要基础［J］. 哲学动态（1）：117－125.

闫姣，2022. 延川县传统村落景观保护与更新设计研究［D］. 西安：西安建筑科技大学.

严晗，2020. 风景美学视角下的生产性景观研究［D］. 北京：北京林业大学.

杨若琛，苏畅，赵建晔，等，2022. 国际化视野下的乡村景观感知：以日本冲绳恩纳村为例［J］. 风景园林，29（9）：107－112.

姚绍强，王琼，2018. 五感感知下的主题餐饮室内设计研究［D］. 苏州：苏州大学.

叶茂乐，2009. 五感在景观设计中的运用［D］. 天津：天津大学.

袁行霈，1987. 中国诗歌艺术研究［M］. 北京：北京大学出版社：58－60.

原野，段渊古，2018. 五感设计在园林景观设计中的应用研究［D］. 咸阳：西北农林科技大学.

约翰斯顿，2004. 人文地理学词典［M］. 柴彦威，等，译. 北京：商务印书馆.

张保华，谷艳芳，丁圣彦，等，2007. 农业景观格局演变及其生态效应研究进展［J］. 地理科学进展（1）：114-122.

张淳鎏，2014. 成都平原农业景观美学评价研究［D］. 成都：西南交通大学.

张迪，2021. 陕北黄土沟壑区河谷平原型乡村聚落空间形态研究［D］. 西安：西安建筑科技大学.

张海强，2021. 河谷平原庄台村落水适应性空间环境特征研究与应用［D］. 苏州：苏州大学：1.

张琳，杨珂，2020. 旅游发展下村民对传统村落景观的依恋感知研究：以云南沙溪寺登村为例［J］. 风景园林，27（12）：104-109.

张敏，2004. 农业景观中生产性与审美性的统一［J］. 湖南社会科学（3）：10-12.

张敏，2012. 乡村审美价值的三个层面［J］. 郑州大学学报（哲学社会科学版），45（3）：80-82.

张敏，杨雯雯，2014. 论农业美学的产生及其维度［J］. 河南师范大学学报（哲学社会科学版），41（2）：173-175.

张业松，2021. 鲁迅笔下的声景：以《祝福》为例［J］. 中国现代文学研究丛刊（1）：50-63.

章俊华，2008. Landscape思潮［M］. 北京：中国建筑工业出版社：60.

章侃丰，角媛梅，刘歆，等，2018. 基于敏感度：主观偏好矩阵的哈尼梯田视觉景观关键区识别［J］. 生态学报，38（10）：3661-3672.

赵澈丽，2008. 从感官到感知：浅谈色彩设计与音乐元素的结合［J］. 内蒙古师范大学学报：（哲学社会科学版）（S3）：65-66.

赵警卫，杨士乐，张莉，2017. 声景观对视觉美学感知效应的影响［J］. 城市问题（4）：41-46，51.

赵凯茜，吴桐，姚朋，2019. 风景园林学助推乡村振兴的途径与策略［J］. 规划师，35（11）：32-37.

赵素燕，贾玉婧，2022. 易地扶贫搬迁失地老年人社会适应问题研究：基于山西省Z社区的个案研究［J］. 忻州师范学院学报，38（6）：121-127.

郑卫东，张宇红，2015. 五感在产品形态设计中的应用研究［D］. 无锡：江南大学.

朱筠，吴双，2022. 发电治沙畜牧，智能科技为塞北描绘温暖底色［N］. 人民邮电，2022-09-23（1）.

卓友庆，卢丹梅，罗勇，2020. 可持续目标下乡村多功能景观规划方法初探［D］. 广州：华南农业大学.

Dinh H Q，Walker N，Hodges L F，et al.，1999. Evaluating the importance of multisensory input on memory and the sense of presence in virtual environments ［C］// IEEE. Proceedings IEEE Virtual Reality (Cat. No. 99CB36316) . Houston：IEEE.

George E W，2013. World Heritage，Tourism Destination and Agricultural Heritage Landscape：The Case of Grand Pré，Nova Scotia，Canada ［J］. Journal of Resources and Ecology，4 (3)：275 - 284.

Herz R S，1998. Are odors the best cues to memory? A cross - modal comparison of associative memory stimuli a ［J］. Annals of the New York Academy of Sciences，855 (1)：670 - 674.

Li X，Zhang Z，GU M M，et al.，2012，Effects of plantscape colors on psycho - physiological responses of university students ［J］. Journal of food，agriculture & environment，10 (1/2)：702 - 708.

Paul R，2002. Sensuous geographies：body，sense and place ［M］. London：Routledge.

Porteous J D，1985. Smellscape ［J］. Progress in Physical Geography，9 (3)：356 - 378.

Schafer R M，1993. The soundscape：Our sonic environment and the tuning of the world ［M］. New York：Simon and Schuster.

Schiffman H R，1990. Sensation and perception：An integrated approach ［M］. New York：John Wiley & Sons.

Sereni E，2014. History of the Italian Agricultural Landscape ［M］. Princeton：Princeton UniversityPress.

Song C，Ikei H，Miyazaki Y，2019. Physiological effects of forest - related visual，olfactory，and combined stimuli on humans：An additive combined effect ［J］. Urban Forestry & Urban Greening，44：126 - 133.

Van Drunen S G，et al.，2022. Flower plantings promote insect pollinator abundance and wild bee richness in Canadian agricultural landscapes ［J］. Journal of Insect Conservation，26 (3)：375 - 386.

Williams D R，Roggenbuck J W，1989. Measuring place attachment：Some preliminary results ［C］. San Antonio：National Parks & Recreation，Leisure Research Symposium.

Xiao J L，Malcolm T，Kang J，2018. A perceptual model of smellscape pleasantness ［J］. Cities，76：105 - 115.

Xu J，Chen L Y，Liu T R，et al.，2022. Multi - Sensory Experience and Preferences for Children in an Urban Forest Park：A Case Study of Maofeng Mountain Forest Park in Guangzhou，China ［J］. Forests，13 (9)：1435.

Xu J，Xu J L，Gu Z Y，et al.，2022. Network Text Analysis of Visitors' Perception of Multi - Sensory Interactive Experience in Urban Forest Parks in China ［J］. Forests，13 (9)：1451.

Yan J X，Yue J H，Zhang J F，et al.，2023. Research on Spatio - Temporal Characteristics

of Tourists&rsquo：Landscape Perception and Emotional Experience by Using Photo Data
Mining [J]．International Journal of Environmental Research and Public Health，20（5）：
570 – 580．

Zhou W，Jiang Y，He S，et al.，2010. Olfaction modulates visual perception in binocular ri-
valry [J]．Current Biology，20（15）：1356 – 1358.

第四章 农业多功能、艺术美学与美学经济相关研究

第一节 农业多功能的理论基础

一、农业多功能概念的演进

农业多功能概念的演进是指对农业的认识和理解逐步从单一粮食生产向多元功能转变的过程。传统农业主要被视为粮食生产的行业，但随着社会经济的发展和环境问题的日益突出，人们逐渐意识到农业在经济、社会和环境等方面也具备多种功能。这一概念的演进可以追溯到 20 世纪 80 年代以来的农业发展模式的改变和全球农业政策的变化。

（一）传统农业观念的转变

传统农业观念的转变是一个长期的、渐进的过程，随着社会和环境的变化，人们对农业的认知逐渐产生了变化。一方面，传统的农业思维认为，农业是一个生产粮食的行业，应该致力于保障人民的粮食安全。在这种观念下，农民的主要任务是通过扩大种植面积和提高产量来满足人们的食物需求。但是传统农业依赖大量的化肥和农药，严重地破坏了自然生态环境。因此人们开始意识到，农业的发展模式必须转变为更加高效和可持续的发展模式。另一方面，农村社区的变化也促使农业观念发生改变。随着年轻人向城市迁移和农村人口的减少，传统的家庭农业模式面临着瓦解。农业需要适应这种变化，采取更具创新性和多样化的经营方式，为农民提供更多的就业机会和收入来源。此外，消费者对食品安全和品质的关注也在推动农业观念的改变，人们越来越重视食物的原料、制作工艺以及安全性，以确保消费者的安全。

为了应对这些变化和挑战，农业观念逐渐从单一的粮食生产转变为多功能农业。多功能农业强调农业在经济、社会、生态和文化等方面的多重功能和价值。这种改变的核心是将农业从简单的粮食生产转变为综合性的农业系统，注重农业的可持续性和多样性。

（二）农业多功能的定义和范畴

农业具有多种功能，体现在经济、社会、生态和文化等领域，并且能够产生巨大的效益。传统的农业观念主要将农业定位在粮食生产和农产品供应方面，而农业多功能的概念也强调了农业在其他领域的作用和意义。

在经济方面，农业多功能强调农业作为经济活动的重要组成部分，具有粮食和农产品生产、农村就业和收入创造、农产品供应和市场价值等功能。农业多功能的实现可以带动农业产业链的发展，促进农产品的附加值提升和农村经济的多元化，对于国家粮食安全和农村经济发展至关重要。

在社会方面，农业多功能关注农业在社会领域的作用和效益。农业的社会功能体现在农村社区的文化传承、乡村旅游和农业观光、农民的社会参与和组织合作等，也包括农村社区的凝聚力和农民社会地位的提升。农业多功能的实现有助于促进农村地区的社会稳定和发展，增强农民的社会认同感和幸福感。

在生态方面，农业多功能强调农业与生态环境的关系，以及农业对生态系统的影响。它包括土壤保护、水资源管理、农田生态系统的维持和生态环境的改善等功能，通过采用生态友好的农业生产方式和管理措施，可以减少农药和化肥的使用、保护土壤质量以及维护水资源的可持续利用。实施多功能农业可以有效减少对生态环境的不利影响，从而促进农业与自然和谐共存。

在文化方面，农业多功能关注农业与文化之间的关系以及文化传承，主要关注农耕文化的传承与保护。农业作为人类社会最早的生产方式和生活方式之一，承载着丰富的农耕文化和传统知识，通过保护和弘扬传统农耕文化，可以传递农耕文明的价值观念和精神，促进农民的文化认同感与归属感。

二、农业多功能国内外研究进展

（一）国外农业多功能研究进展

外国学者在农业多功能研究方面，主要以定量分析的方法探讨经济品和非经济品的联合生产、多功能农业政策的制定以及公共产品和外部性之间的关系等问题。

1. 经济品与非经济品的联合生产

2001 年，OECD[①] 出版了《多功能农业：一个分析框架》一书，以联合生产、纯粹的公共产品、外部性和市场失灵为基础，提出了一个具有重大意义的

---

① OECD：Organization for Economic Cooperation and Development，中文名为经济合作与发展组织，简称"经合组织"。

理论框架，旨在为农业的可持续发展提供有效的指导，以促进农业可持续发展。2008 年，OECD 发布的"多功能农业：评估联合程度、政策含义"一文，深入探讨了农业联合的多个方面，并且针对其对乡村发展、环境外部性以及粮食安全的影响进行了系统的研究，以此来更精准地衡量其对社会的贡献。

2. 多功能农业政策问题研究

2003 年，OECD 出版的《多功能农业：政策含义》一书引发了社会广泛的关注，深入研究了多功能农业在国家发展战略中的重要地位，并阐明了其所蕴含的深刻意义，为我们深入研究多功能农业提供了理论指导。姬亚岚和文桂峰通过对欧盟共同农业政策进行深入研究，他们发现巨额农业补贴的实施经历了三个阶段：从重视产量目标转向关注环境保护，从关注环境保护转向全面考虑农业多种功能，再从全面考虑农业多种功能转向乡村全面发展。这一过程对欧盟的农业发展产生了重要的影响，并促进了农业的可持续发展。

今年，欧盟将乡村发展列为欧盟共同农业政策的核心目标，并采取一系列措施，推动农业多样化的发展，实现乡村农业经济的长期稳定增长。不仅如此，欧盟还特别制定了一系列旨在推动乡村发展的法律法规。我们应该从欧盟的实践中汲取经验和教训，并结合 WTO 的原则以及中国的国情，满足农民的实际需求，确保农业的可持续发展。Terry Marsden 等（2008）认为，多种功能农业对于乡村的发展至关重要，这种活力可以使农业变得更加繁荣。农业的多元化有助于提高人们的生活质量，同时也有助于优化乡村的资源配置，可以有效地推动乡村的经济增长和社会进步。

3. 公共产品与外部性的分析研究

2005 年，OECD 出版了《农场结构与特征：非经济品与外部性的联系》一书，深入探讨了农业的结构、特点以及其对外部环境的深远影响，为我们看这些问题提供了完整的视角。2006 年，OECD 又推出《特定公共产品供给与多功能农业政策资金筹措问题：什么层次的政府?》，书中研究了如何提高非经济产品的政府供给水平。《多功能农业：私人行动扮演什么角色?》一书深刻剖析了非经济品如何有效地被利用，并通过实际案例，探讨了非政府组织如何实现农业的多样化，为社会带来更多的公共产品，以及交易成本如何影响最佳的政策制定等问题。

4. 多功能农业中土地利用方法

一些国外学者正在研究多功能农业的土地利用方法，这些方法源自主流的自然科学，包括景观与生态保护、生态学产品、地理、土地利用机会以及一些更为细微的区域经济学。学术界的专家正在努力探索并构建一种新的分析模型，以更好地探索出利用自然资源应对和适应气候变化的有效途径。

5. 对于农业多功能的看法

1999 年 7 月，法国正式执行《农业指导法修正方案》并提出"多功能农业"的概念，把农业看作国家的战略支撑，以此来保护环境的完整，实现人类与生态的和谐共存，推动国家的可持续发展。2001 年，欧盟颁布的"农业的多样化机能"提出了一种全新的农业政策，这一政策的出台，使日本在发展农业时更加重视对环境的保护，致力于建立一个"人与自然和谐相处"的社会，从而实现农业的可持续发展。

6. 对于农业功能类型的认识

日本学者认为农业不仅仅能提供食物和工业原料，还可以为国家带来环境保护及水资源管理等多种益处。农业在多个领域都发挥着重要作用，其中在八个领域尤为突出：①它是一种有效的抗洪减灾技术，能够有效地预防和减缓洪水灾害。②采取有效措施保护和维护水源，以确保水资源的可持续发展。③预防土壤流失，维护土壤的生态稳定。④防止山体滑坡，保护地质环境。⑤处理有机垃圾，促进有机废弃物的回收利用。⑥净化大气，帮助改善空气质量。⑦缓解气候变化，应对全球气候挑战。⑧提供保健休闲、宜居宜业的功能，满足文化层面的需求。

7. 都市农业多功能

研究结果显示，日本东京都、大阪府以及农林水产省的都市农业拥有多种多样的功能。东京都的农业不仅能满足人们的生产需求，它还具有多种功能，如陶冶人们的情操、美化城市环境、塑造城市景观、抵御自然灾害和提供休闲娱乐等。大阪府的都市农业不仅给城市增添了迷人的风光，而且可以有效地改善空气质量，为市民提供安全、新鲜、高品质的农作物，使他们拥有更加健康的生活。

除此之外，都市农业在灾害防范方面也发挥着重要作用，包括应对地震、台风等自然灾害，实现人类与自然的和谐共生及人类社会的可持续发展。根据日本农林水产省的研究结果，都市农业在改善城市环境、促进经济发展方面发挥着至关重要的作用。它不仅能够满足市民的日常需求，而且能够提高居民的生活质量，同时还能够确保农产品的品质，从而使得市民能够更好地享受到高品质的生活。随着农业技术的进步，都市多功能农业不仅能够提高人们的收入，还能够促进人们心理健康。

8. 农业的多功能性和分区战略

近年来随着多功能性和分区战略的深入探索，学术界的研究取得了显著的成果，这些成果为完善西方农业区划体系、优化农业区域管理，以及为更好地指导政府制定有效的农业发展政策提供了重要的科学依据。与国内的研究相比，国外学者的关注焦点更加集中在微观层面，他们不仅从最前沿的理论经济学和计量经济学中获得灵感，而且运用先进的分析技术和模型，深入探索农业多功能分区的细节结构。

（二）国内农业多功能研究进展

1. 对于农业多功能的认识

（1）多功能农业功能开发的意义及特点研究，多功能农业的发展应当以人民为核心，着眼于绿色、可持续、循环、休闲和文化等特点，并采取科学的管理措施，不断完善农业规划，提升其多样性。针对当地的具体情况，采取相应的措施，建立具有竞争力的农业产业链，制定有效的政策，促进各地农业的发展，建立健康、协调、可持续的农业生态系统。

（2）对农业功能的定义　不同的学者对于农业的基本概念、特征以及发展历程有着各种各样的看法。李瑾深入研究了我国观光农业的地理结构和功能划分，并以"农业产业在一个国家或地区所起的作用"为基础，提出了一种新的农业功能理论。罗其友提出，"农业是一个具有重要作用和影响力的社会系统，它可以改善整个社会的运行状况"。石言波将农业功能定义为"农业产业在一个国家或地区所起的作用"。

王亚新在他的博士论文《农业多功能研究》中提出，功能和价值应该被视为一个统一的概念，而不是一种对立的、可分割的概念。价值观是一种充满情感的、具有主观性的概念，它既考虑了正面的影响，也考虑了负面的影响。农业的正面影响可以总结为：农业是人类的根本，是国家经济的基础；农业是促进就业和收入增长的重要领域；农业是传统文化的载体；农业是维护政治稳定的基石；农业能够创造巨大的生态价值；农业还具备其他重要的功能。农业的负面影响主要表现为对生态环境的破坏。采取适宜的耕作技术可有效防止水土流失，减少化肥、农药的滥施，从而降低对环境的破坏，同时避免对水资源的浪费与污染。近代以来，农业的许多潜在功能已经转变为显性功能，随着人类社会的发展，这些功能的价值也越来越明显。

姬亚岚深入探讨了农业在当今社会中的重要性，并对未来农业政策进行了全面的思考，以期获得更好的结果。农业的核心思想是，它不仅可以为人类提供营养丰富的食物和纤维素，而且可以创造出多样化的非经济产品。这包括保护生物多样性、提升动物生存环境、创造宜人的田园景观、保护自然遗产以及历史文化遗产、传承文化及提供娱乐等。除了提供教育、确保粮食安全、提升食品质量、优化居住条件、帮助农民实现就业和维护农民的社会权益外，多功能农业也为农村发展提供了重要的经济支持。通过实施多功能农业，我们可以把政策重心从单一的农民、产品和市场模式转移到更加全面的社会发展目标上。通过对农业多种功能的全面考量，我们可以更好地理解农业的复杂性和综合性。

2. 农业功能类型的划分

划分农业的各种功能是评估其多样性很重要的一步。从宏观上讲，农业的多样性涉及许多领域，如保护环境、调节生态系统、保障食物安全、提升人们的身体健康水平、保障农民就业以及其他社会福利等。由于各国的文化、历史和社会习俗等存在显著的差异，因此人们在认识和评估农业的多种功能时，也存在着较大的差异。

研究表明农业具有多种功能，但是关于它们的划分方法存在分歧。目前人们通常采用四种不同的方法来划分：①经济、生态和社会功能。②经济、食品安全、社会和生态功能。这种分类方法将食品安全作为一个重要的考量因素，强调食品的安全性，这对于我国这样一个人口众多的国家来说具有重要的现实指导意义。③产品生产功能、经济功能、社会治理功能、文化功能和生态功能。④经济功能、文化功能、政治功能和环境生态功能。将农作物的功能划分为不同的类别通常是因为它们受到生态、环境、社会和文化因素的影响。

3. 农业功能的历史演变进程

根据叶少荫的研究，随着历史的发展，农业从单一的功能发展转变为多种功能的综合，这一过程可以划分为四个阶段：①重视农业的经济效益。②重视农业的生态效益。③重视农业的社会效益。④重视农业的多种功能的整合。孙旭指出，现代农业的发展应该重点关注它对于提高产品质量、促进社会就业、提升农民收入等方面的贡献，同时也要确保它在资源和环境方面的可持续性。

王亚新认为，农业不仅仅是一种经济活动，而且还对其他方面具有深远的影响。他深入探讨了农业对于国民经济的影响，并且指出农业不仅仅是一种经济活动，而且还可以为国家和社会带来巨大的价值。此外，王亚新还深入探讨了中国农业文化的构成，并对中国农业文化的核心理念进行了深入的研究，为我们理解中国的农业文化和中国的农民生活提供了新的视角，有助于我们更好地理解中国的农业和中国的传统文化，农业在现代社会中扮演着重要的文化角色，并且具有独特的价值。通过研究农业的政治功能，我们可以更好地理解它如何为社会带来稳定的粮食供应，以及如何促进农民的收入增长。此外，我们还可以看到，农业还具有重要的环境生态功能，它可以维护自然，促进生物多样性，改善田园风光，并为人类带来更加美好的未来。农业的四大功能是相互关联的，将其经济、文化、政治和环境生态功能综合起来，就可以使其形成完善的系统，从而达到最大的整体效益。然而，在此研究基础上，是否将四大功能等同起来，并将它们视为同等重要的观点，仍需要深入探讨。

据吕耀的研究表明，中国的传统农业具有两个重要的意义：首先，它为政府的稳定提供了物质支撑；其次，它对于维护社会经济发展、解决农民就业、保障食品安全、维护社会稳定和军事安全都起到了至关重要的作用。随着现代农业的发展，我国农业发挥了重要的作用，不仅有助于解决农民的就业问题，还能够提高家庭收入，替代传统的社会福利，确保食品安全，促进工业化和城市化的发展。

4. 农业多功能性的理论分析

（1）联合生产　大多数学者认为，联合生产是深刻理解多功能农业的基础，而 OECD 的定义更进一步表明，通过将相同的原材料组合起来，就可以实现多种多样的产品的生产，而且它们之间也存在着密切的技术联系。这句话的核心概念是将经济物品与非经济物品进行联合生产，但这种联合的程度和效果受到多种因素的影响，包括物品的特点、生产方法、产量和环境政策等。

（2）外部性与市场失灵　农业的外部经济特征表明，它的非商品产出不仅仅局限于生产者本身，而且还可能对资源、生态、环境和农村社会经济文化发展造成深远的影响，甚至可能改变整个农村社区、国家乃至全球的格局。农业的外部性受到多种因素的影响，包括但不限于农作物的种植模式、品种及工具使用等。

（3）产品　农业的非商品产出具有独特的社会效益，它们的外部性质使得它们无法被明确地划分出产权或者评估它们的价值，但也无法将其排除在外。在这种情况下，农业的产出显然是独特的，并且在一定程度上是非竞争性的。因为农业公共产品的特殊性质，尤其像环境保护这样的非经济产出，它们一直存在两大挑战：一方面，大多数人都选择自愿提供，这可能会造成供应量的短缺；另一方面，它们的真正价值很难用价格来合理地衡量，因此无法完全满足社会的需求。这就需要政策干预和制定更为灵活和综合性的管理机制，以确保农业公共产品的供给和社会的福祉能够更好地协调和平衡。农业为公众提供了丰富的公共产品，包括美丽的景观、珍贵的文化遗产、丰富的生物多样性和自然栖息地、有效的防洪措施、有效的水土保持方法和粮食安全等。

5. 农业多功能性的计量分析与评价

农业的作用与功能需要不断地拓展和创新，因为农业的发展受到多方面的影响，其中包括客观规律和经济社会需求的变化。在制定多功能农业政策和充分发挥农业多种功能方面，准确评估农业的多种功能价值显得尤为重要，也是农业多功能领域研究的一个热点议题。当前，在全球范围内，许多农业多功能计量分析和评估方法已被广泛采用，其中包括替代成本法、应急估算法和层次分析法等。

三、农业多功能的维度和分类

从古至今，人类社会的发展经历了漫长而曲折的过程，从传统农业到现代农业，再到"以可持续发展为核心"的生态文明，在整个发展过程中人类不断探索新的可能性，实现了跨越式发展。当社会发展到一定程度，农业的功能和作用也发生了巨大的变化，从最初的单一性，逐渐向多样化、复杂化和高效化的方向发展。特别是在新的时代，农业的结构已经完全重塑，农产品的供给由过去的短缺状态，转变成了总体上的均衡，使得农民的收入更加可观。随着时代的发展，农业已成为一个多元化的产业，它既可以维护生态平衡，又可以提供旅游和休闲服务，还可以提供科学教育，为农民带来更多收入。

（一）农业的经济功能

作为人类社会最古老且最基本的物质生产部门，农业在人类社会中具有至关重要的作用。农业劳动作为自然基础和前提，支撑着所有其他劳动的独立存在。农业劳动生产率的提高是社会发展的基础，也是实现可持续发展的关键因素。随着社会分工的不断发展，农业剩余产品也随之出现，这些产品构成了国家经济的基础。历史表明，农业是经济发展的根本动力，它的发展将为世界经济带来持久的繁荣。

1. 农业是人类衣食之源、生存之本

恩格斯指出，要想实现真正的社会发展，第一步就是要满足人类的饮食需求，这是一个不可或缺的基础，因此农业作为一种独特的产业，对于保障人们的生存与发展至关重要，它无法被其他工业部门所取代。为了维持日常的生存，人们必须拥有基本的衣、食、住和其他必需品。农业是当今世界上唯一的粮食生产部门，为全球人民提供了丰富的营养。尽管未来的技术可以利用无机物制造碳水化合物、蛋白质和脂肪，但我们仍然不应该忽视农业，因为它是一种以生物能源为基础的、高效的提供食物的方式。

自改革开放以来，我国的通货膨胀一直是棘手的问题。1988年，我国的物价暴涨，上涨率达到18.5%，其中56%的原因是由于食品价格的大幅上涨。

作为一个拥有 14 亿人口的大国，保障食物的充足供应是维护国家经济稳定发展的必要条件。为了实现政府的主要政策目标，那些将控制通货膨胀作为重点的国家，必须将促进农业部门增加农产品市场生产作为其中心任务。

2. 农业为工业发展提供原料

一方面，中国的轻工业、纺织工业和工业原材料的 70%、90% 和 40% 均源自农业。2002 年，中国以农产品为主要原材料的轻工业，其总产值高达 27 141 亿元，在全国工业总产值中所占比重高达 24.5%。随着农业原材料的不断增加，它们的供应量也在不断提升，这有助于推动占据全国工业总产值 1/4 的经济部门的发展。另一方面，随着轻工业的迅猛发展，人们也越来越关注机械设备和其他生产要素，这也为重工业的发展提供了强有力的支撑。

保罗·贝罗赫在日内瓦大学的研究表明，1950—1970 年期间，工农业增长率之间存在着紧密的关联，即农业的衰退会导致制造业的减少，而且这种关联在每次农业衰退发生时都会变得更加明显。根据联合国的一项调查，随着农业的不断发展，印度的工业也将得到极大的提升，每提升 1% 的农业产量，印度的工业产量将会上升 0.5%，国家的经济总量也将上升 0.7%。20 世纪 70 年代，世界银行对 56 个国家的经济状况进行了深入调查，结果显示当农业增长率高于 3% 时，这些国家的国内生产总值的增长率往往会高于 5%，而当农业增长率低于 1% 时，这些国家的国内生产总值的增长率往往会低于 3%。

改革开放以后，我国农业经历了大规模的发展，这为国民经济发展创造了良好的条件。农业的表现在一定程度上反映了国民经济的整体情况。尽管在改革开放过程中也出现过波动，但总体上主要农产品供应充足，价格相对稳定，并为稳定社会秩序以及推动其他各项改革事业作出了重要贡献。农村的发展为城市居民提供了丰富的"米袋子"和"菜篮子"，满足了他们的食物需求，同时也促进了相关产业的发展，特别是以农产品为原料的轻工业得到了显著的提升。2002 年，以农产品为原料的轻工业产值达到了 27 141 亿元，占全国轻工业增加值的比例更是达到了惊人的 65.8%，这为国家经济发展作出了重要贡献。

3. 农业的市场贡献

在经济全球化的大背景下，市场需求的变化已成为影响国家工业和经济发展的重要因素。从全球范围来看，人口稀少的国家和地区，由于其国内市场规模有限，必须以国际市场为导向，而大国则可以通过拓展国内市场来实现经济增长，其中最具潜力的市场扩张规模和速度将会对工业和国民经济的发展产生重大影响。2023 年，中国总人口超过 14 亿，其中约 5 亿人居住在农村，占总人口的 35%。虽然农村人口的比例有所下降，但农业依然是大多数农村居民的主要生计来源。2023 年数据显示，农村居民人均可支配收入约 2 万元，尽管低于城市居民的 4 万元，但农村消费能力正在逐步增强。农业对 GDP 的直接贡献虽然相对减少，但它在经济中的间接作用仍然不可忽视。农业提供了丰富的原材料，支持了农村经济的发展，并且对工业品消费起到了积极推动作用。此外，农业在保障国家粮食安全和促进社会稳定方面具有不可替代的作用。政府对农业和农村的持续投资，包括现代农业技术的应用和基础设施建设，显示了农业在推动经济增长和促进社会和谐方面的核心地位。农村地区的发展潜力巨大，对中国未来的工业化和经济发展具有重要的驱动力。

农业作为一种母体性的产业，它不仅为社会经济发展提供了物质财富，还为市场提供了活力，吸引了资本，并且为外汇储备提供了支持。此外，农业还为其他行业的发展提供了动力。

4. 农业与其他产业部门之间的联系

产业之间的联系将使一个部门的生产和收入得到提升，从而推动其他部门的发展。通过研究产业间的联系，我们可以更好地评价一个部门在促进经济增长和发展过程中的市场贡献。此外，我们还能够利用估计系数来评价农业生产中的收益关系。农业的收入与其他行业的收入有很大的关联，提升农民的净收入，将会提供更多的就业机会，创造更多的新收入。

早期的人类社会，从采集、狩猎，到驯化和种植，其生产活动大多停留在农耕领域。当时的人们依靠农耕获取最基本的营养，所以他们的劳作总是优先考虑农耕。马克思曾经指出，所有劳动都以获取食物和进行生产为最终目标。随着农业的发展，劳动者不仅能够满足自身的需求，还可以获得更多的剩余产品，从而使农业与手工业得以分离。正如马克思所说：社会越是节省时间，就越有可能获得更多的时间来进行其他生产，无论是物质上还是精神上。农业的进步不仅给人们带来了安全、舒适的生存条件，而且也促进了人们对技术的熟练掌握，从而使得社会的分工更加合理、科技的进步更加迅速。正因如此，我们的国家才得以实现现代化，并且推动着文化教育的发展。

农业对于人类的生活至关重要，同时也为各个经济领域提供了支持。从早期的采集和狩猎，到后来的畜牧业和种植业，再到如今的农业和手工业的分工，以及机器工业的出现，人类的生活方式都在不断地发生着巨大的改变，社会分工变得越来越细致，各种经济部门彼此独立而又紧密结合，构成了一个完整的国家经济体系。从这一点上来看，农业是最早的生产形式，为人类社会的发展提供了重要的支撑，它不仅满足了人们的基本需求，也为其他行业的发展提供了必要的原材料。

　　农业不仅是推动工业化进程的重要动力，更是促进国民经济健康增长的基础。无论是最初的集市还是现代高速发展的市场经济，农业的发展都是不可或缺的一环。人类最早的交换行为始于农业活动，以获取丰富的剩余物资。随着商品交换的发展，许多农民开始从事商业活动，他们在特定的地点进行交易，形成了"市场"和"集市"这两种简单的商业模式，从而改变了农业的发展方向。

　　因此在某种程度上城市可以说是农业的"副产品"，是农业发展的结果之一。在后来的历史发展中，工业革命的兴起进一步推动了城市的发展。工业革命带来了生产方式的彻底改变，加速了城市的形成，也可以说城市的形成是一个以农业劳动生产率为基础的发展进程，这一进程可以用一句名言来概括："农业革命是城市诞生的时间，工业革命是城市组成的时间"。这一进程不是一个简单的概念，而是一个复杂的过程，涉及农业、工业和其他产业的发展。

（二）农业的文化功能

　　人类通过不断地适应并改变自然环境，形成了独特的文化。这种文化不仅影响着人们的行为，也使人们摆脱了野蛮的生活，从古代文明走向了现代文明，这就是人与动物的本质区别。文化差异是一个民族区别于其他民族的显著特征，国家之间的合作、竞争和冲突都反映了各自独特的文化背景。文化无处不在，贯穿于我们的日常生活之中。农耕作为人类历史上最古老的经济形式，其影响深远，并且一直延续至今，因此农耕也成为一种重要的文化表达形式。

1. 中国农业文化在维护中国传统文化的完整性和发展中扮演着重要的角色

　　中国农业文化源远流长，它不仅是中国文化的重要组成部分，也是中国文化发展的重要动力。中国拥有广阔的土地，从高原到平原，从山地到沿海，不同的地貌形态为农业提供了独特的地域特色。随着时代的进步，中国的农业文化已经成为一种独特的文化形式，它不仅拥有丰富的内涵，而且还能被继承和发展。几千年来，中国的农业文化成功地将数亿民众团结在一起，为中华民族的稳定和发展作出了巨大的贡献。

2. 中国农业文化的核心价值观仍然保持着强大的生命力

　　农业文化在现代社会中发挥了重要作用，它不仅可以弥补工业文化的不足，而且还能够改善人与自然之间的关系，使得人与自然之间能够更加和谐共生。然而工业文化所带来的"主客分立"思想，却使得人与自然之间的关系变得越来越紧张。中国农业文化理念强调"顺天"及"人与人的依赖关系"，这些理念可以纠正和弥补工业文明中的主客对立思想，并且重塑现代文化体系，以此来平衡人与自然、人与人之间的关系，从而满足人类的基本需求，同时也为社会的可持续发展提供了文化支撑。一些具有远见的思想家深入探讨了东方农业文明和西方工业文明之间的互补性，他们的观点发人深省。其中李约瑟认为，为了推动人类思想的进一步发展，必须进行新的文化选择，其中最重要的任务就是将欧美文化与中国文化融合在一起，以实现真正的文化多元性和创新性。罗素曾经指出，中国人在数千年的历史中，一直在探索和摸索适合自己的生活方式，并将其传承下去。

中国传统的农耕文明对现代文明的发展和创新起到了至关重要的作用。其中"天人合一"的理念更是强调了"万物各得其和以生，各得其养以成"中天、地、人三者之间的紧密联系，"泛爱万物，天体一体""民胞物与"则更进一步强调了仁慈、尊重、珍惜的"厚生"理念。在这一理念的指引下，我们应该节约、循环利用自然资源，尊重自然规律。这种"天人合一"的理念对于构建和谐的生态文明具有重要意义。

（三）农业的环境生态功能

随着科技的进步，人类与自然的关系已经从原来的依赖性转向了一种更为主动的互助性，从屈从到尊重、从利用到强化、从控制到改造、从协调到保护。从古至今，人们一直致力于探索更有效的方式来解决由地质和气候变化带来的生态环境问题，并且通过科学的管理，使得农业生产活动可以有效减少对自然环境的破坏。随着工业社会的兴起，人们不断地改变着自然环境，但这种改变却带来了极其恶劣的结果：它破坏了地球的生态平衡，破坏了地表的结构，破坏了生物的多样性，甚至导致了严重的生态灾难，威胁着人类的生存与发展。在工业化的社会中，农业也得到了现代化发展，化石能源、机械动力和农药化肥等现代科技的普及提高了粮食的产量。但与此同时随着全球变暖、沙漠化、土壤污染以及食品污染等问题日益严重，人类与自然之间的关系也变得越来越紧张。自 20 世纪 60 年代以来，各国开始关注人与自然的关系，解决全球环境生态问题已经成为全球共识。

农业的本质是利用自然资源（包括植物、动物和微生物等），来满足人类的需求，并且能够有效地促进自然资源的循环使用，因此采取适当的农业技术措施，可以有效地维持自然的平衡，促进生态的健康，同时也有助于保护我们的环境。

1. 环境问题

当前环境问题是一个严重的社会和经济问题，它严重地威胁着人类的生存。根据其产生的原因，环境问题可以分为两大类：第一类环境问题源于自然界的剧烈变动，例如火山爆发、洪水暴发和冰川融化等，在人类活动之前它们早已存在，而且还会持续不断地影响着人类的生活。第二类环境问题源于人类的破坏性行为，人类对自然资源的过度开发和滥用，导致了严重的环境污染和生态破坏。

2. 农业与环境的关系

一般来说，如果农业生产的开发强度处于合理范围，它可以有效地保护环境，提高环境效益；如果农业开发强度超出了合理的范围，就会导致负面的环境影响，甚至引发严重的环境问题。随着农耕的发展，采猎的比例逐渐减少，农耕的比例不断增加，且最终占据了优势地位，促使人类进入了农业社会。在此之前，土地可能是荒芜的，也可能耕种几年后又被抛弃，然后被重新开发，因为人类尚未完全定居下来。随着农业社会的到来，人们逐渐在一个地方定居下来，采用的耕作方式也发生了变化，原本贫瘠的土地被撂荒十多年，可能使得它们变得肥沃，从而重新被开发出来用于种植。定居与农业的发展为当地的自然环境带来了巨大的改变，田园风光和生物多样性的价值得到了极大的提升，从而使得当地的经济、文化及社会等都有了显著的进步。

3. 农业与生态系统

生态系统是一个复杂的结构，由多种生物群落、无机环境、消费者、分解者以及非生命物质五个要素构成，这些要素相互作用，共同维持生态平衡，促进生物繁衍生息。绿色植物在生态系统中扮演着至关重要的角色，它们不仅仅是自然界的一部分，而且还拥有自己的化学反应能力。自古以来，这些植物就在持续不断地发挥着自己的功用，以满足生物生存的需求。通过科学的技术手段，农业可以从最基本的无机物中获取多样化的有机物，来满足人类的日常生活需求。此外，农业还可以充分利用自然界的资源，改善和保护生态环境；若农业活动未能得到妥善安排和合理管理，将会严重破坏生态平衡，并可能导致多种环境问题。

4. 农业与田园风光

自古以来，世界各地都有众多优秀的音乐、诗歌和文学作品，其中贝多芬的《田园交响曲》尤为著名。这首曲子描绘了田园生活，从初次见到田野景色到溪边美景，再到村民欢聚一堂，最后到雷电闪烁、暴风雨肆虐，最终停在牧歌——暴风雨过后，欢庆而又感恩。陶渊明在《归园田居》中写道："少无适俗韵，性本爱丘山。误落尘网中，一去三十年"质朴的诗句，对田园生活所独有的诗情画意作了最深刻的描绘。梭罗的《湖滨散记》将他在瓦尔登湖畔居住两年的珍贵体验，以几行诗的形式完整地展示出田园生活的美妙，给我们带来了一份无与伦比的宁静，一份对于追求自由及丰富内心世界的渴望，而这一切都只有在宁静的田园环境中，才能够被完全实现。中华民族的传统思想认为，田园风光不仅仅是一种自然的和谐，更是一种社会的发展，其中蕴含着政治、经济及文化等多种因素的综合作用。现今，田园风光不仅仅是一种审美的客体，也为人们提供了娱乐和休闲的场所。根据农耕文化的分类，田园风光可以分为四种类型：平原农耕型、草原畜牧型、山林采猎型和江湖渔业型。

（1）平原农耕型　平原地区土壤质地良好、水源充足，使得当地的农耕活动得到了极大发展。除了传统的农耕技术外，还出现了畜牧、渔猎等多元化的经济活动，从而形成了"丰富"的农耕文化。在自然村庄里，人们的血脉关系十分紧密，尽管家庭是经济活动的基础，但宗族组织也在历史上扮演了重要的角色。这种乡土风情主要表现为以家庭为单位进行农耕、牲畜饲养、蔬菜栽培及农业建筑的构筑。在平原地区，农业活动的特征表现在田地的脉络、作物的品种以及种植和养殖的方式上，这些因素使得这里的景观充满生机又独具特色。

（2）草原畜牧型　在边远地区，草原畜牧型的自然环境通常是干旱、开阔的荒漠草原，这些地方大多是少数民族的聚居区，他们的农耕方式主要依靠牲畜的饲养和牧放，他们以食肉乳、衣毛皮为主。他们的生活并非完全的游牧，而是在一定范围内定居。草原畜牧型田园风光以其广阔的空间、自然悠闲的牧业活动以及丰富多彩的民族文化为特色，其中包括居住方式、服饰、饮食和宗教等，这些元素结合在一起，形成了一种独特的牧歌式的美。此外田园风光还融入了草原、牧区、牧人、房屋以及民族风情，使其更加丰富多彩；民族风情反过来又为田园风光增添了独特的人文元素，使其更加生动而迷人。

（3）山林采猎型　主要分布于山区，其特点是耕地稀缺、野生动植物资源丰富，交通条件落后，经济发展水平不高，农业以采捕为主，同时还会发展一些其他的产业，如采矿等。这种田园风景的组成部分包括：美丽的景观、茂密的森林、丰富的野生动植物及清新的空气。它的独特之处在于，山峦的秀美与溪流的悠扬等，各样的景色都能让人感受到大自然的奇妙之处。在这里，你可以欣赏到各式各样的景观，从登高的台阶到自然的小径，每一步都能让你领略到不一样的美景。

（4）江湖渔业型　是一种广泛存在于各地的传统农耕活动，活动区域包括江河、湖泊和海滩。渔民通常会选择乘坐船只出海捕捞，白天出海，晚上停靠在岸边。渔民住在海边，他们在海上捕捞季节性强的鱼类。当大鱼汛来到时，他们会在海上划船，甚至夜晚都会灯火通明，非常繁忙；休汛时，男人造船，女人织网。这种田园风光的主要元素包括：水、山、礁石和渔船，它以水为主，宁静的时候，水面宽阔，让人感到心旷神怡；惊涛骇浪的时候，则会让人对自然产生敬畏之情。山体和礁石给水色增添了一份神秘的气息，水鸟、芦苇以及水天相连的景色，更是让人流连忘返。

四、农业多功能评估方法

评估现代多功能农业的方法包括：物质指标评估法、价值量评估法和基于能值理论的评估法。这些方法可以帮助我们更好地了解农业的发展情况，并为其未来的发展提供建议和帮助。

1. 物质指标评估法

通过物质指标评估法，可以准确地衡量现代多功能农业所提供的物质和能量的数量，并将其转化为可视化的实体，从而更加客观地反映现代多功能农业的发展状况。通过使用物质指标评估法，我们可以更加准确地衡量各个地区农业的多样化价值；然而这种方法也存在一定的局限性，因为它无法让人们充分认识到现代农业的多样化价值。我们可以通过这种方法更准确地识别农业的经济和生态效益，但是此方法不适合识别其他重要功能。我们发现现代多功能农业的各项功能的价值取决于它们的数量，这使得我们难以将它们的总和作为一个整体来进行综合分析。

2. 价值量评估法

通过价值量评估法，可以准确地衡量和评估现代多功能农业的价值，这一方法以货币价值为基础，可以更加全面、更加准确地反映现代多功能农业的发展状况。通过采用货币量作为衡量标准，我们可以更加全面地评估农业的价值，从而更好地了解其不同功能的特点，并且也可以通过比较相同功能下的各项指标的价值，更加深入地了解现代多功能农业，并进一步吸引更多的关注和投资。尽管价值量评估法可以用来衡量多农业功能的价值，但它也存在一定的局限性，比如支付意愿法，它涉及人们对现代多功能农业的主观评价，这使得评估结果存在不确定性和不一致性。

3. 基于能值理论的评估法

经过多年的研究，美国系统生态学家将系统生态学、生态经济学和能量生态学等理论有机结合起来，于 20 世纪 80 年代末提出了能值理论及其相关的分析方法。"能值"是指物体内部所储存的太阳能的数量。"能值"理论的数据来自各种矿产、生物质能源、工业原料和服务，它们都是从太阳辐射中获得的，因此我们可以用它来评估这些物体的价值。与传统的经济学方法相比，这种计量方法更加灵活，可以更好地反映出个体的主观意愿，从而更加精确地衡量出各类资源和产品的价值，以便于进行更加客观地评估和分析。

小结

本小节主要介绍了农业多功能的理论基础及其研究进展。农业多功能作为一个重要的概念，在农业可持续发展方面具有广泛的意义和深远的影响。过去，农业主要被认为是生产农产品的行业，但随着社会的发展和对农业功能的重新认识，这种传统农业观念开始发生转变。之后，农业多功能概念逐渐被提出，它强调农业不仅仅生产农产品，还具有其他重要的社会、经济和环境功能。农业多功能包括了农业的多个方面，涵盖了社会、经济和环境等不同领域。这一概念的提出拓宽了人们对农业的认识，使农业发展更加全面和综合。随着国内外学者对农业多功能研究的日益深入，国内在这方面也取得了一些显著的成果，这些研究为我们更好地认识和实践农业多功能的理念提供了重要的理论和实践支持。农业多功能还涉及社会、经济和环境等多个维度：在社会维度，农业可以通过文化传承、社区发展和提供社会服务等方式，为社会作出贡献；在经济维度，农业可以通过市场导向和创新经济模式实现经济可持续发展；在环境维度，农业可以通过生态系统保护和资源可持续利用等方式促进环境保护。最后，农业多功能的实现需要有效的评估方法，包括定量指标与指标体系的构建，以及定性评估与案例分析的应用。通过这些评估方法，可以更好地了解农业多功能的实际效果及存在的问题，为农业发展提供科学的指导。

第二节　艺术美学与农业景观

一、农业景观美学理论

（一）自然美学

1. 自然美的性质

李泽厚在其《美学四讲》中概述了关于"自然美"的观点，虽然许多美学理论家将其排斥在美学领域以外。黑格尔指出，艺术美是一种超越自然的美，它源自心灵，并且通过再生可以不断发展，因此艺术美的价值远远超过自然美。也就是说，尽管自然美也是一种美，但它不是由心灵而来的美，也不是由心灵再生的美，因此不能成为真正的美。克乃夫·贝尔提出"美"是"有意味的形式"的观点，认为自然风景不是"有意味的形式"所描绘的美，因此它们不具有真正的审美价值。李泽厚认为"就美的本质说，自然美是美学的难题。"他接着说，如果自然美来自主观的情感，那为什么有的自然对象美而另一些不美呢？

如果我们认为美源于自然界的色彩、形态和姿态，那么这些美的元素又是如何引起人们的审美愉悦的呢？李泽厚的"美的客观性和社会性相统一"和"自然的人化"被视为一种哲学思想，它们把自然界的一切都抽象化，从天空到大海，从沙漠到荒山野林，没有经过人类的改造，但却可以被人类理解和利用。"自然的人化"意味着人类对自然的改造，这一改造使得社会进入一个新的阶段，从而改变了人与自然之间的关系。在这种情况下，"善"只能作为一种表面现象，"真"则只能作为一种内在价值，可以说，自然美不可能离开人而独立存在。

因此，黑格尔坚定地认为："有生命的自然事物之所以美，既不是为它本身，也不是由它本身为着要显现美而创造出来的（生命与美的关系）。自然美只是为其他对象而美，也就是说，为我们，为审美的意识而美（自然美的相对性）。"因此可以说，无论自然万物具有哪些可以构成美的属性，都无所谓美丑，只有它与人发生了关系，才是美的，它的存在才具有了意义。自然与社会之间的差异极其微妙，因为在当今世界，它们都构成一个复杂的整体，与我们共同构建一个更加完整、更加丰富多彩的世界。虽然自然美蕴藏着丰富的人文内涵，但为了更好地探索，人们仍将其与社会美进行了区分，同时我们必须清楚地认识到，这种划分只是相对的，并非完全的、绝对的。

自然美可以被定义为一种独特的美，它不受人为干预，而是由自然界中的元素所构成的"天然存在"，是一种与人为干预形成鲜明对比的美。自然的美可以从多种角度来体现，比如清晨的曙光、朗月清风中的奇特植物、绿水青山中的珍稀动物、宝石珊瑚、溪流漱石和林间的天籁等。在整个自然界，我们能发现各种各样的美，从动物到植物，从矿物到天文现象，从地理现象到气象，它们构成了一幅完整的画卷。它们当中有些完全来源于大自然，让人们惊叹不已；也有一部分，尽管受到了人为影响，比如花卉、森林、竹林等，但它们仍然是大自然赋予我们的，而非人为创作。

2. 如何让自然物体成为美的重要组成部分，并承担起其物质责任

虽然自然物具备其独特性，但这种独特性并非完全由人的主观意愿所决定，也不受人类存在与否的限制；相反它们所具备的独特性可能会带来美感，因此美感可以被视为一种超越自然物的更高层次的系统特性。尽管自然美可以被视为一种独特的存在，但其与人类之间仍存在着某种联系，即使这种联系被认为是虚构出来的。自然物及其拥有的特性赋予了自然美以实际意义，从而使得它们成为人类文明中最重要的组成部分。那么，自然界中什么才能够真正让它们变得如此美丽？根据一些学者的观点，自然界的美丽源于它被人类改造和利用。"自然的人化"指经过几十万年的生产斗争，人类已经从自然界的仇敌转变为朋友，这种转变已经深深影响到了整个社会生活。自然美的社会性质是有益于人类的、积极的、有利的社会特征。

（1）实用功利关系　人类通过与自然界的交流来获取物质和能量，许多自然资源也成为满足人们日常生活需求的重要来源。这种需求的满足不仅仅是一个动态的进程，更是一种实用性的行为，不受审美的限制。

（2）实践关系　人类在追求生存和发展的过程中，必须充分利用自然资源，并将其视为我们的工具，以便更好地改善和利用它们，从而获得我们所期望的结果。尽管这种关系并非审美，但它与自然的美息息相关。

（3）认知关系　人类的生存与发展离不开对自然界的理解，并将这些理解应用于日常的活动，因此我们必须深入研究它的规律，从而使我们的社会得到持续的进步。随着人类的不断进步，许多自然现象和规律已经从原本的自然状态转变为人们可以理解的对象，"对象化"也正是这一转变的重要体现。这种转变不仅仅是一个审美的过程，更是一个深刻的进程。随着人类对自然现象及其规律认知的不断深入，"对象化"也在不断发展，从原本的自然状态逐渐转变为人类可以理解的对象，这种转变与审美观念无关。

（4）审美关系　人类对自然界的审美，是通过感性形象来表达人类的生命、个性、力量和理想。大自然就像一面镜子，它可以反映出人类的行为，让我们看到自己的影子。美的根源在于人类，虽然我们无法想象美如何通过人类的行为和言语传达给大自然，大自然又如何能够准确地反映出人类的审美。随着"自然美"的出现，一个新的概念产生了，它超越了自然界本身，它的存在使得我们能够从一个更加宏观的角度去看待它，而不再局限于传统的实体主义。

自然界的美可以通过多种不同的方式来创造，其中一种就是通过人类的努力。一些自然界的东西，正是因为人类的努力，才能够被赋予独特的魅力和价值。经过人们的努力，原本荒芜的山坡被一片片绿色的梯田所取代，原本不美丽的景象也因此变得更加美丽。梯田与绿树，不仅仅是一种视觉效果，更是人们用心灵、勇气、梦想和热爱来塑造自然环境得到的精神财富。经过重塑，这片曾经荒芜的土地已经变成了一片繁荣的景象，令人惊叹的是，这里的一切都展示了人类的强大、智慧及人类对梦想的追求。当人们欣赏它时，不是仅仅将其视为人类劳动的结果，而是将其视为一种审美，从而获得快乐。

人类对自然界的审美背后潜藏着更多的价值与意义。通过人类的审美机制，我们可以将具有挑战性的事物转化为令人满意的艺术品，这种审美的满足感激励我们不断地改善和利用自然环境，并且激励我们不断地探索和创新，从而形成一种强大的动力，来推动和调节我们的行为，促进社会的发展。这种审美机制体现了自然的智慧，根据一些人类学家的研究，那些居住在偏远的森林里的当地居民，他们极其热爱那些经过人为操作改变了的自然环境，并且表现出人类思维的东西，即使这些东西仅带有一点点的人类文明的痕迹。这种审美机制将有助于拓展人类文明的边界，让我们能够走出荒芜的大地，摆脱愚昧与野蛮的束缚。

许多自然风光都是经过人为改造和装饰的，比如杭州的西湖、北京的颐和园及圆明园等，这些改造和装饰并没有削弱自然风光的美感，反而使其更具吸引力和艺术性。通过园林艺术家的巧妙构思，以及工人的不懈努力，他们把自身的思维与技能融入大自然的美丽画卷中，使其变得更加完整、富有魅力。

若除去社会因素，自然景观中的人造元素只要符合美学原则，就不会对其美感造成影响，反而可以为其增添更多的美感。在山上和河边，在茂密的绿树丛中，建造一些凉亭和小阁楼，这样不也很好吗？这些都是经过人类实践活动产生的，它们的美似乎并不属于自然界。虽然园林被认为是一种艺术形式，而非纯粹的自然美，但仍有许多人会把它放入自然美讨论的话题中，因为它的存在可以给我们带来独特的视觉体验。虽然自然、社会、艺术三者之间存在着明显的界限，但仍然存在着共性，比如园林设计既具备了艺术性，也具备了自然性，因此当谈及这两者时，我们可以从多个视角去探索。通过象征性的手法，我们可以将自然界中的事物转化为人类可以理解的形态，从而使其成为一种有意义的审美体验。

3. 自然美的层次

有人认为自然之美与社会现象的美一样，都是一种客观存在，具有深远的社会意义和影响力。然而此言论可能存在片面性。自然之美无处不在，但它的多样性却有所限制。根据其内涵，我们将其划分为形式美与社会美两个层面，它们可以单独存在，也可以融入某种特定的文化氛围中。

（1）自然界的形式美　自然界的美景无穷无尽，从五彩缤纷的花朵、绚丽多彩的植物、闪耀着金属光芒的矿物，再到鸟儿的和谐鸣叫、水面上的涟漪及天空中的云霞，大自然的多样性令人叹为观止，无数美景令人叹服。"天地之文章"被视为一种神秘的、充满智慧的自然形态，它蕴含着无穷的奥秘，可以激发我们探索宇宙奥秘的好奇心。尽管它并非以实物为基础，而是一种抽象的、充满智慧的概念，但它的思考模式却远远超越了实物主义。

人们为什么会将自然界中的色彩、形状和声音组合成一种独特的审美形式？这不仅仅是因为自然界的特性，更是因为人类对这些元素的理解和欣赏。自然界的美丽之处，除了整洁、协调、对称、平衡、比例、主客、层次、活泼及完美之外，还有各式各样的统一，让人眼花缭乱、惊叹不已。它们不仅仅是形体上的，更是声音上的，构成了美的形式。从人类的系统发展，也就是种族演化，我们可以找出这些形式美丽的原因。人类的身体结构、生理机制和行为规范，都蕴含着秩序、对称、平衡、主次、层次、生动、完整及多样性等元素，人类的生存和发展离不开这些元素，它们的重要性不可忽视。如果它们遭到破坏，人类可能会失去生存的机会，因此我们必须努力保护它们，以确保它们能够得到充分的保护不被破坏。

（2）具有一定社会内容的自然美　自然美有着丰富而复杂的表达方式，从宏观到微观、从抽象到具体、从物质到形式、从生活到文化、从个体到群体、从自然界到社会，都能够深刻反映出个体的价值观、行为准则、思想观念、心理状态及其所拥有的力量。作为"唐宋八大家"之一的苏洵，人们在他的庭院里可以看到有条理的植物景观，它们展示出一种尊贵、平等、互相尊重的美学意象，这表明自然界中的美丽与其所处的社会环境密切相关，并且随着时间的推移会不断演变，人类的社交圈子和自然环境发生了巨大的变化，从而影响到人们对自然的审美观念，以及他们理解和欣赏它的方式。然而苏洵的观点与我们今天对于相似的自然现象的认知有着本质的差别。

蜜蜂的勤奋的形象深入人心，它们翩翩起舞，在花间穿梭，把甜蜜洒向大地，象征着人类社会中的勤奋，这种精神，也成为一种审美的象征。苏州的四棵古柏，被誉为"清、奇、古、怪"，它们拥有两千多年的历史，在无数风雨雷电的洗礼下，仍然屹立不倒，虽然一棵已经偃卧在地，但它的根部依然坚硬如铁，老干上又长出了新枝，仿佛在挣扎着重生。人们赞叹它的顽强意志，它代表了一种勇敢的精神，即使面对艰难险阻、遭受折磨，也能够坚定地抵抗邪恶势力，展现出不屈的生命力量。在自然界中，形式美与具有深刻社会意义的内涵美是相互交织的，它们经常被融为一体，构成了一个完整的整体。

4. 自然景观的多元统一

陈望衡指出，随着环境美学的不断发展，它与传统美学的差异越来越明显，因此美学的重点已经从艺术转向自然，并且它的哲学基础也从人文主义、科学主义和生态主义拓展到了更加宽泛的领域，以满足不同的需求，而且它正在向着更加实用的方向发展。春日郊游时，"自然景观""自然风光"的美景让人惊叹不已，自然景观与人文景观完美结合，让人心旷神怡，流连忘返。这样的美景不仅仅是一个笼统的概念，更是多种元素的完美结合，它带给人们的愉悦感受，也是多种感情元素的完美结合。

在自然风光中，我们可以感受到许多不同的美。除了传统的自然风光，园林风光也同样迷人。园林风光不仅具备自然的美，更具备艺术的魅力。在游览区，我们可以欣赏到各种历史遗迹和文化遗产，从而体验到不一样的社会风情。在碑刻题咏中，不仅包含了诗词、文赋、书法等传统艺术形式，还融入了丰富的现代科技和技术。这种结合使自然景观的美得到了极大的丰富和提升。碑刻不仅为游客提供了视觉上的享受，还能够激发深层次的精神和文化价值，使观赏体验更加深刻和有意义。

谈及自然景观和旅游资源开发，人们常常会偏重自然美的一个方面，而忽略了文物古迹等其他因素。若忽略了自然景观中的认知性要素，将无法充分领略其独特的魅力，"剑门天下险，青城天下幽，峨眉天下秀，九寨天下奇"，这些具备审美性与认知性的自然景观，正是我们应当珍视的宝贵财富。人们对秦陵兵马俑的热爱源于他们对古代中国艺术的深刻理解，他们希望能够从中获得更多的知识，以便更加深入地探索两千多年前的历史。杜牧面对赤壁之战留下的残破的折戟，仍然坚持"自将磨洗认前朝"，这表明人们对知识的渴求是极其迫切的；黄石公园（图 4-1）位于美国的科罗拉多州，它的火山景观令人叹为观止。

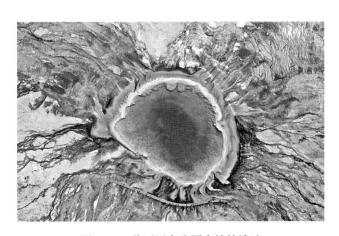

图 4-1　黄石国家公园大棱镜泳池

除了审美价值，自然景观还具有实用功利价值，这些价值不仅能够给我们带来愉悦的感受，而且也是物质多样性的体现，因此自然景观不仅仅是美丽的，它也能够带来实用功利价值。"美感"所带来的生理和心理快感，往往与美感同时出现，因此人们往往不加区分，只是将其简单地称为"美感"。然而，作为科学的认知，我们必须仔细分析它们之间的区别。"实用功利价值"是一个以价值论为基础的广泛的哲学概念，它的内容可以用一个"益"字来概括，它涵盖了价值论的各个方面，为人们提供了一个全新的视角来理解世界。

（二）农业景观与自然美学的关系

农业景观作为人类通过农业活动所创造的人工景观，与自然美学的研究领域相互交融，共同探讨自然环境中美的产生、感知和评价。以下将详细阐述农业景观与自然美学之间的关系，包括其美学价值、情感回应和可持续发展等方面。

1. 美学价值

农业景观本身具有丰富的美学价值。它包含了大量的自然元素，如土地、水体、植被和动物，通过农田、果园、农舍等人工构筑物与自然元素相互融合。农业景观中的自然元素和人工构筑物相互映衬，形成一种独特的美感，例如金黄色的麦田、翠绿的稻田、硕果累累的果园等景象都给人以美的享受和愉悦。

2. 情感回应

农业景观可以引发人们多样化的情感回应。农田、果园、农舍等景象常常给人以宁静、平和与放松的感觉，使人们远离城市喧嚣和繁忙的生活。同时，农业景观也能够唤起人们对大自然的敬畏、感激和赞美之情感回应。农业景观中的自然元素和农业活动与人们的情感紧密相连，人们对丰收的喜悦、对大自然的敬畏、对农民辛勤劳动的敬佩等情感在农业景观中得以表达和体验。此外，农业景观还能够唤起人们对自然生态系统的关注和保护的情感，使人们意识到自然与人类生活的密切关系，从而培养起环保意识和生态伦理观念。

3. 可持续发展

农业景观与自然美学的关系还体现在可持续发展的角度上。农业景观的设计和管理可以注重生态系统的保护和可持续利用，以促进生物多样性的维护、土壤的保持和水资源的合理利用。这种可持续发展的观念与自然美学的关注点相契合。农业景观的保护和管理措施可以通过有机农业、农田保护和农村环境规划等手段来实现，以确保农业活动对环境干扰的最小化，保护农业景观的自然美学价值和生态系统功能。

农业景观通过自然元素的融合、视觉吸引力的创造、季节性的变化、情感回应的引发以及可持续发展的实践等方面，与自然美学的理论和实践相互交织。理解和探索农业景观与自然美学之间的关系有助于人们更好地欣赏和保护农业景观的美，促进可持续农业发展，并提升人们的生活质量和精神层面的满足感。

（三）农业景观设计原则及其审美价值

农业景观设计原则是指在规划和布局农业景观时所遵循的一系列准则和原则，旨在创造出美观、功能合理、可持续发展的农业景观。以下将详细阐述农业的景观设计原则及审美价值。

1. 设计原则

（1）景观结构与组织　考虑到农业景观的地形特征，利用地势的起伏和坡度，进行合理的景观布局和构建。合理利用的地形起伏可以创造出层次感和景观的多样性，提升景观的美观性和观赏性。将农业景观划分为不同的功能区，如农田、果园和畜牧区等，并通过道路、小径及绿化带等连接不同的功能区域，实现景观的连贯性和流动性。在景观设计中设置视觉重点，如农舍、景观节点和水体等，以吸引人们的目光和注意力。同时考虑景观中的视线导向，使人们能够在景观中体验到流动的视觉效果和连贯的景观。

（2）可持续性　①水资源管理方面。采取合理的灌溉系统、雨水收集和利用系统，减少水资源的浪费和过度使用；通过设计合理的水体布局和植被选择，实现水资源的节约和循环利用。②能源效率方面。在农业景观设计中考虑能源的使用效率，如合理布局农舍和设施，利用太阳能、风能等可再生能源来满足能源需求，减少对传统能源的依赖。③土壤保护与改良方面。通过采用合理的耕作方式、土壤保护措施和有机农业方法，保护土壤的肥力和结构，减少土壤侵蚀和污染，促进土壤生态系统的健康发展。④生物多样性保护方面。通过保留和恢复自然生境、采用生物多样性的农业实践，为农业参与者提供适宜的栖息地，保护和促进农业景观中的生物多样性。

2. 审美价值

农业景观作为人类通过农业活动所创造的人工景观，在其自然元素和人工构筑物的相互融合中具备了丰富的审美价值。以下将详细阐述农业景观的审美价值，包括其自然美感、人文意义、季节变化和艺术表现。

（1）自然美感　农业景观融合了自然元素，如土地、水体、植被和动物，形成了一种自然美感。金黄色的农田、翠绿色的稻田、果园盛开的花朵等景象都给人以美的享受和愉悦。农业景观中的色彩、形状、纹理和空间布局等方面也展现了丰富的美学特征，如美丽的曲线、和谐的比例、丰富的层次等。这些自然元素的组合和排列使得农业景观呈现出独特的美感，给人们带来视觉上的享受和满足。

（2）人文意义　农业景观承载着人类的历史、文化和情感，具有浓厚的人文意义。农田、果园和农舍等景象常常让人们联想到农耕文化、乡村生活和农民的辛勤劳动，这些景观成为人们对于乡村和家园的归属感的象征，激发人们对乡村生活的向往和情感的共鸣。农业景观中的文化遗产、农耕传统和农民智慧等增加了农业景观的审美价值。

（3）季节变化　农业景观在不同的季节和时间段呈现出多样的变化，使得人们可以体验到季节性的美感，春天的新绿、夏季的丰收、秋天的金黄和冬天的宁静都给人们带来了不同的视觉、听觉和情感上的体验。这种季节性的变化让农业景观成为人们感受自然律动的场所，增加了其审美的动态性和丰富性。

（4）艺术表现　农业景观具备艺术表现的潜力，可以成为艺术家创作的灵感源泉和艺术作品的题材，农业景观中的自然元素和人工构筑物提供了丰富的艺术表现材料。艺术家可以通过绘画、摄影、雕塑等艺术形式来捕捉农业景观中独特的光影、色彩和纹理，展现其独特的美学价值。农田的起伏、果园的排列及农舍的建筑风格等都可以成为艺术作品的创作主题。艺术家通过对农业景观的艺术再现，不仅展示了其美感，还传递了关于人类与自然、劳动与生活等主题的深刻思考和表达。

二、艺术元素在农业中的应用

（一）农田艺术与农业标志物

农田艺术是一种独特而富有创造力的艺术形式，它将农田和农耕活动作为艺术创作的主题和媒介，表达出对农业景观的独特理解和对艺术创作的追求。农田艺术在表现形式、意义和影响等方面具有丰富的内涵。

农田艺术的表现形式多种多样，包括绘画、摄影、雕塑和装置艺术等。在绘画方面，艺术家可以运用油画、水彩及素描等绘画技巧，通过色彩的运用和构图，将农田的景象、土地的质感和农作物的生长状态等表现出来。绘画作品可以捕捉到农田的细节和氛围，让观者感受到农田的独特之美。摄影是另一种常见的农田艺术表现形式，通过摄影记录农田的景象、农耕活动和农民的劳动等，呈现农田的真实性和生动性。摄影作品能够捕捉到农田的光影、颜色和纹理，让观者感受到农田的生命力和美感。此外，一些艺术家还通过雕塑和装置艺术等方式来创作农田艺术作品，通过雕塑的形象和装置的布置，将农田的元素与艺术创作相结合，展现出独特的魅力。

农田艺术不仅仅是一种艺术形式，它还具有深刻的意义和影响。首先，农田艺术通过将农田和农耕活动作为艺术创作的主题，使人们对农业景观产生新的认识和理解。它将农田从日常生活提升到艺术的高度，让人们重新关注农田的美感和价值。其次，农田艺术展现了农耕文化的内涵和价值，通过艺术作品传递农耕文化的智慧和传统，增强了人们对农耕文化的认同和传承。

农业标志物是在农业领域中具有象征意义的符号、图案或物体，它们代表着农业活动、农产品或农村地区的特征和身份。这些标志物在农业发展、品牌推广和文化传承等方面具有重要的作用。

首先，农产品标志物是农业领域中最常见的标志物之一，它们通常是用于标识和区分农产品的商标、包装设计或标识形式。农产品标志物通过独特的标识形式和设计风格，传达出农产品的品牌形象、质量保证和地域特色，例如一些地区的特色农产品会设计独特的商标和包装，如土特产标志、地理标志等。这些标志物不仅能够增加产品的辨识度和竞争力，还能够促进地方经济的发展和农产品的市场推广。

其次，农村地区标志物代表着农村地区的特征和文化传统。它们可以是标志性建筑物，如农舍、村庄门楼等，也可以是具有象征意义的农耕工具、乡土植物等。这些标志物展示了农村地区的历史文化、民俗风情和生活方式，具有文化遗产保护和旅游推广的重要作用。农村地区标志物不仅能够增强地方的文化认同和凝聚力，还能够吸引游客和促进乡村旅游的发展。

此外，农业节庆标志物用于标识和宣传农业节庆活动。它们通过独特的形象和设计，传递出节庆活动的主题、意义和庆祝氛围，例如一些农业节庆活动会设计专属的标志、旗帜和装饰物，如丰收节、农民节等。这些标志物不仅能够吸引人们参与节庆活动，增加活动的热闹氛围，还能够传承和弘扬农业文化。另外，农业科技标志物用于标识和代表农业科技领域的创新和发展。随着科技的进步和农业现代化的推进，农业科技标志物成为展示农业科技成果和推广科技农业的重要方式。

（二）农业文化与创意农业

1. 创意农业政策研究

创新性是农产品获得消费者青睐和市场竞争力的重要因素。《地域振兴设计理论》提出了一种将地域文化和历史融合在一起的独特风格，这种风格在农业资源的开发和利用中发挥着重要的作用。中国乡村拥有独特的自然环境和地理位置，这些条件为乡村文化提供了丰富的资源，并且在这些资源的基础上形成了形式多样且内涵丰富的文化。创新农业是一项极具挑战性的系统工程，它以丰富多彩的乡村文化和先进技术为基础，打造出具有独特地域特色的产品，以满足消费者的需求，并通过个性化设计和市场定位策略来满足不同消费者群体的需求。因此创意农业能够建立多层次的农产品供应体系，并具有较强的营利能力。

很明显，乡村文化的多元性对于促进创新型农业的发展至关重要。2019年，中央1号文件突出强调"繁荣兴盛农村文化"，通过坚持物质文明和精神文明一起抓，不断提升乡村社会文明程度。着力推动农村传统文化的创新性转型，努力营造多元、活跃的乡村文化环境，促进乡村文化的繁荣与发展。2015年联合国可持续峰会的《2030年可持续发展议程》更加强调了尊重不同种族、不同民族、不同文化的多元性，同时也强调了平等的机遇，从而激发了每个人的潜力，为实现全球的繁荣发展作出了积极贡献。"文化多样性"的重要性在《世界文化多样性宣言》和《保护和促进文化表现形式多样性公约》中得到了强调，随着时代的发展，许多早期发展的国家和地区都在努力利用本土的文化资源，开拓出具有创新性的农业实践，以满足当下的需求，以期待获得更多的成果。

为了促进农村的现代化和有效地解决"三农"问题，大力发展创新型农业，学术界也在不断寻求促进国内创新型农业发展的有效方法。具体来说，政府可以制定相关的发展计划，定期组织创新型农业比赛，并颁布奖励政策，来激励农民参与到这一领域中来，以促进农村现代化和"三农"问题的有效解决。通过实施一系列有助于推动创新的框架性政策，许多地区的农业发展已经取得了长足的进步。

2. 乡村文化形态及其创意农业实践

深入探究乡村文化及其多样性对于制定和实施创意农业政策至关重要。乡村文化是一种独特的文化现象，它源于当地居民长期以来的生产和生活实践，具有深厚的历史底蕴和丰富的文化内涵，是一种具有集体意识和共同价值观的传统文化。根据文化地理学的理论，乡村文化可以划分为物质性、制度性和精神性三个层次，它们构成了乡村文化的独特性和多样性，为当地社会发展提供了重要的支撑。乡村的文明、经济、政治、道德、法律、宗教、信仰、传统、文化、习俗和价值观等，都源自古老的人类社会实践，它们之间的交流和相互影响，构建了完整的、具有深远意义的乡村文明。通过将乡村文化融入创意农业，可以创造出丰富多彩、独具特色的产品、农业景观和体验活动，单福彬和李馨将创意农业的地域特色表现得淋漓尽致，并将其归纳为四种主要形式，以此来展示不同乡村文化资源的独特魅力：以乡村文化为基础的创意农产品、蕴含乡村文化的旅游项目、以乡村文化为核心的特色节庆活动以及具有文化特色的生产区和休闲景区，这些都可以为农业发展提供新的思路和可能性。

通过创新思维的引领和完善的保障措施，我们可以充分利用并发挥乡村文化资源优势。各地政府应当加大对乡村创意农业的投入，建立专门的文化基金，以促进乡村文化的发展。随着创意农产品、旅游项目和艺术设计等的发展，它们可能会被过度商业化，从而使传统乡村文化失去其本质的真实性和完整性，这将对乡村文化的发展产生不利影响。为了有效激励和培养优秀的创新思维，我们必须构建一套优质的创新型农业品牌，以确保其长久稳定的发展。农业农村部门要积极利用丰富多彩的乡土文化，从农业生产、农民经营和农村发展思想三个角度出发，把创新思维与乡土文化元素结合起来，有效提升农业资源的价值，推动当前国内创新型农业的发展。通过引入全新的经济动能，推动乡村经济的可持续发展，助推国家乡村振兴的宏伟目标。

3. 创意农业的基本内涵

创意农业旨在将创造力驱动、科学管理和智慧服务等方法应用于农业，创建全新的、具有多种功能的农业产业链，促进城乡产业、经济及社会等各方面的协同发展，从而构建一种全面的、可持续的现代农业发展模式。为了更清楚地理解创意农业的内涵，我们需要将它与其他农业发展模式区分开来，并从以下几个方面来加以阐述：

第一，创意农业应当尊重农业的基本特征，并且遵守"社会事实"的规定。这并不意味着"工商资本家"或"农民精英"应该鼓励农业发展，而是要求农业发展者以创新的方式（creative ways）来实现农业的发展。农业作为一种自然再生产和社会再生产的综合性行为，其发展模式必须以对农业生态系统结构与功能的深入理解为前提，而良好的空气、水体和土壤等环境条件，以及当地独特的文化资源，则是实现创意农业的关键因素。"社会事实"规定了创新农业的基本原则，但我们必须充分考虑当地的地理位置、自然条件及文化传统等多方面的因素，才能够有效促进创新农业的持续发展，否则即便是最出色的创新也有可能不能产生好的效果，从而阻碍其长期发展。利用本地的自然环境、丰富的农耕经验、独特的历史文化以及劳动者智慧，我们将为创新型农业的发展奠定坚实的基础，并为其带来独特的创新型农产品与活动。

第二，创意农业发展必须充分尊重农民的权利，发挥他们在农业产业化中的主导作用。不管采取哪种形式，都要让农民获得最大的收益，从而改善他们的生活水平，让"民富而国强"成为现实。为了让农民获得更大的收益，我们必须强化"主体"的观念，正如卢勇所说："无论多么优秀的想法，只有让农民得到实实在在的收益，才能让创新者真正成为社会的主流，才能体现出创新的社会价值。"为了实现农民增收的最终目标，创意农业必须通过产业化发展将资源转化为可持续的经济增长，从而实现可持续发展，这是其发展的核心。

第三，创意农业是现代化的可持续发展模式。它以独特的产业结构、先进的技术手段以及完善的运作机制为基础，为实现长期稳定的可持续发展提供了重要的支撑。与传统的农业经济模式不同，创新型农业通过利用非物质的智慧、社会和文化资源，大大增加了农产品的市场竞争力。这种以无形智力消耗为基础的生产模式，不仅满足了经济发展和自然环境保护的要求，它还有助于促进文化和社会生态的健康发展，重塑当地的社会环境，从而扩大了其社会作用。

4. 创意农业的创新理念

推动创新型农业的发展已成为我国实现可持续农业的重要手段。在经济方面，这种方法既满足了农民的多种需求，也满足了消费者的多样化需求。作为一种新兴的农业发展模式，创意农业正在迅速崛起，其创新发展理念源自文化建设，它将生态优势融入社会经济发展中，"三位一体"（产业一体、产村一体、产城一体）推动城乡一体化发展，集成创新驱动突破转型发展障碍，群众路线激活民间创新创业，从而推动新内涵、新模式和新机制的创新，显示出创新农业在当今时代的独特性。创新理念在创意农业中体现在四个方面：可持续性、数字化技术、生态友好和社区参与。

（1）可持续性　创意农业致力于寻找并实施可持续的农业生产方法。这包括采用生态农业技术，如有机农业和自然农法，以减少对土壤和水资源的污染。创意农业也鼓励尽可能地利用当地资源，减少农产品运输对环境的影响，并倡导循环经济的原则，例如农业废弃物的再利用和资源回收。

（2）数字化技术　创意农业积极采用现代数字技术来提高农业的生产效率和可持续性。这包括使用智能传感器监测土壤湿度和养分含量，以实现精准灌溉和施肥。农民还可以利用数据分析和人工智能算法来优化种植计划、预测天气和病虫害暴发，从而减少资源浪费和农业损失。

（3）生态友好　创意农业鼓励与自然和谐共生。通过模仿自然生态系统的原理，例如多样化种植和生物复合种植，降低对化学农药和杀虫剂的需求，同时提高农作物的抗病能力。此外，创意农业还鼓励保护野生动植物栖息地，维护生态平衡，促进生物多样性。

（4）社区参与　创意农业强调农民与当地社区的密切合作。通过建立直接的销售渠道，如农民市场和社区合作社，农民可以与消费者直接交流，并为他们提供新鲜、安全、健康的农产品。同时，创意农业还鼓励农民参与农村社区的决策和规划，确保农业发展符合当地需求和利益。

5. 创意农业的基本功能

创新型农业不仅仅是一种农业，它还拥有保护环境、保留历史文化、促进城市与农村的融合等多种作用，这些作用共同构成了多样性的生态文明。农业的核心目标是提供可持续的农作物和服务，此目标通常包括种植和收获各种农作物，并将其转化为各种形式的商品。这些商品包括粮食、副产品和工业原材料，它们对于提升农民的生活质量和改善农村环境具有重要作用。在不同的地区，根据当地的自然环境和季节性的农作物的特点，所建立的种植模式和收获方式的创新都是创意农业的重要基础。

（1）创意农业生态涵养功能　　创意农业的生态涵养功能是当代农业发展中的一个重要特征，它强调通过创新型的农业实践和智慧型的农业管理，保护和恢复生态系统，促进生态平衡，为人类提供更加可持续和健康的农产品。在全球环境日益恶化和资源日益匮乏的背景下，创意农业的生态涵养功能成为关注的焦点。

第一，创意农业通过采用生态友好的农业实践来保护土壤和水资源，降低农业对自然环境的负面影响。传统的农业生产往往依赖大量的化学农药和化肥，这些化学物质可能会污染土壤和水资源，破坏生态平衡。创意农业倡导有机农业和自然农法，通过利用天然肥料、生物防治等方式，减少对化学农药的依赖。有机农业和自然农法不仅有助于保护土壤和水资源的健康，还提高了土壤的肥力和保水性，为可持续农业的发展打下了坚实的基础。

第二，创意农业通过增加农作物的多样性和采用轮作休耕等方法来维护生态平衡和促进生物多样性。单一作物的大规模种植容易导致病虫害的暴发和土地退化，而创意农业鼓励采用多样化种植，即种植不同种类的作物在同一块土地上，有助于减少病虫害的传播和扩散。同时，轮作休耕也是创意农业中常用的方法之一，它指的是在不同的季节或年份轮流种植不同的作物，以保护土壤的肥力和生物多样性。这些措施有助于维持生态平衡，减少生物灾害对农业的损害，促进农业的稳定发展。

第三，创意农业的生态涵养功能还体现在保护和维护农村生态环境的整体目标上。农村地区通常是自然生态系统的重要组成部分，而传统的农业生产模式可能会对农村环境造成一定程度的破坏。创意农业则强调农业与自然和谐共处，通过保留农村传统建筑和生活方式，来保护农村生态环境，例如保护传统的农村村庄和农舍，保留古老的水利设施和农田格局，有助于保持农村独特的文化和生态风貌，吸引游客和投资，促进乡村振兴。

（2）创意农业城乡融合功能　　创意农业在城乡融合方面发挥着重要的功

能，它通过创新型的农业模式和城乡资源的有机结合，推动城乡一体化发展。城乡融合是指城市和农村之间的相互合作和交流，通过资源的互补和优势的互享，实现城市和农村的共同发展。创意农业在城乡融合中具有以下功能。

第一，创意农业促进了城乡资源的有机结合。传统农业往往与城市脱节，导致城乡之间的资源浪费和不平衡。而创意农业强调创新和现代化的农业生产方式，将现代技术和城市资源融入农业生产中。例如，通过智能农业技术，可以实现农作物的精准种植和高效管理，提高农业生产的效率和产量。同时，城市的有机废弃物和生活垃圾可以作为有机肥料，回收利用到农田中，促进循环经济的发展。创意农业使得城乡资源得到更加有效地整合和利用，实现城乡资源的互补和优势的互享。

第二，创意农业促进了农民就业和增收。传统农业往往面临着劳动力外流和农民收入不稳定的问题。而创意农业通过引入现代技术和新型经营模式，提高了农业生产的效率和竞争力，创造了更多的就业机会。例如，农业数字化技术的应用使得农民可以通过网络销售农产品，拓展市场，增加收入。同时，创意农业的创新性和多样性也吸引了一部分年轻人回到农村创业，推动了农村人才的回流。通过创意农业的发展，农民的就业机会得到了拓宽，增收效果明显。

第三，创意农业推动了农村经济的多元发展。传统农业往往局限于传统农作物的种植和单一的农产品生产，导致农村经济的单一和脆弱。而创意农业强调多样化种植和特色产业的发展，通过引入新品种和新兴产业，打破传统农业的束缚，推动农村经济的多元化发展。例如，发展农村旅游、农家乐、农业观光等特色产业，吸引了更多的游客和消费者，增加了农民的收入。同时，创意农业的发展也带动了农村相关产业的兴起，如农业物联网、农业科技服务等，推动了农村产业的升级和转型。

小结

本节主要探讨了艺术美学在农业景观中的应用和社会影响。艺术美学的融入为农业景观带来了新的审美体验和文化内涵，同时也为农业的可持续发展和社会互动提供了协同效应。自然美学强调对自然环境的赏析与尊重，而农业景观作为一种特殊的人工环境，与自然美学有着紧密联系。通过农业景观设计原则与审美价值的探讨，我们可以更好地理解农业景观的美学内涵和其在农村发展中的重要作用。而农田艺术与农业标志物为农村景观注入了独特的艺术魅力，不仅使农田成为艺术品，也成为吸引游客和社会关注的亮点。此外，农业文化与创意农业的结合，让农业不再仅仅是单一的生产行为，而成为传承文化和创意的载体，为乡村发展增色。通过艺术美学与农业景观的有机结合，我们可以创造出更具魅力和吸引力的乡村风貌，为乡村振兴和农业现代化注入新的活力。

第三节　美学经济与农业的美学价值

随着社会的进步，人类的经济状况发生了翻天覆地的变化，而美学则是一种极具影响力的结构性因素，它不仅改变了传统的商业模式，而且改变了资源的分配和消费者的行为方式。沃尔夫冈·韦尔施强调，当今世界正处于一个前所未有的审美转型期，许多元素都被赋予了新的美感，而现实本身也成为一种美的象征，从而影响着人类的日常生活。日益增长的审美观念，经济学与美学的紧密结合已成为必然，因此"美学经济"的出现为我们提供了一个全新的视角，以更好地洞察当下的经济变革。美丽的商品已经成为人们购买的首选，"美感"也成为激励人们购买的强大推手。消费者对美的需求日益增长，供应链上游也在努力实现美学化。随着科技的进步，越来越多的企业将视线投向产品的外观、包装以及美感，使得经济美学的理念深入人心，并且在产品的设计、科学研究与试验发展、生产、制造、营销、流通和销售，以及售后服务等方面得以体现，使得美学在产品和服务的全过程中变得更加重要。21世纪的全球经济环境正在发生巨大变化，世界各大经济体正在摆脱"降低生产成本是第一位"的模式，转向更加多元、更具创新的竞争模式。随着国家经济战略和产业发展政策的不断深入实施，美学已成为推动这些进程的关键因素，并受到越来越多的关注和应用。随着艺术品的日益增长，新兴的创造性、时尚及休闲娱乐等行业正在蓬勃发展，为经济的转型和发展带来了巨大的推动力。

一、美学经济理论与应用

（一）美学经济的内涵

当今，人们对艺术作品的需求不仅限于它的实用价值，更将它作为一种文化象征，将过去与未来紧密结合，展现出一种独特的个性，反映出当下的社会氛围和思想潮流。许多设计师试图通过提高商业利润获取更多的经济收益，他们常常会采取各种方法，以获取最大的影响力，比如制作一些低俗的，甚至有害健康的广告、因此如何将"审美原则"与"实用原则"的理念完美结合，以促进社会的和谐发展，成为当务之急。

随着第一次工业革命的到来，人类进入了全面的、机械化的大工业时代，这一变革对艺术设计的影响深远。"机械复制"的传统模式已经被"物化"的全面改造所取代，使得产品的个性化与创新性都有了显著的改善。现代艺术商业设计认为应该以"先文而后质"为基础，以"食必常美，然后求饱"为指导；若要达到最佳状态，则应该从"先质而后文""食必常饱，然后求美；衣必常暖，然后求丽"开始，即要求先确保饮食充足，才能追求美食；先要温暖，才能追求华丽，以达到最佳的状态。艺术的力量可以让我们看到自然界的秩序，同时也能激发人类的智慧，它就像一股清新的溪流，滋养着"精神家园"，让它不再枯竭，而是变得更加完美。

现代设计以人为本，它将人的"本质"融入商品设计中，使消费者在购买商品时，不仅能够感受到美的视觉冲击，更能体会到艺术的魅力。现在人们更加注重个性化，希望能够展现自己独特的风格。但是我们也不能过度追求审美，在审美的维度上走得太远也是不好的，譬如我们在家具和室内装修时，不应该过度追求眼花缭乱的设计，而失去了人的主体地位。现代设计是一种双向的趋势：一方面是"审美泛化"，主要表现为追求个体的风格，在形式上往往是技巧占主导，是"为设计而设计"；另一方面是"日常生活审美化"，美学设计比比皆是，即把艺术设计贯穿于日常生活的每个角落。

随着社会的发展，现在的艺术设计有了明显的变化，就是"美"的出现。首先，我们在设计时，对物的本身和外形设计有了显著的变化，最突出的是物只能间接与设计本身有关系，是作为设计者目的的载体出现的。其次，"流行"元素的出现成为主要的追求目标，是艺术设计的根本性的异变。再次，纯粹的"型"和抽象的"美"提升到了重要的地位。产品的设计应该以满足消费者的需求为核心，既要满足实际的使用需求，又要体现当下的社会价值观，把握时代潮流和审美趋势，以及塑造出独特的品牌形象，以此来提升企业的市场竞争力。

当今的设计师不断追求创新，注重外形美观和多样性，这也是一种时尚潮流，不同民族的审美特点和艺术风格都能在设计中得到体现。产品的设计应该与当下的文化背景相结合，了解当下社会的期待、憧憬及渴求，并将其融入设计之中，作品才能真正体现出在当今时代的价值。当今的艺术设计不仅仅是技术的标准，不仅展示了当下人类文明的发展，也在很大程度上改变了我们的思维模式和行为习惯，从而推动了社会的发展。通过赋予所有商品符号意义，人们在追求这些符号意义的同时获得更多的自由和解放，从而实现更大的自我表达和自我满足。

在借鉴他人经验的基础上，我们还需要从审美的角度出发，把握设计的核心理念，从中汲取精华，加强对新技术和新材料的研究，并将它们融入产品的功能和外观设计之中，充分发挥它们的功效，从而使它们成为一个完整的整体。因此"设计的整体性"应当被提倡，其内涵是："审美自律"与"社会自律"的结合运用，即"审美自律"应当被适当地考虑，以确保其有效性和可行性，"社会自律"运用的必要性，注重理性的技术与审美相协调，让形式与功能的关系在设计与审美中达到完美的统一。

美学经济以审美体验为核心，强调个体在经济活动中的感性认知和情感体验。美学经济的基础理论包括对审美价值、情感价值和体验价值等的研究，这些理论为农业的经济发展提供了新的视角。美学经济的主要特征在于强调个体的主观体验和情感价值，这为农业产品的营销和乡村旅游的发展提供了新的思路和方法。

（二）美学经济的相关理论

在学术界，美学和经济是密切相关的领域，它们之间的联系源于彼此的理论支撑。研究结果表明，美学经济、实用价值观、生活审美观以及环境生态美学之间存在着密切的联系，这四方面是美学学科不可或缺的重要组成部分。以实际应用为基础，实用美学提出了一系列理论，包括生产美学、经济美学和劳动美学。在这些理论中，生活美学强调艺术在日常生活中扮演着重要角色，并且正在逐渐成为一种重要的经济手段，旨在满足人们对物质财富的追求。在"衣食住用行"的日常生活中，审美泛化无处不在。环境生态美学倡导以身体感官为核心，努力改善人类与自然的互动，从而提高人们对自然的认知和理解。

通过将美学的思想和原则应用于环境设计、产品研发、装饰、服装、园林景观、城市规划以及社会关系建构等多个领域，我们可以实现最佳的效果。研究发现，美学经济、体验经济、营销学以及文化经济之间存在着紧密的联系，他们的研究不仅为传统经济学的理性经济视角提供了新的思路，而且还为未来的发展提供了重要的参考依据。而且也让人们意识到，消费体验不仅仅是"小角色"中的一个重要因素，而且是一个能够影响消费者消费选择的重要因素。

Pine 和 Gilmore 认为，当前的经济正从传统的服务经济转变为以体验为核心的经济模式，体验拥有独特的美学属性，它可以让消费者感受到一种令人难忘的体验及身心愉悦的感受，通过提供优质的服务和精心设计的商品，企业可以给消费者留下深刻印象，从而带来独特的消费体验。从美学营销理论的角度来看，体验活动是企业实现产品差异化和品牌塑造的重要手段，具有重大战略意义，因此企业应当以用户体验为核心，创造出具有感染力的体验形式，以吸引消费者，实现产品差异化和品牌塑造的目标。

通过对"后福特式文化经济"的深入分析，我们可以清楚地看到，当前的经济发展已经显示出"后福特式文化经济"的特点，其中包括艺术、时尚及文化创意等多个行业，它们的快速增长为社会带来了巨大的变革和机遇，为经济增长提供了强大的动力，从而推动经济发展和社会进步。文化创意产业正在迅速发展，并且已经成为一个重要的产业集团。它不仅具有独特的艺术价值，而且具有丰富的美学价值，同时也具有巨大的经济价值，引起了广泛的关注。

（三）美学经济的市场现状

作为文化创意产业的重要组成部分，美学经济正迅速崛起，并且已经成为推动世界经济增长与创新的强大动力。它涵盖了很多领域，包括设计、文化艺术、传媒、时尚、旅游和娱乐等，是以美学和文化创意为核心，以创意产业为支撑的经济形态。美学经济的市场现状可以从以下几个方面进行阐述。

（1）市场规模与增长趋势　美学经济在全球范围内呈现蓬勃发展的趋势。随着全球经济的不断发展和数字化技术的快速普及，文化创意产业成为推动经济增长和就业的重要引擎。根据联合国教育、科学及文化组织的数据，文化创意产业在全球经济中所占比重逐年增加，目前已经成为全球经济增长的重要动力之一。

美学经济的市场规模不断扩大。许多国家和地区将文化创意产业列为经济转型和发展的重点领域，通过发展美学经济来推动经济的多元化和升级。这些产业的市场规模逐年扩大，涉及的领域越来越广泛，尤其在数字技术的推动下，美学经济的市场规模更是得到了进一步拓展，例如数字娱乐、虚拟现实和增强现实等新兴技术为美学经济带来了全新的发展机遇。

（2）多样性与创新性　美学经济在市场中呈现出多样性和创新性。文化创意产业涵盖了各种创意产品和服务，涉及艺术、设计、娱乐、媒体和传播等多个领域。在这些领域中，不断涌现出新的创意和产品，推动了市场的多样性和活力，例如新兴的艺术形式、创意设计及数字媒体内容等都成为美学经济的创新亮点，吸引了越来越多的消费者和投资者。美学经济的发展推动了文化产业的升级和转型。传统的文化产业往往以文化遗产的保护和传承为主，而美学经济注重以文化创意为核心，融入创新和现代技术，推动传统文化的现代化和活力，例如，数字技术的运用使得传统文化以全新的方式呈现，如数字艺术和虚拟博物馆等，为文化产业带来了更多的发展机遇。

（3）国际化与全球贸易　美学经济对于国际贸易的影响日益显著。随着全球化的发展，文化创意产品和服务越来越受到国际市场的欢迎。许多国家将文化创意产业作为出口的重要支撑，通过文化创意产品的出口促进国际贸易的发展，例如，欧洲的时尚产业、美国的娱乐产业和亚洲的文化艺术产业等都在国际市场上占领了一席之地。美学经济的国际化也促进了不同文化之间的交流与融合。各国文化创意产业的发展为文化产品的国际传播和交流提供了更多的机会，这不仅促进了文化产品的全球化，同时也推动了不同文化之间的交流和理解，促进了文化多样性的保护和传承。

（4）城市转型与文化振兴　通过发展美学经济来推动城市经济的多元化和升级。这些城市通过发展文化创意产业，改变了传统的经济结构，转向以文化和创意为核心的经济模式。通过举办文化艺术活动、打造文化创意产业园区等措施，吸引了更多的人才和投资，推动了城市的文化振兴和发展。美学经济的发展也为城市带来了新的发展机遇，许多城市将文化创意产业作为城市经济发展的新引擎，通过文化旅游、创意设计、数字媒体等产业的发展，打造了一批文化地标和创意产业园区，吸引了大量的游客和投资。这些文化旅游项目和创意产业园区成为城市吸引人才和资本的重要载体，推动了城市经济的创新和升级、城市转型和文化振兴。许多城市将文化创意产业作为城市转型和发展的重点。

二、农业的美学价值

（一）农业景观的美学价值

作为一个农业大国，中国的农业生产活动一直在不断发展，并且展现了丰富的人类文明。农业的生产性和经济性是其最重要的特征，但是随着社会经济的发展与生活水平的提高，人们越来越重视农业的美学价值。段汉明指出，农业景观由土地和上层土壤中的物质和非物质要素组成，它们对于促进农业生产起着重要作用。梁发超和刘黎明（2017）提出，农业景观可以从狭义和广义两个方面来理解：一方面，它包括由农田、森林、农舍、村庄及道路等构成的综合性景观，这些都是人们利用劳动工具创造的，拥有自身的特色。另一方面，它也包括以农业为中心的美丽的自然景观，这些景观既能满足经济发展的需求，又能满足社会发展的需求，同时也具备了自然风光的美。陈望衡（2007）指出，农业景观不仅体现了农产品的美、农业劳作的美以及乡村生活情调的美，而且还体现了农民的智慧和创造力，为社会带来了更多的福祉。陈晶等利用生态地理学的知识，将"农业景观"定义为一种复杂的文化现象，由自然风光、田野、建筑、村落、交通工具、道路、人物和服饰等组成，它不仅反映出一个地区的地理特征，更是一种人类活动所创造的美丽景观，可以让我们深入了解这个地区的历史、文化、社会和经济等多方面的内涵。舒波（2011）提出，农业景观不仅仅包括聚落、河流、渠道、农田及植被等物质元素，而且还包括一种深刻的、融入了当地生活模式和生产方式的人文景观，它将自然与人文完美地融合在一起，形成了一幅独具魅力的美丽画卷。

完善的农业景观的定义反映出人类审美意识的不断提升，同时也体现了社会经济和文化的飞速发展。在过去的几十年里，农业从单一的农耕活动转变为具有多种功能的景观农业，成为当今经济社会的重要组成部分，且不断发展壮大。基于先前的研究成果，我们可以总结出：农业景观不仅仅涉及大地上的自然元素，比如农田、河流、森林和山峰，还涉及人们在这些元素中进行的各种生产和生活活动，以及这些活动所带来的历史文化积累，它们构成了一个完整的、融合了自然和文化的整体。

1. 农田景观

农田景观作为自然和人类活动相融合的产物，展现出丰富的美学价值。它不仅仅是农业生产的背景，也是一种艺术形式，通过自然的和谐、色彩的丰富、质感的变化、构图的组合以及季节的转换等方面，赋予人们视觉、触觉和情感上美的享受。

（1）农田景观呈现出自然的和谐美　首先，农田排布整齐、色彩和谐，构成了一幅大自然与人类活动和谐共处的景象。当我们俯瞰一片农田时，可以看到远处的山脉、河流或湖泊与广袤的农田交相辉映，形成了一幅和谐的画面。此外，农田景观中的元素，如田埂、道路和农舍，也融入了周围环境，与大自然和谐相处。这种自然的和谐感带给人们宁静、平和以及愉悦的感受，激发着内心深处的美感。其次，农田景观展现了丰富多彩的色彩美。不同类型的农作物在生长和成熟过程中，呈现出丰富的色彩变化，例如金黄的麦浪、翠绿的稻田、棕黄的玉米地和紫色的葡萄园等，这些色彩的变化和组合，创造出视觉上的美感，使人们沉浸在农业景观特有的世界中。农田景观中的色彩在光照、季节和作物的生长阶段等因素影响下不断变化，展现出无限的农业美学可能性。

（2）农田景观的质感和纹理也为其增添了美学价值　农田中的土地和作物本身具有独特的质感和纹理（图4-2），给观者带来了触觉上的愉悦和美感，例如，稻田中波光粼粼的水面、麦田中起伏的麦浪、果园中细腻的树皮纹理等，都能够引发人们对质感的关注和赞赏。触摸农田中的土壤、植物或果实，感受其质地和纹理，进一步丰富了人们对农田景观的美学体验。

（3）线条和构图是农田景观美学的另一个重要方面　农田、道路及田埂等

图 4-2　梯　田

元素的组合形成了丰富的线条和构图，例如一条弯曲的小路、成排的农田和交错的田埂等，都能够创造出动感和艺术感。这些线条和构图给农田景观带来了视觉上的变化和动态美感，吸引着观者的目光。摄影师、画家和美学爱好者常常以农田景观为主题，通过捕捉这些线条和构图，表达自己对美的理解和感受。

（4）季节的转换也为农田景观增添了美学的魅力　随着季节的变化，农田景观呈现出不同的面貌和氛围。春季的绿色嫩苗、夏季的丰收景象、秋季的金黄色调和冬季的白雪覆盖，给每个季节都带来独特的美学体验和情感触动。这种季节性的变化不仅丰富了农田景观的色彩，也带来了不同的光线和气氛，进一步丰富了人们对农田景观美学价值的认知和欣赏。

除了上述的美学元素，农田景观还体现了人类与土地的关系和农民的生活方式，这也是其美学价值的重要方面。农田景观是农民劳作和生活的背景，展现了农村地区的风貌和文化。农田景观中的农舍、农具、农民的劳作场景以及农民生活的元素，都给人们带来一种原生态和质朴的感受。农田景观中的人类活动与大自然的融合，展示了人与自然的和谐共生，也让人们对农业劳作的价值和意义有了更深刻的体会。

2. 植物外观

植物的外观是农业产品重要的美学元素之一，它们的形状、颜色、纹理和结构，以及不同生长阶段的变化，赋予植物独特的美感和艺术价值。植物外观的美学价值体现在视觉上的享受、形式的多样性、色彩的丰富性、纹理的质感、生长的变化和与环境的关系等多方面。

（1）植物的外观带来视觉上的享受　植物的形状、结构和比例可以创造出美丽的视觉效果。不同类型的植物具有各自独特的生长方式和外形，如高大的乔木、矮小的灌木、蔓生植物和蕨类植物等，它们的姿态、分支的排列方式和叶片的形状等，共同构成了美丽而有吸引力的植物外观。

（2）植物外观展现了形式的多样性　植物界拥有丰富的物种和品种，它们在外观上呈现出巨大的变化和创造力。不同种类植物的叶子、花朵、果实和树皮，具有各自不同的形状、大小和结构，例如叶片可以是长而细的，也可以是宽而大的；花朵可以是小而精致的，也可以是大而华丽的；果实可以是圆形的，也可以是椭圆形的。这些形式的多样性给人们带来了丰富的视觉体验，激发了人们对植物外观的兴趣和赞赏。

（3）植物外观的美学价值还体现在色彩的丰富性上　植物的花朵、叶子和果实可以展现出各种鲜艳、柔和或浓郁的色彩。花朵的颜色范围广泛，包括红色、黄色、蓝色、紫色和橙色等。叶子的颜色也多种多样，有绿色、红色、紫色及黄色等。果实的颜色随着成熟程度的变化，呈现出不同的色调。这些丰富多彩的色彩为植物外观增添了生动性和活力，给人们带来视觉上的愉悦。

（4）植物外观的纹理质感也是其美学价值的重要方面之一　植物的表面纹理可以是光滑的、粗糙的或细腻的。树皮的纹理可以是坚硬的、粗糙的或柔软的。叶子的纹理可以是光滑的、细腻的、凹凸不平的或有花纹的。这些纹理质感赋予了植物外观独特的触感和质感，丰富了观察者的触觉体验。触摸植物的叶子、树皮或花瓣，感受其纹理和质地，进一步加深了人们对植物外观美学的感知和欣赏。而且，植物在不同生长阶段会经历形态、颜色和纹理的变化。从嫩苗到成熟植株，植物的外观会发生显著的转变，嫩苗的外观娇嫩而柔软，成熟植株的外观则稳固而强大。此外，花朵从盛开到凋谢，果实从未成熟到成熟，也展示了外观的变化。这种生长过程的变化为观察者提供了一个动态的视觉体验，让人们可以感受植物的生命力和生长的美学价值。

（二）农业景观规划设计

农业景观既是美化乡村人居环境的重要基础，也是开展乡村生产生活建设的前提条件。如果缺乏丰富多样的景观资源，农业产业活动将难以实现周期性、持续性运转。长期以来，由于重效率、轻质量的发展理念引导，部分乡村景观资源没有得到科学合理的保护，出现不同程度的资源浪费及环境破坏，导致乡村景观与生态环境受到影响。农业景观规划设计活动正是从农业农村可持续发展视角出发，积极响应乡村振兴政策号召，规划建设珍贵的自然景观资源，最大化发挥其内在价值，促进乡村生态建设、经济发展和文化提升。

1. 农业景观资源

（1）农作物景观 农村环境具有天然的景观形成要素，即土地、水、动物和植物等资源，它们之间的相互作用可以生成形态各异、色彩丰富的农作物景观，在满足人们生产生活基本需求的同时，为人们提供良好的视觉审美体验。农作物景观作为农业景观设计的重要内容，按照作物类型大致可以分为粮食作物景观、经济作物景观及园艺作物景观三种。这些农作物在生长发育过程中所产生的外形、色彩、纹理、质感和季相等变化，正是农业景观观光价值的来源。萌发阶段作物的叶片会形成丰富多彩的纹理变化及色彩效果，可以开发相关的观叶活动；花期阶段，可以组织游客观赏开花景观；成熟阶段，可以通过果实的观赏与采摘活动吸引大批游客。

（2）农事活动景观 农事活动是重要的农业景观资源，它可以通过展示农业劳作的具体过程，让人们领略人类劳动与技术对自然环境的科学改造，以及由此产生的优美景观，因此如果将农作物景观视为自然生态景观，农事活动景观则可被视为人工景观。根据农事活动的内容，农事景观主要包括施肥、播种、浇水、收割及养殖活动景观，比如在林业资源丰富的乡村可以组织开展灵芝采摘活动，或者带领游客参观灵芝采摘过程，使其了解灵芝相关的农业知识及基本常识，获得良好的观光体验；依托庭院内的园艺景观，向游客展示园艺技术使用方式及园艺景观美化作用，形成良好的景观互动，吸引游客持续参与农业景观观光活动。

（3）农业设施景观 农业设施景观是以生产制造农业用具为核心，配合相应的自然人文景观所形成的系统性主题景观环境。当前，许多地区将农业设施开发为多功能、一体化的旅游景观活动，将休闲娱乐、农业观光、实践体验和技术展示等有机结合起来，构建起全方位、立体化的农业观光体系，进一步推动农业景观设计的优化升级，比如引进先进的农业技术设备，打造智慧农业大棚景观，引导人们参观设施农业的运作过程，体验现代化农业设施的科学原理。

2. 农业景观设计

（1）明确市场定位，制定总体性设计规划 农业景观规划设计是一项整体性工程，需要协调经济社会、生态和文化等多方面要素，调动政府、社会组织及企业等多主体力量参与，形成以农业为核心的三次产业融合发展体系。因此，要推动农业景观规划设计的长期可持续发展，必须从地区特点和优势资源出发，结合当前观光旅游市场发展情况，探索出适合的市场定位，逐步形成系统完善的中长期发展规划，以凸显自身特色，增强核心竞争力。

①分析当地建设条件。区位特点是观光农业景观设计取得成功的重要因素

与前提条件，区位特点既包括地理位置、人口密度和地形地势，也包括当地市场的经济情况、产业特点及消费水平，需要从客源市场的整体规模出发分析潜在消费人群的旅游需求和出游方式，进行针对性开发。相应的农业旅游项目，使得农产品种类、数量和农业气候环境等因素真正服务于观光农业旅游开发。

②制定整体性发展规划。首先，基于生态性、经济性和人文性原则，将观光农业园区划分为多个功能区域，分别用于接待服务、综合管理、技术展示和采摘体验等活动，并制作观光农业景观的设计规划图，直观展示农业景观的规划内容。其次，挖掘特色农业资源，优化景观细部构造。农业景观设计需要充分利用现有的农业资源，提取出其中的人文内涵和特色要素，形成清晰明确的发展路线，打造一个"功能多元、特色鲜明、发展高效"的现代化农业景观园区。其中在道路规划上，依托农业田园风光设计出具有吸引力与导向性的外部引导路线，发挥引导游客的作用，激发他们的参观热情；出入口设计则应注重地域性文化特色的体现，在方便游客进出的前提下，营造地域特色浓厚的文化氛围。

（2）利用乡村特有资源、打造农业景观　在景观结构上，利用乡村特有的自然景观、人文历史、农业生产等资源，打造舒适美观、绿色经济的景观环境，比如水系景观设计可以结合人们在水边漫步垂钓的需求，设计搭建一些沿河道路、拱桥及小型广场等景观小品，为人们提供多样化的亲水空间，使得游客可以轻松自在地开展垂钓游玩等休闲活动。园林植物景观设计需要根据乡村田园的空间分布特点，将大面积的开阔林与一些矮小精致的林木植物组合搭配起来，通过障景、漏景等设计手法，使园林植物与乡村田野、道路景观及水系景观等相互呼应，形成立体化、多层次的园林风景。

（3）农业建筑景观是设计规划的重要内容　对于雕塑、喷泉及绿色长廊等景观小品，需要在保留传统农业建筑美学特点的基础上，融入地域性文化特色，就地取材，利用原生态建筑材料进行景观设计，使得建筑外观与当地的人文风俗与历史传统等相互融合，人文建筑与生态环境协调发展，农业园与周围自然环境有机统一，带给游客良好的视觉美感。

（4）加强经营管理，发挥农业景观的经济价值　随着农业科技的快速发展，现代化农业设施逐步成为农业生产生活的重要工具，在提高农作物产量的同时，也为农业景观设计开发提供了有效支持。以乡村振兴战略为指导，农业景观可持续发展是当前调整农业产业结构、激发农村发展新动能的重要举措，可切实利用现代化农业技术，安排机器人开展田间劳动、自动调节温室大棚湿度等，实现农作物生产的自动化；同时以市场为导向，借助生物科学技术开发出绿色新鲜且科技含量高的农产品，依托农业观光设计开发进行旅游产品推广，既满足消费者的品质化观光旅游需求，又推动观光农业的市场化发展。此外，要充分挖掘农业景观的经济价值，还需要科学规划农业景观园区的发展路线，组织开展农产品采摘体验、农业活动观赏及农业科技推广等活动，实现观光旅游与选购体验的有机结合，切实提升农业资源的附加价值，进一步带动农业交通、餐饮等附属功能的协调发展。比如，依托农业果园景观，开展农产品采摘、品尝，以及绘画、摄影等艺术活动，实现农业生产、消费和开发的有机结合；开展家庭园艺体验活动，让游客充分体验瓜果蔬菜种植的乐趣，既满足游客的文化旅游需求，又可提升农业景观的经济效益。

（三）农业活动与自然之美的融洽

农业作为人类最早的生产活动之一，与自然环境的关系一直备受关注。农业活动涉及土地利用、种植和养殖等方面，直接影响着生态环境和自然景观的完整性。然而，当农业活动与自然之美融洽共生时，人类将得到丰富的食物和美丽的自然景观，这种共生关系对于地球上所有生物都至关重要。本书将从农业可持续性、生态平衡及文化传承等方面详细论述农业活动与自然之美的融洽。

1. 农业生态系统

（1）概念　农业生态系统是指农田及其周边生态环境所构成的整体。在融洽的情况下，农田生态系统能够维持一种相对稳定的平衡状态，使得农作物得到充足的生长、发育和产量。在这样的生态系统中，土壤中的有机质得到适当循环，水分保持合理的供应和排泄，而害虫和病原体的自然天敌也能够起到一定的控制作用。

（2）自然资源与农业　农业活动的可持续性与自然资源的合理利用密切相关。土壤、水资源和生物多样性是农业的三大重要资源，当农业合理利用这些资源并降低环境负荷时，农业活动与自然之美的融洽关系就得以建立。保护土壤免受侵蚀和退化，合理利用水资源以避免过度抽取和污染，同时保持生物多样性以维持生态平衡，这些措施都是实现农业可持续性的关键。

2. 农业可持续性

（1）轮作与休耕　农业可持续性的核心在于保持土壤的健康和肥力。通过轮作与休耕，农民可以在不同地块上种植不同作物，有助于土壤养分的恢复和保持。休耕期间，自然界的恢复机制可以自主发挥作用，提高土壤质量。

（2）有机农业　有机农业采用自然肥料和生物防治方法，避免了化学农药和化肥对环境的污染。这有助于保持农业基质（土壤、水体和空气等）的纯净和生态链的稳定，使农业与周围环境协调发展。

（3）水资源合理利用　农业活动与自然之美的融洽还需要合理利用水资源。通过建设灌溉系统、收集雨水和采用节水灌溉技术，可以减少水资源的浪费，保持农田、湿地和水生态系统的完整性。

3. 生态平衡

（1）生物多样性保护　农业活动对于维护生物多样性至关重要。保护农田周围的树木、湿地和草地，为各种野生动植物提供栖息地。在农田中留出生态廊道，有助于不同生物之间的交流与迁移，维持生态平衡。

（2）涵养天敌　农业活动可以利用天敌来控制农作物的害虫。通过减少化学农药的使用，种植天敌喜欢的植物、提供适合的栖息地等方式涵养天敌。例如，种植天敌喜欢的植物，吸引天敌前来捕食害虫，减少对农作物的损害，同时保持生态平衡。

（3）水体保护　农业活动产生的农药和化肥会通过径流进入水体，对水生态系统造成威胁。因此，正确使用农药和化肥，避免过度使用，是保护水体生态平衡的关键。

4. 文化传承

农业活动与自然之美的融洽还体现在文化传承方面。首先是许多农耕文化将农作物的种植和季节变化与自然联系在一起，形成独特的节日和仪式。这些传统文化代代相传，使人们更加重视与自然和谐相处的价值。其次是农业遗产保护，一些古老的农业景观和传统农耕技术被视为无形的、非物质的文化遗产。保护传承农业文化遗产有助于赓续中华文脉，同时也使人们对自然之美有更深的认识和体会。生态旅游方面，当农业活动与自然之美融洽共生时，农村地区的美景也吸引了许多游客。生态旅游的发展促进了农村经济的增长，同时也激励农民保护本地的自然环境和文化传统。

小结

本节主要介绍美学经济在农业中的理论和应用，以及农业本身的美学价值。美学经济理论为农业提供了新的视角和发展思路，而农业景观和农业活动也蕴含着丰富的美学内涵，体现了他们与自然之美的和谐融洽。农业景观的美学价值是农村地区的独特之处，农田、村庄和田园风光等都蕴含着独特的美学魅力。农业景观设计进一步提升了农业景观的美学价值，通过创意的设计和艺术元素的应用，使农业景观更加丰富多彩，吸引了游客和艺术爱好者前来观赏。此外，农业活动与自然之美的融洽也是农业的美学价值所在，农民在耕作、养殖和收获等过程中与大自然和谐相处，这种美学意境和人与自然的关系在现代社会中显得尤为珍贵。美学经济理论为农业发展提供了新的视角和发展思路，使农业更加注重个体的审美体验和情感价值。农业本身蕴含着丰富的美学价值，农业景观的美学魅力和农业活动与自然之美的和谐相处都是农业美学的重要体现。通过挖掘农业的美学价值，我们可以为乡村旅游和农业可持续发展注入新的动力，同时也让更多人体验到农村地区的独特魅力和文化内涵。

参考文献

邓蓉，2019. 试论农业多功能拓展的现实意义 ［J］. 现代化农业（10）：61 - 65.

房艳刚，刘本城，刘建志，2019. 农业多功能的地域类型与优化策略：以吉林省为例 ［J］. 地理科学进展，38（9）：1349 - 1360.

高洁宇，彭静，2021. 武汉市农业多功能分类量化评价及驱动力分析 ［J］. 中国农业资源与区划，42（9）：156 - 165.

高磊，2022. 农业多功能理论框架下的兵团现代农业发展方式转变研究 ［D］. 石河子：石河子大学.

格茸取次，赵鸭桥，张新蕾，2020. 基于云南省迪庆青稞产业发展的现代农业多功能研究 ［J］. 云南农业大学学报（社会科学版），14（1）：75 - 82.

郝志远，2017. 济宁市农业多功能发展问题调查研究 ［D］. 烟台：烟台大学.

何晓瑶，2020. 我国北方农牧交错带农业现代化水平与差异化路径研究：以内蒙古自治区为例 ［D］. 北京：首都经济贸易大学.

黑河功，2001. 日本农业经营的动向 ［J］. 农业经济问题（9）：60 - 62.

开燕华，王霞，2017. 弹性城市指向下的都市农业多功能动态评价：基于上海市 1993—2014 年的实证 ［J］. 经济体制改革（1）：81 - 88.

康杰，2019. 农业多功能视角下北京乡村旅游的发展路径 ［J］. 北京农业职业学院学报，33（4）：15 - 20.

康杰，任卫娜，2020. 农业多功能视域下北京乡村旅游可持续发展的对策 ［J］. 太原城市职业技术学院学报（4）：50 - 52.

冷志杰，沈舜禹，2016. 基于农业多功能视角的大庆市转变农业发展方式的策略 ［J］. 农场经济管理（9）：28 - 29.

李刚，李双元，2018. 拓宽农业多功能推动农村三产融合 ［J］. 安徽农业科学，46（24）：195 - 197，227.

李根蟠，2017. 从生命逻辑看农业生产和生态所衍生的功能：农业生命逻辑丛谈之二 ［J］. 中国农史（3）：3 - 17.

李海舰，李燕，2021. 美学经济研究论纲 ［J］. 山东大学学报（哲学社会科学版）（4）：65 - 75.

李金鸿，逯一哲，朱熔深，2020. 农业多功能视角下黑龙江产业融合发展路径研究［J］. 农村经济与科技，31（6）：182-183.

李锦怡，2020. 城乡融合视角下哈尔滨城市化对农业多功能影响机制研究［D］. 哈尔滨：哈尔滨工业大学.

李梁，毛昭庆，王雪娇，等，2021. 云南农业多功能拓展策略研究［J］. 安徽农业科学，49（3）：258-260，264.

李品上，2019. 多功能视角下吉林省现代农业发展水平评价［D］. 长春：吉林大学.

李晴，2018. 福建省农业多功能性理论与实证研究［D］. 厦门：厦门大学.

李思屈，2007. 审美经济与文化创意产业的本质特征［J］. 西南民族大学学报（人文社会科学版），28（8）：100-105.

李雪芬，2018. 四川新农村建设与农业多功能发展路径探究［J］. 南方农业，12（3）：93-94.

凌继尧，季欣，2008. 审美经济学的研究对象和研究方法［J］. 东南大学学报（哲学社会科学版），10（3）：39-43.

刘本城，房艳刚，2020. 辽中南城市群农业多功能演变特征与地域模式［J］. 地理科学，40（10）：1720-1730.

刘建志，房艳刚，王如如，2020. 山东省农业多功能的时空演化特征与驱动机制分析［J］. 自然资源学报，35（12）：2901-2915.

刘悦笛，2005. 日常生活审美化与审美日常生活化：试论"生活美学"何以可能［J］. 哲学研究（1）：107-111.

马衡雨，韩雪禛，陈晓，2017. 互联网对于都市农业多功能结构的作用研究：以南京市为例［J］农村经济与科技，28（11）：12-17.

马逎，2022. 资源禀赋对农户参与多功能农业发展的影响研究［D］. 福州：福建农林大学.

聂园英，2016. 农业适度规模经营的实现路径评价：基于农业多功能视角［J］. 安徽农业科学，44（34）：198-201.

彭锐，张婷，张秋玲，2021. 大城市近郊都市现代农业多功能实施路径探究：以苏州高新区通安现代农业示范园为例［J］. 中国农业资源与区划（10）：11-18.

钱磊，张研，2022. 西安市农业多功能评价及空间功能分区研究［J］. 中国农业资源与区划（9）：203-211.

邱晔，2020. 美学经济初探［J］. 北京社会科学（10）：93-107.

沈琼，王霄琼，2020. 新冠肺炎疫情下农业经济新特征与农业多功能价值的挖掘［J］. 河南农业大学学报，54（5）：888-894.

时佳慧，2022. 促进吉林农业多功能开发的财政政策研究［D］. 长春：吉林财经大学.

孙江超，2020. 论农村产业融合发展模式及着力点［J］. 农业经济（6）：33-35.

王诗雅，2020. 以河南省为例浅谈农业多功能的地域类型与优化策略［J］. 粮食问题研究（5）：4-10.

王威，杨丹妮，方志权，2005. 日本多功能性农业对我国都市农业的启示 [J]. 社会科学（3）：37-40.

王艳，2023. 中国农业多功能的时空格局演变及创新驱动分析 [J]. 资源开发与市场（3）：319-327.

王艳，孙朔，2023. 生态脆弱区农业多功能空间格局特征及驱动因素研究：以南疆三地州为例 [J]. 新疆农垦经济（2）：49-60.

魏丽红，2017. 尤溪联合梯田农业多功能价值评估 [D]. 福州：福建农林大学.

谢静欣，2021. 福建省乡村旅游与农业多功能耦合协调发展的实证研究 [J]. 西安建筑科技大学学报（社会科学版），40（6）：62-72.

谢彦明，张连刚，张倩倩，2019. 农业多功能视域下乡村振兴的逻辑、困境与破解 [J]. 新疆农垦经济（4）：5-15.

徐鹏，2021. 基于多功能农业理论下江西省乡村振兴综合绩效评价研究 [J] 南昌：江西财经大学.

严瑞河，田乙慧，孟杰，2019. 多功能视角下市县域农业空间划定方法及应用：以长春市农业空间划定为例 [J]. 经济视角（4）：8-16.

杨晓莹，2019. 供给侧改革背景下现代农业多功能发展模式研究：以菏泽市为例 [J]. 江苏农业科学，47（11）：56-60.

杨毅，2020. JY 牧业公司体验营销策略研究 [D]. 武汉：中南财经政法大学.

殷姝婷，2019. 新疆农业保险支持农业多功能发展研究 [D]. 石河子：石河子大学.

余运九，2020. 基于农业多功能化的农村可持续金融研究 [J]. 农银学刊（1）：32-36.

曾小利，2017. 农业多功能视角下我国现代农民培育问题研究 [D] 福州：福建师范大学.

钟源，刘黎明，刘星，等，2017. 农业多功能评价与功能分区研究：以湖南省为例 [J]. 中国农业资源与区划，38（3）：93-100.

周琰，郭红喜，柯彦若，等，2021. 城市化进程中农业多功能维护与土地发展的协同研究 [J]. 安徽农业科学，49（24）：33-37.

周忠学，2017. 基于农业多功能视觉的都市农业用地效益时空变化研究：以西安都市圈为例 [J]. Journal of Geographical Sciences（12）：1499-1520.

朱蕾，王克强，2019. 基于功能分异的都市农业发展模式研究 [J]. 农业工程学报，35（10）：252-258.

Marsden T，Roberta S，2008. Rural development and the regional state：Denying multifunctional agriculture in the UK [J]. Journal of Rural studies，24（4）：422-431.

Renting H，Rossing W A，Groot J C，et al.，2009. Exploring multifunctional agriculture. A review of conceptual approaches and prospects for an integrative transitional framework [J]. Journal of Environmental Management，90（2）：112-123.

第五章　农业生态美案例分析

第一节　梯田稻作生态之美：菲律宾
科迪勒拉水稻梯田

在农业生态美学的模式中，农业景观的审美参与跟传统的自然风景的审美参与有所不同。重要的是，农业景观的审美不是远观风光，而是在人类实践中与土地的亲密联系，涉及个人、社区和自然力量的互动。土地显示了自然和文化的交融，反映了人与自然的联系。审美不只是视觉和表面，还包括身体和感官的经验、想象力、情感和知识。传统农业的一些形式，尤其是在山地等自然条件较为恶劣的地区，可能涉及对土地及其生物的更亲密的体验和更深入的理解，这种体验和理解不仅有利于农业生产的发展，也有助于形成一种独特的美学特征，其中典型的是个人沉浸在环境中，与之产生共鸣和共生。审美反应是情境化的个人与环境接触，而不是与环境分离或对立，个人通过感知、想象、情感和知识等多种方式与环境进行交流和互动，从而获得美的体验和价值。

山地丘陵地形中，梯田是一种常见的农业景观，遍布世界各地。本节介绍的菲律宾科迪勒拉水稻梯田是生态之美的典范，它位于菲律宾吕宋岛的科迪勒拉山脉，这里是菲律宾群岛中海拔最高、规模最大的山地。水稻梯田覆盖了海拔 700～1 500 米的高山区域，由 5 个梯田群组成，总面积约 2 万千米^2，其中 81.77% 的梯田坡度超过 18°，在这样的高山上建造水稻梯田，并且维持了两千年的生态系统，包括有价值的生态环境保护措施和技术，深刻体现了人类的智慧。

一、生态农业景观空间分析

（一）"林-村-梯-水"的立体空间基质

科迪勒拉高山梯田是多个流域构成的空间，仰望梯田，整体趋势如同连接天堂的阶梯层层堆叠，直冲云霄。纵观其势，梯田层峦起伏，犹如展开的山川画卷，构成一道优美的风景线。俯视其境，在蓝天的映照下，梯田如同一块块被分割规整的镜子，蓝绿交织，层层跌落。总体来看菲律宾科迪勒拉山系分为四个部分的立体空间基质：林地、村落、梯田和水源。

首先，林地保护区是高海拔地区的公有水源涵养林，包括灌木林和有林地，空间比重最大。它像海绵一样，吸收和截留自然的降水，蓄积水源，滋润土地并形成富含腐殖质的稳定土壤。其次，在低海拔的山谷里的聚落和水梯田，聚落是当地居民的生活乐园，承载着他们的文化和传统。水梯田是他们的"金饭碗"，展现了他们对土地和水资源的精心管理和利用。当地居民利用从林地保护区引来的清泉灌溉梯田，种植水稻等传统作物。在森林和梯田之间，有一片绿色的"木涌"，它是当地居民的"生活仓库"，提供着各种生活用品；它也是缓冲带，减少了水土流失和环境破坏。原始聚落空间零落分布，如藤蔓般延伸，与梯田相互依存，与森林相互融合，与自然相互和谐。同时，居民地在功能上主宰着森林和梯田，伊富高人保护和采伐森林，修建和维护梯田并进行灌溉，种植传统作物，让分散的聚落控制农业生产。用人工育林和选择性采伐的方式保护"木涌"，让"木涌"稳定，从而减少了人类活动对自然林的影响，并对梯田和生态也起到了保护作用。水系位于山谷，由于其处于低海拔区，而且地面辐射增加，因此水系相对温暖。河谷水流快速蒸发上升形成降水，从而完成了水和能量的循环。"林-村-梯-水"格局是伊富高民族为了满足自身需要，在长期生活生产实践中对自然进行利用和改造，自然作用和人为作用共同形成的结果。

（二）顺山绵延的稻田阶梯生产景观

从稻作文化的历史和人类的生产规律中我们可以看出，人们通常先在水源多、地势平的地方开垦稻田，但有时候人们也不得不迁移到山林深处，开始新的生活。伊富高人在山上开辟梯田，改变山地的自然特征，让草木丛生的山地变成了种植水稻的田地。梯田虽然给人们提供了粮食，但也改变了山体的自然景观和生态，在长期的耕作中，一种带有强烈人类痕迹的梯田景观就诞生了。

科迪勒拉山脉是一个高山地区，这里的环境造就了阶梯式的稻田景观（图5-1）。这里山峰高耸，峡谷幽深，梯田的外壁多用石块砌成，像天然的屏障。梯田层层叠叠，错落有致，面积大小不一，令人惊叹。这种不规则排列的稻田组成的梯田，有着独特的外观，而这种景象正是农业生产中依赖大地而形成的艺术。

（三）零星散布的原始部落斑块

在高耸直立冲入云霄的高山上，破碎又紧密统一的稻田中，星罗棋布的原

图 5-1 困境中的菲律宾科迪勒拉水稻梯田

始聚落是伊富高人文化的象征，他们依靠着大山，背负着稻田。在公路旁一百多米以下的梯田中，在山间河谷之中，不时可以见到一块块平地，和一幢幢房屋组成的小部落。

菲律宾山地传统聚落是菲律宾原住民文化的重要组成部分，也是菲律宾历史和文化遗产的重要组成部分。这些聚落体现了原住民与自然和谐相处、与祖先和神灵沟通、与部落和社区团结协作的生活方式和文化传统，也体现了原住民对于环境和资源的适应能力和创造能力。这些聚落在现代社会中面临着许多挑战和威胁，如旅游开发、城市化扩张及文化同化等，需要得到更多的关注和保护。

二、生态农业之美学意象

(一) 高山稻田，古人智慧

农业文化遗产是人类生活所形成的重要景观空间，是具有自然、生产、文化等多重功能的物质空间，这种景观给人们带来了独特的感受和精神上的满足。人们在认知景观的过程中，会逐渐构建出一种景观的意境，这种意境就是景观意象。梯田景观是人与自然耦合的典范，也是人类与恶劣自然条件长期抗争时探索出的适应山地生态系统的特有方式，数千年来在民生福祉和生态效益方面发挥着重要的作用。梯田景观的塑造，是人类与自然共同协作而成的，但处处体现出美学意象，从而形成了景观生态艺术。人类开凿梯田是为了获取粮食赖以生存，却在有意无意之中捕捉了自然的特别之美。

梯田建立在崇山峻岭之上，没有平原那样的江河湖泊，只能依靠山林中的泉水和溪流。水是生命之源，稻作文化深知水源的珍贵，正如科迪勒拉水稻梯田，它们沿山而建，大多分布在山腰以下，山顶的森林郁郁葱葱，清泉和小溪从林中缓缓流下，形成"山高水高"的山水景观。这些水流以绵绵之力，静静地滋养着千亩良田。水源与梯田是一对亲密无间的伙伴，共同创造了美丽而富饶的山乡。水源的流动、山林风动及人民劳动与梯田之静，动静结合，相辅相成，俨然成趣。

梯田的形态多样，但并非人们随意创造，而是人们根据山体的走向和轮廓，因势利导地精心塑造出来的。遵循同一个角度和倾斜度，顺势而上，形成阶梯状稻田，以山为画布，以水为颜料，以田为笔触，勾勒出一层层的绿色阶梯。这些阶梯沿着山体的曲线，自然而优雅地延伸上去，像是一条条盘旋的巨龙。这些巨龙不仅托住了稻谷的生命，也托住了人们的希望。不同的季节、不同的时间和不同的角度，梯田都呈现出不同的风貌和魅力。它们是变幻无穷的美景，也是永恒不变的美学意象。

（二）依山就势，原始聚落

在这个东南亚群岛国家，菲律宾的聚落特征也与其稻作文化密切相关。菲律宾传统聚落一般分为两种类型：一种是沿海或河流边建立的渔村或商贸村，一种是内陆山区建立的农村或部落村。前者一般以竹木为主要建筑材料，建造简易通风的房屋，屋顶用茅草或棕榈叶覆盖，屋基用木桩支撑，以防洪水或海浪侵袭。后者一般以石头或土坯为主要建筑材料，建造坚固而保暖的房屋，屋顶用茅草或金属板覆盖，屋基用石头垒砌，以适应山地气候和地形。菲律宾的聚落特征体现了当地人民的生活方式和文化传统，也体现了他们的适应能力和创造力。

环绕在科迪勒拉梯田周围的零星散布或成组成团形式的聚落，一般在山坡上或山谷中搭建，以利用邻近水源和土地，同时避免洪水和敌人的侵扰。聚落的规模一般不大，通常以亲属关系或部落关系为纽带。聚落的建筑一般以木材、竹子及茅草等自然材料为主，形式多样，有方形、圆形和八角形等，屋顶有单坡、双坡、四坡和圆锥等，屋基有直接建在地面上、用木桩支撑、用石头垒砌等。建筑的功能也有不同，有住宅、仓库、祭祀场所及社区中心等；从布局上看一般随着地形和梯田的变化而变化，没有固定的规则和对称性，但也有一些共同的特点，如聚落的中心一般是一个广场或空地，用于举行各种社会活动和宗教仪式；聚落的入口一般设有标志性的建筑或雕塑，如高塔、石碑、木雕等，用于显示聚落的身份和地位；聚落的周围一般设有防御性的设施，如围墙、壕沟和栅栏等，用于保护聚落的安全和隐私。他们对土地及其上的生物有着更亲密的体验和更深入的理解。这种体验和理解不仅有利于农业生产的发展，也有助于形成一种独特的美学特征，使得个人沉浸在环境中，与之产生共鸣和共生。审美反应是情境化的个人与环境接触，而不是与环境分离或对立。个人通过感知、想象、情感和知识等多种方式与环境进行交流和互动，从而获得美的体验和感受。

（三）自然崇拜，人文风俗

梯田景观是人类智慧和劳动的结晶，是山地农业文明的象征，是多民族共同创造的艺术。在梯田景观中，我们可以看到不同地域和民族的风土人情，感受不同历史和时代的变迁，品味不同文化和信仰的内涵。梯田景观不仅是农业生产的方式，也是农业文化的遗产，是人与自然和谐共生的典范。伊富高人是一个属于蒙古人种马来类型的民族，有着普罗托-马来系的遗传特征，也混有尼格利陀人血统。他们主要分布在菲律宾吕宋岛北部山区的伊富高省，也有不少人住在邻近的伊莎贝拉省和新比斯开省。他们使用伊富高语，属于南岛语系印度尼西亚语族，但没有文字。伊富高人居住在水稻梯田之间，他们信奉万物有灵和众神庇佑，定期献祭，也崇尚祖先敬拜，以猪、鸡为祭品。每5～10户为一小村落，他们住房的建造无须刀锯斧凿之工，却有雕饰之美，家家如此。屋子只有 16 米^2，就像一个温暖的巢穴，却能容纳休息炊煮之事。伊富高人男耕女织，服饰色彩缤纷。他们喜欢跳土风舞，在传统的宗教仪式上，用猪、鸡等祭品向天祈福，祝愿五谷丰登。吸引游客目光的还有伊富高人的木雕，这种木雕作品细腻质朴，展现了原始的艺术魅力。

梯田作为一种传统文化与时代精神的象征，一直默默地为人民提供生命命脉之一的粮食。伊富高人一面创造着梯田，一面敬畏着自然，这些梯田昭示着伊富高人千年来的辛勤劳作与智慧结晶。梯田本身只是劳动对象改造的结果，但在这个过程中却被赋予了更多的生命意义和价值，梯田是承载生命延续的对象，伊富高人将这种希望与延续寄托于梯田之上，这就是耕作文化的真正价值和意义。

三、菲律宾科迪勒拉梯田景观的复兴之路

（一）困境中的科迪勒拉水稻梯田

科迪勒拉水稻梯田利用有限的土地资源，创造了人类在大地上的奇迹。这里的耕作方式是传统知识技术的延续和发展，是有机进化的文化景观，1995年它被列入世界文化遗产名录。这里的知识、传统和社会平衡，代代相传，神圣而微妙。这里的水稻梯田，绿色而美丽。这里展现了人类与自然的和谐共生。然而这些古老而美丽的梯田正面临着消失的危机。由于社会经济变化以及

气候变化的影响、灌溉系统的老化、土壤侵蚀和污染、农民外流和旅游开发等因素，科迪勒拉水稻梯田的生态环境和文化传承都受到了严重的破坏，它于2001年被列入濒危世界遗产名录。

（二）施展策略，焕发新生

为了保护和恢复这一珍贵的遗产，联合国教育、科学及文化组织和菲律宾政府已经启动了一系列的复兴项目，如修复梯田的灌溉系统、保护土壤和水资源、培训当地农民和社区及推广生态旅游等。这些项目旨在改善梯田的物质条件，增强当地人对梯田的认同感和责任感，促进梯田与现代社会的可持续发展。提出保护思想为"本土智慧"，意思是在梯田保护策略与实施上最大程度地让原住民参与，全方面促进原住民与各利益相关领域之间的合作。科迪勒拉水稻梯田是人类在适应和改造自然环境过程中创造出来的一种独特的农业文化，随着社会经济的发展和变化，这种传统的农业方式逐渐失去了其原有的功能和意义，导致了梯田的衰败和荒废。人类与自然的关系是复杂而微妙的，需要我们用智慧和尊重来平衡和协调。

文化遗产的保护和传承需要创新和合作。科迪勒拉水稻梯田（图5-2）的复兴工作面临多方面的挑战，如物质、社会、经济和文化等。要解决这些挑战，需要用现代技术和设备，结合当地实际，提出创新可行的方案，并与各方利益相关者沟通协作，形成共参与、共受益、共发展的机制。

图5-2 困境中的菲律宾科迪勒拉水稻梯田

生态旅游是一种有利于文化遗产保护和发展的方式，需要我们用规划和管理来优化和提升。科迪勒拉水稻梯田作为世界文化遗产，具有很高的旅游吸引力和潜力。通过发展生态旅游，可以增加梯田的经济收入，提高当地人民的生活水平，增强他们对梯田的认同感和责任感。同时也可以让更多的人了解和欣赏梯田的历史、文化和美景。生态旅游也需要有科学合理的规划和管理，以避免对梯田造成过度开发、污染或破坏等负面影响。

小结

农业景观是农业生产和多种功能的空间。现代农业被定义为多功能农业，它提供农产品、生态功能和娱乐美学价值。景观美学是指人们对景观的美的感知、评价和创造，现在被广泛认为是一种生态系统服务，即人类从自然环境中获得的非物质利益。人们如何感知景观的美学价值取决于景观的物理特征，如形态、色彩和纹理等，以及这些特征在观众中唤起的感知过程，如注意、联想及情绪等，因此景观的美学价值与人们对景观的想法和感受有关，这些想法和感受受到个人的经验、知识和文化等因素的影响。美学的概念通常被理解为不同于功能或功利，它是一种超越实用目的的审美目的。但是，农业景观的美学与其功能性不是对立或分离的，而是与其生产活动相融合。土地耕作带来了更深的审美反应，和谐的关系和更大的美学价值就存在于"传统"的农业景观中。

菲律宾科迪勒拉水稻梯田正是一个独特的生态农业景观，它展现了人类与自然的和谐共生。通过对梯田景观的空间分析，我们可以发现它具有"林-村-梯-水"的立体空间基质，顺山绵延的稻田阶梯生产景观，以及零星散布的原始聚落斑块。这些空间要素相互关联，构成了一个完整的生态系统，也为当地人民提供了生活、生产和信仰等人文环境。通过对梯田景观的美学意象研究，我们可以感受到它具有高山稻田，古人智慧；依山就势，原始聚落；自然崇拜，人文风俗等美学意象，反映了伊富高人对自然的适应和改造，对生活的简朴和满足，对神灵的敬畏和信仰，也赋予了梯田景观以独特的魅力和价值，吸引了世界各地的游客和学者来欣赏和研究。科迪勒拉水稻梯田不仅是人类与自然共存共荣的一个典范，也是伊富高人传统文化和美学意象的一个载体。我们应该尊重和保护这一遗产，让它能够继续生存和发展，为后人留下一个美丽的绿色世界。

第二节　江南渔桑生态之美：浙江荻港村

"处处倚蚕箔，家家下鱼筌"，唐代诗人陆龟蒙笔下描绘了江南鱼米之乡桑青麻壮、鱼跃蚕眠的独特景观，这样的江南田园风光广泛存在于太湖地区。春秋时期，太湖地区的溇港水利工程开始建造，桑基鱼塘农业生态系统的框架初具雏形，至明末已基本形成由"桑-蚕-鱼"物质循环为核心的生态农业体系，堪称"彼此支撑、协调共生"的生态农业典型代表，2017 年入选进入了全球重要农业文化遗产名录。荻港村地处于湖州市南浔区和孚镇西南方，保留了较为完备的桑基鱼塘农业生态系统，是湖州桑基鱼塘农业文化遗产的核心保护区。历史上这座古村河道纵横，河水两岸荻芦广布，因此得名"荻港村"。历史上的荻港凭借其优越的水运条件，承担着浙江水产品交易中心的职能，孕育出外巷埭、里巷埭两条传统商业街巷。溇港水利体系与桑基鱼塘相互交织，不仅形成了极具江南水乡特色的生态农业生产景观，也衍生出了悠远而深刻的农耕文化。

一、生态农业景观空间结构分析

（一）"溇-塘-田-圩"的基质空间

浙江省湖州市紧靠太湖南岸，有诗云："山从天目成群出，水傍太湖分港流"，生动勾勒出了位于太湖南岸的湖州的自然山水格局。湖州所处的杭嘉湖平原河网密集，是一片湖多地少的沼泽洼地，湖荡棋布，河港纵横，墩岛众多的泑湿低洼之地。在降雨频繁的时节，洪涝灾害时常发生，严重影响了当地居民的生产生活，因此当地居民在滩涂湿地上开展溇港水利工程建设。采用先蓄后排的设计方法，挖掘横塘和纵浦，将洪水逐级蓄入横塘，再通过纵浦将多余的洪水排入太湖，每个连接处还利用水闸来调节太湖与溇港之间的水位。随着科学技术的逐渐成熟，溇港工程集聚水利、经济、生态和文化功能于一体，具有排涝、灌溉、通航等综合效益。溇港水系（图 5-3）像在纵横方向不断延伸的灵动血脉，千百年来供养着这方土地之上农耕人家的劳作生息。

"田成于圩内，水行于圩外"，纵溇横塘的水利系统促成了桑基鱼塘的形成发育。为了适应水网密布的土地环境，有效地提高土地利用率与产能，农民在低洼的纵溇横塘之间开挖水塘，将挖出来的河泥堆在水塘四周种植湖桑，桑叶用以培育喂养幼蚕，幼蚕食用桑叶后排出的蚕沙又可用于喂养塘鱼，就此形成了塘基种桑→桑叶养蚕→蚕沙喂鱼→鱼粪肥桑的生态循环农业模式，成为江南传统农业精耕细作的典范。

荻港村至今还保留着五千多亩桑基鱼塘（图 5-4），是中国最大、保存最好的桑基鱼塘所在地。从整体布局上来看，塘与基的交接与组合形成了桑基鱼塘的肌理，运河的引水河道呈 Y 形贯穿整个桑基鱼塘。不规则的鱼塘宛若一个个气泡分布其中，堤上种植成片桑树，呈现出蓝绿交织的网格状肌理。阡陌

图 5-3　溇港水系

交错，星罗棋布，错落有致，规律中体现着变化，十分壮观，具有极强的视觉美感和极高的景观美学价值。

图 5-4　荻港村桑基鱼塘卫星图

（二）"水-桥-廊-街"的廊道空间

（1）水　荻港村四周环抱着老龙溪与东苕溪，村内水域总面积约 245.3 公顷，约占全村面积的 38.9％，荻港村内外水系相互连接，形成层次分明、井然有序的河道体系，串联了村内各个重要的节点空间。在荻港村中，水道、连廊、民居建筑相互依存，与形形色色的桥坝相互串联，形成了便捷通达、极具江南特色的交通廊道。

（2）桥　村内交通以河为主，陆路为辅，路随水走。曲折的水道与青石街巷相承相续，桥与水埠成为水陆交通的连接点，桥之于荻港村的重要性便可见一斑；古石桥形制各异，镶嵌于水网之上，串联起被水道分割的聚落空间（图 5-5）。

图 5-5　石板桥

（3）廊　传统民居通常在建筑正面或临水一面架设风雨廊，风雨廊户户相通，适应江南多雨的气候环境，供居民在陆路穿行，联系着荻港村主要民居与传统商业街。其中，村内西侧、紧沿东苕溪南北向延伸的外巷埭和里巷埭是这种风雨连廊建筑形制的典型代表（图 5-6）。

图 5-6　风雨连廊

（4）石板街　村内石板路纵横交错，如陈家弄、余古弄、思净弄等，其中从凤凰桥到秀水桥之间的石板路被誉为"古村第一石板路"，全长千余米。这些石板路初建于清末民初，历经百年风雨，如今仍然发挥着古村步行纽带的作用。

（三）逐高临水的斑块空间

荻港村农业景观空间由生产环境、自然环境作为基底空间，以水系与街巷作为廊道空间，其中穿插着大小不一的斑块，这些斑块空间作为村落空间中最灵活多变的构成要素，不仅满足了村民生活与文化活动的需求，也丰富了村庄空间形态。

（1）人居聚落空间　荻港村人居聚落选址布局充分考虑到基址山水格局，因所处区域地势低洼，在建造房屋时往往选取高地，傍水而建。因用地有限，房屋建造得较为密集。人们倾向于在河道和码头附近建造居舍，便于商贸货运，久而久之形成了依附于古运河、贯穿于村中市河的古建筑群，聚落与桑基鱼塘一溪之隔，往返便捷，利于村民日常的农桑劳作。

（2）临水空间　荻港村内水路发达，再加上聚落选址于圩岸宽阔之处，河道以及河道单侧的街道在村中发挥骨架组织作用，也是公共空间的组成部分，又是各种空间相互联系发生关系的媒介。码头、桥头等因水而生，重要的公共建筑和点状公共空间也多临水布置，水系转角、交叉处则多结合桥梁布置广场等重要空间节点（图5-7）。

图5-7　临水空间

（3）公共空间　村内的公共空间是他们在农忙结束、闲暇之余娱乐交流的场所。始建于乾嘉年间的"南苕胜境"建筑群（图5-8），园内不仅有亭台楼阁，红荷绿柳，堤岸曲桥，还有云怡堂、积川书塾等蕴含文化气息的古建筑空间，为当地居民留下了珍贵的记忆载体；荻港村内现存的演教寺是聚落空间组织和居民社交的重要场所，通过共同的信仰和民间仪式行为塑造集体的空间领域感，并进一步加强居民对荻港古村落文化的认同，增强社群凝聚力和巩固社群关系。

图5-8　南苕胜境

二、农业美学意象

（一）荻芦水色，生态田园

荻港村桑基鱼塘农业景观的美感不仅来源于视觉上的形式美，更体现在其农业生态系统的生物多样性、田园景观多元性和生态系统协调性。农耕文明时代形成的桑基鱼塘农业生态系统，使荻港村形成了人与自然长期良好互动的局面。古村落由溇港水利、桑基鱼塘和水乡三大部分构成，集中表现为生产性、生活性及生态性高度协调的特征，蕴含了多元化的物质与非物质文化遗产，是对农业生态美最切合的诠释。

"倚港结村落，荻苇满溪生"生动描绘了荻港村的田园风光。荻港村古村落是全球重要农业文化遗产的核心保护区，外围完整地保存了传统桑基鱼塘的农业景观，水塘密布，桑树林立。"桑基鱼塘"传统生态农业系统以"水塘-桑田-湖鱼-湖桑-蚕"作为主干，并延伸出众多的次生系统，各层级系统、生物种群之间在人们的农业活动中相互影响，实现系统内部能量的转化与高效运用，荻港村因此成为物产丰富的膏腴之地。此外，运河、水塘、塘间堤岸、杨柳桑林的空间层次多元而丰富，极大地丰富了区域内的生物物种多样性，包括鱼类、飞禽、昆虫及浮游生物等庞大的生物群落，荻港村周边的生产区域不仅广布桑树稻田、蚕场鱼塘，也在河堤溪边生长芦苇、菖蒲、垂柳等喜湿植物，与四时之景相应，形成极富江南鱼米之乡特色的田园风光。

（二）廊桥相承，水乡聚落

就人与环境的关系来说，环境不仅需要"宜居"，还需要将"乐居"看作环境美的最高功能。"乐居不仅注重环境对人肉体生命的影响，而且注重环境对人精神生命的影响"。在自然环境与农业生产相互作用基础之上所营建起来的水乡聚落，是水乡居民对于"宜居""乐居"的追求。荻港村依河而建，绕在古村外围的运河川流不息，船舶码头、廊街巷道都是大运河留给荻港的深刻印记。村落因水成街，十里水市繁荣，基于溇港水利工程发展起来的桑基鱼塘农业生态系统，与四通八达的水运环境促成了荻港村曾具有的丝绸行、茧行、鱼行、米行等、13 家茶馆及 18 家商行，体现出连绵不断的商品交易盛况和繁荣文化，以及农业对乡村聚落产生的多元且深远的影响。

村落内临水而建的江南民居、鳞次栉比的货行商铺、起承转合的古桥街巷、红墙映柳的演教禅寺和清冷古朴的南苕胜景等文化胜景或遗迹，无不洋溢着深厚而丰富的江南水乡人文气息。石桥、水道、风雨连廊共同组成荻港村聚落连通各方的经络。连廊作为荻港村传统民居建筑形制的一部分，不仅提供了便捷的陆路交通，也是当地居民频繁使用的邻里空间。连廊靠水一侧通常设置"美人靠"，给予居民农忙之余与邻里交流、日常休憩、娱乐怡情的舒适空间，体现出江南水乡独特、闲适的生活情调。这些古色古香的文化空间千百年来掩映在江南广袤的山水田园之中，如同一幅泼墨的荻港渔家画卷，也将美丽乡村的田园美、聚落美展露无遗。

（三）诗话鱼桑、耕读并举

农业生产中，人的活动占了绝大部分，因此农业景观中具备明显的人为性和文化性。荻港村依托独特的"桑基鱼塘"自然生态肌理和延续已久的人类农作活动，加上特定时代下的政治文化环境，荻港村形成悠久深厚的耕读文化、蚕桑文化及渔文化等各种优秀传统村落文化，成为中国乃至世界的重要农业文化遗产之一。

耕读文化深深镌刻在荻港村的每一个角落。自明代起，荻港便有"九里三阁老，十里两尚书"的美誉，和大多的江南千年古村落一样，崇文重教，是古村落得以延续的根源。朱熹后裔朱春阳和章家望族一起集资建造的积川书塾在清朝二百多年间，共培养出了两位状元，57 位进士，200 多位太学生、贡生，

110 位诗人。书塾外的空地上还留有乾隆年间朱珪的《积川书塾记》石碑，以及嘉庆帝御书"玉清赞化"碑刻。如今荻港村的儿童每年开学时会来积川书塾参与启蒙礼活动，在老人的指导下学写"人"字，接受荻港村"诗书传家"耕读文化的熏陶与教育。"善为至宝，一生用之不尽；心作良田，百世耕之有余""传家两字、曰读与耕；兴家两字、曰俭与勤……"诸如此类文书记载，荻港村的耕读文化在其中皆有迹可循，可见从事农业生产的乡民对于知识和美好生活的颂扬与向往（史诗悦，2018）。

桑蚕文化从桑基鱼塘农业生态系统中孕育出来，与太湖地区的信仰——蚕神的民俗信仰息息相关。当地每年都有两次祭祀蚕神的节日，每年的清明节，湖州各地的蚕农划船云集到含山"轧蚕花"。蚕妇头戴彩纸蚕花，到蚕神庙里祭拜，长者身背红布"蚕神包"，上山绕行一周，有时会请戏班演蚕花戏，在民间艺术中便有了蚕桑舞龙队、鱼鼓乐队等。

三、桑基鱼塘生态农业景观资源的活态传承

（一）桑基鱼塘的景观资源

生态农业景观的内容主要包括农业自然生态景观、生产景观和生活场景等方面（何军斌，2008）。在太湖南岸的溇港水利工程之上发展起来的桑基鱼塘农业生态系统，给村落居民带来了富足的生活物资以及聚落文明发展的可能性。可以说，荻港先民在长时间与自然环境良性互动的过程中，实现了人在生存之上更进一步的可持续发展，衍生出江南独特且多元的地域性景观资源。

第一，基于桑基鱼塘生态农业生产的基础上完备的农业生态循环系统。在此系统中的营养物质和废弃物周而复始循环利用，发挥出巨大效能，而在这一主系统之外，农民还通过引种驯化来不断扩充当地的生物物种资源。第二，基于江南优越环境资源与农业生产之上丰厚的物质资料。湖州不仅盛产蚕丝纺织和淡水鱼，还会在桑基鱼塘中穿插种植和养殖其他农产品。丰富的农产品加上四通八达的水网航道，荻港村的商贸货运来往络绎不绝，临水的商铺货品琳琅满目，足见江南鱼米之乡之富饶。第三，基于溇港水利工程与桑基鱼塘逐渐成熟形成的江南田园景观。圩田与水塘如气泡般密布于大地之上，桑树、杨柳等植物盛植于塘基或者堤岸，最终形成了种桑养蚕和养鱼相辅相成、桑地和池塘相连相倚的江南田园景观。第四，基于水乡聚落长期积淀凝练的历史文化资源。荻港村内形制各异的石桥、古建筑等物质文化遗产以及鱼桑文化、蚕文化、耕读文化等非物质文化遗产多元而丰富。第五，"耕读并举"的聚落文化。这座村庄走出过中国地质事业创始人章鸿钊、上海钱业公会会长朱五楼等名

人，诗书传家、耕读并重的文化传统也影响着当代的荻港后人，许多后人从城市回到乡村，为推动荻港村桑基鱼塘农业生态系统文化遗产保护与传承，为荻港村乡村振兴作出贡献。

（二）桑基鱼塘农业文化遗产的传承与更新

现代经济社会的发展，对荻港村桑基鱼塘农业生态系统的发展形成了一定的阻碍。改革开放初期，村庄走上了工业化的道路，围田造厂一度成为当时的趋势，荻港村的自然生态环境遭受了严重的破坏；与此同时，人口外流、鱼塘和农田被闲置，农业生态系统遭受了巨大的打击。城市文化的流入也对传统的人文景观形成了巨大的冲击，一些老式民居被洋房代替，传统的古村人文风貌也逐渐流失。这一现状折射出，太湖周边乃至更广泛的以桑基鱼塘生态农业为基础的传统村落在当下所遇到的困境。中国传统村落是在传统农耕发展的基础上形成的，因此为改善当下此类传统村落的情况，寻求有效的方式保护其农业底色——活态传承桑基鱼塘生态农业景观资源显得至关重要。

近年来，村委会基于当地桑基鱼塘农业文化遗产，大力挖掘和传承"千年鱼文化、百年陈家菜"，以"修旧如旧、建新如故"的理念建设新农村，通过文化传承、环境提升及旅游经营等策略，现卓有成效地推动当地乡村振兴。传统桑基鱼塘的活态传承，还要与现代科技和经济社会相互承接。随着时代变迁，荻港人在东苕溪西岸建设大片"渔光互补项目"实践基地，在鱼塘塘面上铺设起几十万块太阳能光伏发电板，形成水上发电、水下养殖的"光伏鱼塘"生态模式，一地两用，大幅提升了农业土地资源空间的利用效率。从桑基鱼塘到光伏鱼塘的转型，是农业生产适应时代变迁进行自我更新的成功案例，既体现了现代科技力量对农业生产的加持，更是对可持续发展观念的践行与升华。

小结

此节以荻港村为案例对象，分析溇港水利工程和桑基鱼塘生态农业中所蕴含的农业美，荻港村的生态农业景观由"溇-塘-田-圩"的基质空间、"水-桥-廊-街"的廊道空间和逐高临水的斑块空间共同构成，并孕育出荻芦水色、生态田园的江南风光，廊桥相承、水乡聚落的栖居景象，诗画鱼桑、耕读并举的人文风貌。桑基鱼塘农业生态系统也是世界重要的农业文化遗产，在当下经济社会的冲击之下，更是践行乡村振兴一系列举措的底色。农业文化遗产的活态传承，不仅需要保护与继承，更需要置于现代科技与经济生活当中，与时代相承接。

第三节　生态农业艺术创作之美：桃米村

　　艺术与农业有着本质的区别，但人类对美的渴望却源于他们天生具备的探索和创造能力。早在19世纪，瓦迪斯瓦夫·塔塔尔凯维奇就指出"典型见解是肯定双重之美：一重自然之美与一重艺术之美"，肯定了生态农业与艺术美学之间的内在关联性。

　　生态农业与艺术创作的结合不仅是农业的复兴，更是艺术的新生。桃米生态村是国内具有里程碑意义的案例，日据时期即设有挑米坑庄，后经过流转等缘由将"挑"米写为"桃"米这一形近字。它位于南投县埔里镇西南方，是台湾唯一一个不靠海的县，桃米村占地面积约17.9千米²，拥有453户居民，总人口超过1 200人。桃米村从地理位置上来说存在着两面性：一方面，因为它的单一农业经济、交通区位等方面相比于沿海县城来说有着先天的不利条件。直到20世纪90年代，桃米村仍被南投县认定为贫困地区之一，桃米村曾被当地居民戏称为"鬼都不敢来的"穷乡僻壤。另一方面，桃米村位于海拔420～800米，坐落在风景如画的山川之中，同时它是连接中潭公路和著名的日月潭的唯一路线。该地区拥有清澈溪流、广阔农田、错落村庄、郁郁葱葱的森林和各类湿地，创造了多样化的、迷人的自然景观，其自然农业条件的优越性为其日后的生态社区营造奠定了磐石般的基础。

　　但具有如此生态之韵律的村落却在20世纪20年代初遭受了一场地震危机，从某种意义上说，此次劫难也可被认为是桃米村转变之开端。1999年的"9·21大地震"使桃米村成为重灾区，原本就贫穷寥落的乡村发展更是失去了希望。后经由暨南大学的推荐，"新故乡"文教基金会（非政府组织）的介入，当时在桃米里里长的要求下，"新故乡"专门负责灾后重建，设计重建路线、引进资金等，系统凝练培育社区的自主发展意识。这个曾经落后的村落，如今正迅速崛起，不仅保留了自然农业也实现了产业的转型，还在努力建设更加完善的动物保育生态环境，同时也体现了桃米村村民在灾后重振家园的坚定信念及基于生态条件下艺术创造力的营造与营生。已然成为我国目前发展较为健全的自然街区，后将命名为"桃米生态村"，沿用至今。

一、废墟之上的生态原乡

（一）"溪-塘-湿-林-田"的生态基质

　　桃米村地处亚热带，气候温和潮湿，适合万物生长，自然资源地理位置得天独厚。高海拔的地理区位使它拥有了不同于一般村落的以山脉、丘陵、湿地、山谷和各种动植物为特征的多样化景观，使桃米村具有了"溪-塘-湿-林-田"的生态基质。

桃米村拥有丰富的水资源，六条溪流穿梭其中，清澈的溪水滋润着大地，季节性的野花也随之绽放，使其成为"埔里泉水甲台湾，桃米泉水甲埔里"的绝佳之地。清澈的溪水不仅可以滋润农田，也可以滋养树林，构筑出完美的自然生态环境，使人仿佛置身于仙境之中。桃米里境内，有蜿蜒曲折的桃米坑溪纵贯着整条桃米里的天然景观，桃米坑溪发源于鱼池镇，溪流两岸地形复杂多样，有浅滩、激流、暗沙、缓溪及曲溪等自然生态景观，加上桃米村的另外五条溪流，即中路坑溪、纸寮坑溪、茅埔坑溪、种瓜坑溪和林头坑溪，都为各类动植物提供了生长繁殖的绝佳环境。桃米山、桃米坑山和白鹤山峰筑起一道壮丽的山脉，登高可远眺周围的合欢峰、九九峰、埔头市街；此外，桃米村内隐秘的水上飞瀑，蕴含着值得珍视的森林资源，也是桃米村独特的自然景观，宛如山水画卷一般。

桃米坑湿地是中国开展环境教育和旅游活动的全国重点湿地，是世界上生物多样性程度最高、产量最大的自然生态体系之一，对人类而言它同时存在着生态、环境品质、经贸、教育、观光和科学研究等多种多样的综合功能与价值。因未曾被开发破坏，加上桃米村民以"生态工法"为主的营造模式，这些天然湿地还保持着较完好的地形和环境特点，主要包括草浦湿地（约4公顷）、诗凉湿地（约1公顷）和碧云湿地（约1公顷）等，小型湿地则遍布全村各处，不论大小这些湿地都为动植物提供了广阔的展示舞台和生长空间，这些开放的湿地可以供游客游憩、观光、教育，同时体验生态之美。

（二）溯溪而上的农业生产廊道

桃米村数条小溪的分流，使得村内次级水道畅通，村民在此基础上创造出数条溯溪而上呈线性分布的农业生产廊道，桃米村的农业生产廊道与溪流、民居建筑相互依存，形成了极具山地丘陵地貌特色的交通廊道。

陈望衡认为，农业最大的意义在于让人安居，安居后才会给人以"家园感"，从这一角度看，农业是环境美学之源。桃米里地貌复杂，且土壤相当瘠薄，早期村民以在树林中辟地栽培甘薯、旱稻等为主，日据时期也有人以伐樟熬油、锯木制材谋生。之后由于桃米村生态环境的改善，陆续种植各种经济农作物，其农业生产廊道主要种植生产的农作物以竹笋、筊白、生姜、食用菌、茶、花卉及金线莲为主，这些都是村民的收入来源。桃米村生态农业为主的发展方向，一方面为社区居民提供了对内的基本物质生产资料，也带动了当地农产品对外营生的多元流通路径；另一方面，桃米村农业景观对于保持与扩展自然生态基底的延续具有重要意义。

（三）镶嵌于绿野的社区斑块

桃米村农地景观以生产环境和自然环境为依托，以水网和街巷为廊道，不同规模的斑块星罗棋布分布于其间，不仅体现了农人的生活形态和生活需求，也衬托和体现了农人的生活习俗和建筑文化，同时它又是乡村空间中最为灵活多变的构成要素，丰富了乡村空间形态。

1. 因地制宜的聚落空间

桃米村由于特殊的海拔地理区位特性，不同于沿海及平原地区城镇的建筑分布形式，桃米村建筑布置因地就势，随形而建。

台湾中部的南投县地处中央山脉西北，被山岭茂林环绕，水汽资源充沛；桃米村位于南投县，在山水青碧的日月潭附近，桃米村的民居建筑散布于山丘池塘之间，犹如镶嵌于绿野的社区斑块一般。整个村落沿中潭公路呈带形发展，并集中建设于公路西侧。

2. 融于自然的社区规划

桃米村生长于山野林间，其社区规划以生态工法为标杆，社区中较少见高层建筑。民居建造材质大都采用木结构，建筑色彩多以棕、灰、褐色为主流，少见突兀色彩。桃米村社区如此营造的空间尺度，使得民居建筑面貌很好地与生态林田溪融为一体，从而避免过高的建筑物在山林之中所产生的隔离感。

二、再造生态原乡——美的意涵

（一）艺术介入，生态 IP

1. 艺术介入的起点——"纸教堂"的信念传递

"纸教堂"对于桃米社区而言具有重要的意义，它是台湾第一个纸质教堂，也是第一个来自海外的纸质教堂，在桃米社区的振兴中起着至关重要的作用。回看桃米村的漫长历史，从一片废墟到一片创意之地，它所蕴含的独特思想和采用的方法，给人们提供了一种实用的、充满活力的创新模式，而纸教堂的出现，正是这种模式的起点。

1995 年神户大地震后，因原教堂被地震摧毁，亟须建造新的礼拜场地。于是由日本建筑师坂茂主张，运用纸材质轻巧、使用方便的优势来建造"纸教堂"，为当地灾民兴建了这样的礼拜场地。此建筑概念除表达实质上的脆弱性外，亦表达了信念的坚定性。后桃米社区的纸教堂，在"新故乡"董事长廖家展先生的赞助下进行建设，并通过社会人士与义工协助的方式将神户教堂加以拆卸、迁移及重建而成，于是由坂茂所设计的日本神户纸教堂完成了它的"迁徙"之程。其外立面主要由长方形空间拼接而成，一半的椭圆形空间已完全打开，大大拓展了民众的活动空间，方便室内外空气流通；建筑内的椭圆形空间，可放置至少 80 个可随意活动增减的座位。这座教堂完成后，成为"桃米文化创意"的发源地，也逐渐吸引了台湾艺术家到这里进行艺术与装置的创作。

这座古老的纸质教堂已经成为桃米村的地标建筑，它不仅代表着乡村在震后的回忆和精神，同时也是一个聚居的、接待各种公众活动的中心（图 5 - 9）。

图 5 - 9　纸教堂

2. 生态工法之道——青蛙共和国 IP 的共同缔造

纸教堂过后，村庄的特色发展仍迫在眉睫，"新故乡"基金会邀请了众多农业科研教学单位的科技团队和当地农民进行技术合作，并对原桃米的生态资源状况进行了较为全面的摸底调研后发现，原桃米村自然资源相对优厚，如原桃米社区有 23 种青蛙、49 种蜻蜓。根据这一情况，桃米联合社会各界，共同探讨并制定了"桃米生态村"的重建计划，旨在将隐藏在偏远山谷的桃米社区打造成一个"以青蛙为主题"的融合绿色农业、自然环境保护以及文化休闲活动于一体的综合性项目。

生态村的构架是一项强调"空间营造"的行动，必须在社区共同期望及居民自主意愿的前提下打造社区，因此桃米社区在社区发展协会的努力下集结了一批建筑、板模、造景的人才组建了桃米艺术创作教育组织——"生态工法营造小组"，专门负责社区中各类景观设施的建造与改造工作，生态工法的设立旨在教导当地居民生态性的营造方法，即在保证居民不能破坏自然环境的前提下运用生态材料进行各项景观设施的建造。

　　为凸显桃米野生动植物在台湾省内的生物多样性，大青蛙、小蜻蜓样式的公共艺术作品，被提升为村落中的符号 IP 形式，广泛体现于村落中的景点、雕像、标志及小品中，例如在社区入口处放置了巨型竹编的青蛙与蜻蜓等，其中挑米的青蛙（图 5-10）便是桃米村的灵魂代表，像守护神般，与社区内的植物、空气、人凝聚成一体。除沿袭专家传授的生态工法外还发挥自身巧思，创出给游客留下深刻印象的"吓一跳"吊桥蜻蜓流笼（溜索）。还有农民用纸、布及石子等乡土材质所做成的手工艺品等，也体现了社区村民都在深度强化当地的"青蛙国主题"形象，以至于每当提起青蛙故乡，大多数人便会立马想到桃米村。通过艺术介入、特色开发的"青蛙 IP 创意"理念使得昔日没落的传统乡村完成了"弯道超车"。

　　在生态氛围的熏陶下，居民在建造个人住宅时也会从生态的视角去设计，进行如同艺术品般的创作，旨在使建筑物整体氛围融入自然，例如村民在建造时为达到节能减碳的功效使用采光性能优秀的玻璃材质、在色彩上用与自然协调的色彩来装点房屋等。这些艺术性的创作烘托出了村落里人与自然和谐相处、共同发展的良好氛围，这在青蛙等生物及地方民俗文化的保护方面发挥着关键性作用，从而引导了社区村民和游人共同建设青蛙共和国。

图 5-10　挑米的青蛙

（二）居民参与，生态人文

　　"社区（Community）"这一概念最先由德国社区专家滕尼斯提出，认为"社区"是一种地域范围较小的、同社会具有较紧密的相互关系的、传统性很强的地域性的社会生活共同体。桃米生态社区注重的是一种人与自然和谐共处、可持续发展的社会运营管理模式，当地居民参与是桃米社区营造成功的宝典，"新故乡"的牵线搭桥和参与指导，使桃米居民能同心协力为相同的目标合作，也是桃米生态村能够成功营造的基本条件。

桃米社区营造的起点要从一场护溪行动说起，"新故乡"文化教育基金会发起的"大家一起来清溪"活动旨在激励居民以更加积极的态度参与到桃米村的重建中来。经过护溪行动，村民逐步提升了对家园环境的认知，并将其凝聚为一种主体意识，实现了从教育学习到行动实践的转变，从而达到居民协力营造桃米生态村之愿景。

如今，在居民参与、非政府组织指导及社区保障机制的多方协同作用下，桃米村河流湿地生态得以有效修复，生态多样性丰富度大幅提升。

（三）生态美农，业态演绎

基于对桃米村的共同愿景，通过对自身特点的认知提升，以生态工法为先导，推动多产业协同发展，形成了"以生态保存为核心，以农业发展为导向"的多元化的生态美学。当自然环境逐步得到改善、生态的方式慢慢形成了习惯以后，村里有序地指导农户逐步通过生态农业的手段对原有的耕种模式加以改变。桃米村的主导产业以生态农业为主，全村 1/5 的村民从事生态农业相关产业，其他村民主要从事传统农作物的种植，以生态旅游的开发促进主导产业的提升。

村里还通过建设自然步道、人工湿地和公共设施等措施，引进生态旅游及与休闲农业相关的产品，并利用"新故乡"开办的环境课堂，培训本地的"环境解说员"，拓宽农民就业的同时帮助游客理解本地环境资源，目前村里获得注册证书的解说员共有三十多位。同时开展农事及传统文化感受、社会观光及访学、环境学会与培训等"畅游桃米"服务项目，并借助村里特有的青蛙形象开展旅游商品的推广与形象宣传，吸引了众多游人到"青蛙村"游览与休闲。目前村里的旅游内容丰富多样，涵盖了个人游、亲子游乃至商业考察等，因此桃米社区成为人们贴近自然、认识自然的必然选择。

三、生态农业与艺术创作的结合

桃米村在地震发生之前的情形，大致可以概括为：社区地理区位不受重视、社区活动少并且环境较为脏乱等。外界社会对于桃米村的曝光度微乎其微，同时缺乏美的意境，使得其经济产业日渐衰退。

地震是危机，也是转机。尽管桃米村在地震中遭受了巨大的打击，但在社区重建的过程中，它逐渐成为一个融合了"生态保育"和"生态农业艺术"的教育基地。桃米村为台湾最有特色的原乡村创意实验之一，它既保留了传统自然农耕的原农村生产经济，借助生态农业优势当作创新的根底和创意生产经营的基础，指导村民进行生态旅游；又通过基础性的考察和调研，对自己的优势条件和优势产业有了更为正确的认识，从而借助当代艺术方式，以青蛙为 IP 展开文化创意活动，对原村落人、空间与产品进行了活化和重塑。同时其发展过程离不开政府与非政府组织对本地生态农业景观与生物群落的充分重视和悉心照顾。桃米村成为生态农业与艺术创作之间的媒介，随着艺术与文化逐渐延展开来，为社区带来了知名度大增、转型有成、业态提升、景观与居民对于生态保育观念的改变等现实效益。

小结

本节以桃米村为案例对象，旨在说明作为一个传统农业发展模式下，保留相对完整的中国传统村落特征的聚落如何借助农业资源和美学原理进行融合和体现，使其聚落发展重新焕发生机。桃米村的生态农业由"溪-塘-湿-林-田"的生态基质、溯溪而上的农业生产廊道、镶嵌于绿野的社区斑块空间共同构成，并孕育出农业与艺术同框的田园风光与居民同构的精神风貌。在当下经济社会发展进程中，传统村落正面临着集体消亡的危机，通过生态农业与艺术结合，在营造与营生两全的生态与经济效益中，实现对传统村落的活化与塑造，从而更好地去活络亟待新生的村落，这对相关的生态农业社区的永续发展有着理论与实践上的双重意义。

总结

本章以菲律宾科迪勒拉梯田、浙江湖州荻港村桑基鱼塘和台湾桃米村生态农业社区作为案例，阐述农业美学中蕴含的生态美。科迪勒拉梯田是人类智慧和劳动的结晶，是山地农业生态文明的象征，是人类与自然共存共荣的一个典范，展现了人类与自然的和谐共生；桑基鱼塘农业生态系统从溇港水利系统中发展出来，是对自然环境、生态循环的有效利用，现存最集中、最完整的桑基鱼塘农业文化遗产处在荻港村，这个极富有江南水乡风情的村庄因桑基鱼塘与溇港水利而繁荣起来，向人们展现出丰饶富有的江南田园风光；桃米村是遭受地震的洗礼后在废墟中发展起来的生态原乡，通过产业转化、环境涵养、动物保育等一系列举措，尤其是将生态农业与艺术创作结合起来，营建具有艺术审美的生态农业社区，使村庄焕然一新。随着现代社会的快速发展，传统的生态农业这一珍贵的农业文化遗产不仅需要继续维持物质循环、经济高产等硬性要求，同时也要为人类的生存生活提供生态宜居、文化熏陶、艺术审美的媒介。立足于新时代、新要求，传统的生态农业需要进一步扩展自身的功能与发挥更大的作用。

参考文献

车衍晨，2021. 杭嘉湖平原乡村聚落景观调查研究 ［D］. 杭州：浙江农林大学.

陈望衡，2007. 农业景观的历史变迁：从农业社会、工业社会到后工业社会：兼谈社会主义新农村建设中的农业景观建设问题 ［J］. 河南社会科学，90（4）：13 - 15.

陈望衡，2011. 乐居：环境美的最高追求 ［J］. 中国地质大学学报（社会科学版），11（1）：120 - 124.

陈望衡，2015. 再论环境美学的当代使命 ［J］. 学术月刊，47（11）：118 - 126.

范霄鹏，张晨，2018. 浅议生态社区营造策略：以台湾桃米村为例 ［J］. 小城镇建设，348（6）：69 - 75.

顾兴国，刘某承，闵庆文，2018. 太湖南岸桑基鱼塘的起源与演变 ［J］. 丝绸，55（7）：97 - 104.

何军斌，2008. 论生态农业景观的构成 ［J］. 湖南人文科技学院学报（6）：64 - 66.

何露，2014. 濒危之患：菲律宾伊富高水稻梯田带给哈尼梯田的启示 ［J］. 世界遗产（9）：55 - 56.

侯惠珺，罗丹，赵鸣，2016. 基于生态恢复和文化回归的梯田景观格局重建：以菲律宾科迪勒拉高山水稻梯田景观复兴为例 ［J］. 生态学报（1）：148 - 155.

胡友峰，2022. 西方生态美学的缘起、发展与转型 ［J］. 社会科学辑刊，261（4）：156 - 167.

蒋盛兰，2016. 生态社区公共空间环境设计中的环境心理需求研究 ［D］. 北京：北京林业大学.

李奕仁，沈兴家，2021. 桑基鱼塘的兴起与式微：从"处处倚蚕箔，家家下鱼筌"说起 ［J］. 中国蚕业，42（4）：60 - 64.

卢叶，景峰，2009. 困境中的菲律宾科迪勒拉水稻梯田 ［J］. 中国文化遗产（1）：34 - 39.

裴知，浦欣成，杨含悦，2014. 坂茂"鹰取纸教堂"的空间解读与分析 ［J］. 建筑与文化，125（8）：97 - 99.

任荣敏，陆新民，汤国荣，2023. 荻港村土地利用的"前世"与"今生"：从"桑基鱼塘"到"光伏鱼塘"［J］. 地理教育，348（6）：2，81.

沈费伟，2022. 资源型村庄的全域生态治理研究：以浙北荻港村为例 ［J］. 湖州师范学院学报，44（9）：1 - 8.

史诗悦，2018. 从村落景观看荻港古村落文化的开发与保护 ［J］. 湖州职业技术学院学报，16（4）：88 - 91.

田云，邹越，2016. 以桃米社区为例探析台湾社区营造的经验［J］. 艺术与设计（理论），2（5）：78－80.

王香春，罗川西，蔡文婷，等，2022. 近二十年中国乡村景观特征体系研究进展［J］. 中国林，38（4）：44－49.

吴怀民，金勤生，殷益明，等，2018. 浙江湖州桑基鱼塘系统的成因与特征［J］. 蚕业科学，44（6）：947－951.

闫超，2018. 传统村落的生态社区营造模式研究［D］. 苏州：苏州大学.

周琼，2015. 台湾桃米社区生态产业发展及其启示［J］. 台湾农业探索，134（3）：1－4.

Berleant A，1997. Living in the Landscape：Towards an Aesthetics of Environment［M］. Lawrence：University Press of Kansas.

Berleant A，2004. Re－thinking Aesthetics Rogue Essays on Aesthetics and the Arts［M］. Aldershot：Ashgate.

Brady E，2006. The Aesthetics of Agricultural Landscapes and the Relationship between Humans and Nature：Ethics［J］. Place and Environment，9（1）：1－19.

Bretagnolle V，2018. Towards sustainable and multifunctional agriculture in farmland landscapes：Lessons from the integrative approach of a French LTSER platform［J］. Science of the Total Environment（627）：822－834.

Daniel T C，2001. Whither scenic beauty? Visual landscape quality assessment in the 21st century［J］. Landscape and Urban Planning（54）：267－281.

Greider T，Garkovich L，1994. Landscapes：the social construction of nature and the environment［J］. Rural Sociology（59）：1－24.

Jongeneel R A，Polman N B P，Slangen L H G，2008. Why are Dutch farmers going multifunctional?［J］. Land Use Policy（25）：81－94.

Kant I，Guyer P，Matthews E，2000. Critique of the Power of Judgment［M］. Cambridge：Cambridge University Press.

第六章 农业景观美案例分析

第一节 风景之美：甘肃迭部扎尕那

扎尕那位于甘肃省甘南藏族自治州迭部县益哇乡，截至2019年，扎尕那行政区域面积为9 026.45公顷。当地人结合生态系统中的各个要素，如林田、水系、山体、草场和藏寨等，实现"天人合一"，万物和谐共生，形成了和谐且互相联系的半农半牧型农业生产系统——"扎尕那农林牧复合系统"。因扎尕那位处寒冷高地，耕地面积受海拔和山地条件的限制，其经济来源的模式以畜牧业为主，兼顾农林，这种以"利用自然为主、改造自然为辅"的生产模式，为扎尕那农业文化遗产可持续发展奠定了良好基础。

2013年5月，"扎尕那农林牧复合农业系统"被选入我国第一批农业文化遗产名录；2014年，因其丰富的人文旅游资源活动，扎尕那入选全国"特色民俗村"；2018年，联合国粮食及农业组织将"扎尕那农林牧复合系统"列入"全球重要农业文化遗产名录"。当地高山、森林、草原、农田、河流及瀑布等自然景观与藏式榻板木屋、藏族寺院建筑相互融合，极具观赏性，为当地发展"农业＋旅游"奠定了坚实基础。

一、扎尕那农业景观

（一）"稞-草-菌"的农业生产景观

青稞是扎尕那农业主要的耕种作物。作为高寒地区，扎尕那耕地范围较为狭窄，村民平均耕种面积有限，产出数量有限，难以维持基本的生存。后来受人口流动和战争等因素影响，逐渐发展为"半农半牧型"农业生产系统。扎尕那居民种植青稞是为了满足基础的温饱需求。村民初春耕种，犁耕主要采用二牛抬杠的方式，以充分利用养殖的牛群。播种完后，牛群继续放养于山间的草地中。收割完庄稼后，村民将庄稼捆成一扎一扎的圆柱体，置于晾架上，形成独具特色的农忙景观——晒庄稼。进入深秋后，则把庄稼从晾架上拿下来，进行脱粒、晒干和入仓。

草滩和农田是扎尕那景观的重要组成部分。冬日，雪花覆盖在草滩上，形成一道独特的风景线；大片光秃秃的农田，错落有致，几匹马悠闲地在农田里觅食。扎尕那当地养殖着牦牛、鸟、马、羊，还有梅花鹿、雪豹等动物；后种植蚕豆、小麦、马铃薯及羊肚菌、冬虫夏草和松茸等珍贵植物。由此可知，农业生产不仅是维持生活和延续生命的重要方式，也为当地的农业生产景观提供了丰富性，充满了自然更迭、生命轮回的美感。

（二）"农-林-牧"的复合自然文化景观

"仰则观象于天，俯则观法于地"，以天地自然为最高效法对象，保持与天地万物处于和谐发展的理想状态。扎尕那位于青藏高原东缘，在海拔 2 000 米以上的高寒地带，也是青藏高原、黄土高原和四川盆地的交会地带。地理位置塑造了扎尕那独特的农林牧景观。扎尕那恰好位于北方农牧交错带和南方农牧交错带的交汇处，有明显的垂直分布特征、阴阳坡差异等特点，拥有林地、平原耕地及山地耕地等多种景观。当地形成了从低海拔到高海拔的纵向立体经济类型，包括河滩耕种、浅山林地采集打猎以及高山草场放牧。树种丰富，有多云杉、柏树和松树等。村寨外围是农田，农田周边是森林，森林邻近草场。特殊的地理和生态区位促使了游牧文化、农耕文化以及藏传佛教文化的融合与发展。

扎尕那农林牧复合系统包含农林复合、农牧复合以及林牧复合多种技术体系。一千多年前，中原的农业种植技术传入扎尕那，与当地的游牧文明相结合，逐渐形成了"耕＋牧"的农业模式。经过长时间的发展，最终在明清时期形成了"农林牧复合农业模式"，并延续至今。这是从历史长河中遗留下来的瑰宝，也是当地人民和其他民族共同创造的产物，与中原地区的汉族人民耕作传播同当地游牧民族和吐谷浑人的融合运用密不可分。

（三）"山-石-城"的藏寨聚落景观

扎尕那山清水秀、风光旖旎，处于迭山南部的盆地中。其周边地形呈高山峡谷式，村寨分布在山体缓斜坡上，由自然村寨和山顶拉桑寺组成，其地形宛如一座完整的天然石城，村围寺，绕其城。从横向形态分析，由西向东呈"组团型"聚落分布。受地理位置的限制，村寨面积有限，组团较为分散，相距不远，四村由一条车行道路连接。东哇村是四个村寨中规模最大的村寨，也是整个村寨的发源地。以拉桑寺为中心，向心型扩散，逐渐向南边的山体缓坡处发展。从纵向形态分析，拉桑寺是整个村子的最高点，村寨民居建筑依山而建，随山势起落，整体呈现出山腰缓坡型聚落形态。1925 年美国探险家约瑟夫·洛克探索到了扎尕那，对其描述道："这里山高谷深，层层叠叠，山谷包含着大片森林，如伊甸园一般……它将成为自然爱好者和所有观光者的胜地!"在村寨中,居民不仅利用各家之间的空地开辟田地,而且在周围平缓的地面上,开垦大量田块,方便村民劳作,进而满足全村寨的生存需求,过上温饱不愁的生活。

扎尕那藏寨中的建筑属于甘南藏族传统村落建筑形式——藏式榻板房。当地藏族群众利用本土技术结合汉族建造技术,根据本地的建筑材料和气候特征创造出一种新的建筑技术——"西戎板屋","天水、陇西,山多林木,民以板为室屋","其乡居悉以板盖屋,诗所谓'西戎板屋'"都描述了其独特的风格。藏式榻板房主要材料为木料,且与土、石结合。屋顶是悬山顶式,檐部向建筑主体前后、山墙扩出。装饰质朴,木料用油脂松木可延缓腐蚀。长期暴晒使木质色彩呈现灰白色,外墙肌理粗犷,构造分段。

扎尕那聚落所形成的"山-石-城"聚落环境,融合了山、水、人等各种环境要素,顺应自然地营造了以寺为中心聚落格局和"天人合一"的居住形态,通过整体、和谐、循环、自生的生态控制论方法,营造出扎尕那独特的聚落景观形态(图6-1)。

图6-1 扎尕那

二、扎尕那的农业美

(一)自然主义,共生互动

扎尕那充分体现了中国传统聚落选址的风水思想,坐山临水,背风向阳,与周边的自然环境共同构成了典型的"山-水-田-村"聚落格局,形成了"远山苍翠、近村炊烟、河水静谧、农田顷顷"的美好田园生活风貌。扎尕那的水系由益哇河及其支流组成,水取自村庄西面和东北面高地的山水,环绕着整个村寨,最后注入村寨南边的水口,谓之"金城环抱"。大部分农田位于村庄南面的低洼地区。北面是一座山峰,山峰下有一座寺院,寺院下安置着村庄。村落东面和西面是草场、林地和农田。家畜、野生动物等在此交织共生,形成活泼可爱又和谐的自然韵律。

藏族文化中"不杀生、众生平等"的自然观念,形成了"以神山崇拜为核心"的生态保护文化。扎尕那聚落东部为林地,是全村的"风水林"。仙女滩附近的森林是村里的"神林",村民至今仍遵守着原定的民约——不能在这里砍树。这跟西方的"自然主义"——将自然和社会绝对隔离开有所不同,神林的存在是尊重自然的结果,也是源于当地与自然共生文化的一种生活方式。扎尕那当地生态环境优越,发挥了森林生态系统、草原生态系统和坡耕地生态系统在生物多样性保护和水土治理方面的作用,优越的生态环境为开发具有高生态附加值的产品提供了客观基础。农林牧复合系统构成了纵向梯度景观和横向带状景观,山地、森林、草原、河道等景观融为一体,为休闲农业的发展提供了环境基础,对农业的可持续发展起到了积极作用。"浪山"体现了扎尕那人与自然景观共舞,参与大自然的节奏。夏日,家人和朋友在这里搭帐篷、喝酒、吃肉、唱歌和玩耍。扎尕那成为人回忆生活、唤醒记忆、聚集亲友、回味自然韵律和瞻仰神林的地方,在此享受视觉的美感、味蕾的快感和听觉的惬意。

扎尕那农耕文化、游牧文化和森林文化交织融合,农田、河流、民居与森林、草地相映成趣,整个空间序列按照线性发展,自然景观曲折有致,形成动静相宜、疏密有致、聚散有度的格局,催生出别具特色的自然主义美学和共生互动的农业性生活空间。

(二)汉藏相融,诗画生活

扎尕那地处甘青川三省交汇处,是汉族农耕文化和藏族游牧文化的结合体。"沓中土地极其肥壮,屯田以充军实",三国蜀汉时期,姜维在沓中屯田种麦,同时把汉民族农耕文明引入甘南地区。公元312—842年,吐谷浑和吐蕃统治时期,扎尕那地区以放牧为主要产业,并推动汉化政策。吐蕃灭吐谷浑后,人口流动频繁,农牧业和汉藏文化多层面的沟通与交流,使农林牧系统广泛分布在扎尕那。杨土司时期,社会长期稳定,文化交流畅通,促进了扎尕那地区农林牧复合系统的发展。

扎尕那本土居民信奉藏传佛教。该地区主要建筑除了村落民居,还有寺院建筑,寺院建筑是该地区传统居住区的中心,也是举行重大宗教仪式和定期举行宗教活动的场所。拉桑寺背山面寨，相对独立，但与村民的生活息息相关。寺院的地理位置和建筑外观与民居大相径庭，突显其高贵而特殊的地位，作为精神空间赋予每一个普通信徒生活的意义和秩序感。在明清时期民居出现了以榫卯连接的木质结构，它不同于西藏传统的民居结构，说明汉藏民族之间有着广泛的交流交融。

扎尕那的民俗文化也凸显其独特的生态伦理和生态信仰，如当地的洛萨节和汉族的春节相似，是一年中最隆重的节日。当地传统文化不仅含有藏族特色，也吸收了汉族的传统农业文化。村寨的生活宛如画作，山边的草场现牛羊，山下的田里是庄稼，村中是徐徐生烟的人间烟火色，山里边是打猎和采樵的归家人，形成"汉藏相融，诗画生活"的场景。

（三）转经修行，感知生命

环境美学主要关注原始人类环境和人工创造环境的美感。如经堂是扎尕那民居建筑中不可或缺的空间，主要是家人们用来转经诵经的场所，常设于主起居空间，即整个民居建筑的核心空间，其他的一切空间都围绕其设立，在高度和空间面积上都占有绝对优势，并且空间洁净且明亮，是最重要的活动场所。其分成上下两部分，日常生活方式含有诵经、休息及会客等，具有专属室内，常位于下层，内常摆有火炕、火炉和转经轮等。屋顶的平台供主人做一些简单的家务活或者用于晾晒青稞等农作物。半开放的储藏空间通常用来存放生产工具、作物秸秆和牲畜草料等。生活必需品主要有火炕、火塘等；宗教文化信仰的装饰性陈设，有转经筒、唐卡、经文及经幡等。

环境美学中色彩是重要的组成部分，并且是能丰富景观美学作为环境美学的实践内容，是最先给人留下深刻印象的美学构成成分。农业景观中的自然元素和农业活动与人们的情感紧密相连。农业主要背景基调是清淡宜人的绿色，配上民居建筑装饰艺术中独特的色彩，充分展现了对大自然的敬畏、感激和赞美。白色代表白云、雪山，有圣洁、吉祥之意。在藏传佛教文化中，红色通常是权力的象征，建筑中常被用以辟邪、招财进宝。蓝色意为智慧、博大和高贵，与天空同源。黄色代表土地，给人一种温暖灿烂的感觉，是高贵身份的象征。黑色代表黑夜，有辟邪、守护之意。人们对丰收的喜悦、对大自然的敬畏、对生命意义的感知等情感在扎尕那景观中得以表达和体验，也唤起了民众的情感回应。

三、以自然环境为本源

（一）相互连锁的生态体系

"生态之路试图将我们人类的环境视为一系列类似的相互关联的生态系

统，并将'功能适宜性'置于创造这些生态系统的美学概念的中心，来感受它们的创造、发展和持续存在"，扎尕那农林牧复合系统呈现了生物多样性的生态环境。道家哲学主张"道法自然"，即世界存在诸多的事物，任何事物都在关系之中存在着，关系即是事物，即是事物的本性，如扎尕那海拔3 600~4 200米的区域，具有大面积的高山型灌木和草场，常放养有绵羊和牦牛等动物，也种植着冬虫夏草等植物。生命现象是宇宙中最重要的现象，任何生命物只有按合乎自己本性的方式与他物建立关系时，它才拥有生命，于是生命物与生命物之间、生命物与非生命物之间就存在一种生命链。扎尕那的农业经济类型是多种复合型——农牧复合、林牧复合和农林复合共同组成的生命链。当地的生态、技术和文化共同构成了一个完整的环环相扣的生态体系。

（二）偏好性的伦理价值

卡尔松认为："审美对一种可持续的景观持有偏好，同时这种可持续的景观也显示出人对景观的关爱和审慎，因此这种偏爱也是一种伦理上的偏爱。"人与景观之间的关系是美学与伦理学之间的深刻联系，也是环境美学与环境伦理学之间的联系。其中环境伦理分为自然伦理和社会伦理两部分，自然伦理是人与自然不可分割的思想意识，其中掺杂着众多自然崇拜，主要用来调和人与自然之间的关系。在漫长的民族文化形成过程中，扎尕那的传统信仰不止藏传佛教，也包含了许多民间信仰，如自然崇拜和祖先崇拜等。在牧区，忌上山开垦和破坏草地；在农区，动土要事先祈祷土地神。当地居民对该地区的高山、森林、草原及江湖等都具有广泛的禁忌，体现了环境伦理的"敬畏生命"。"生命"包括所有的生命，而不仅仅是人类的生命。敬畏生命有多种含义，包括尊重、敬畏、感恩和热爱生命。大自然是人类的母体，是人类之根，也是人类当前生存和发展的动力。而社会伦理主要调整社会中各种关系。在扎尕那，"拉伊"是山歌的意思，其中有部分题材是赞颂山水风景和大自然的山歌。人类对自然的热爱源于人与自然之间密不可分的关系。劳动号子是在进行农牧活动的时候所唱的歌，常见的是拉木头、打场、赶牲口和打酥油场景时的，边劳作边哼唱，反映出农忙时节井然有序的社会劳作氛围。

小结

本节内容致力于探讨一个复合型农业发展背景下的传统村落，如何巧妙地将自然农业资源与汉藏民族美学相融合，并将这种融合生动地展现出来。在现代科技高速发展的时代，如何利用自然资源促进农业发展与民族融合，尊重厚重的传统历史文化，并结合乡村的特点塑造"美丽乡村"，是现代农业型乡村活化发展的重要解决途径。

（1）相互连锁的生态体系　扎尕那农林牧复合系统呈现生物多样性的生态环境，人与自然和谐共处，注重生态系统的平衡和保持其永续性。

（2）偏好性的伦理价值　自然伦理和社会伦理致使民众具有偏好性审美和对生命的敬畏之情，深刻体现了自然环境和人类社会的关系是有序的、是相互作用的。

通过探索甘肃迭部扎尕那的成功经验，在中国国情和政策的加持下，农业美学对传统民族聚落的发展提供了可持续性的保护和支持。最后，为了有效地推动"美丽乡村"的实现，人们应当"以自然环境为本源"作为导向，通过保护自然的原真性来延续人类生存发展的需求，以"人与自然和谐平等"的态度对待自然。

第二节　村落之美：西递之美

西递处于安徽黟县的东南部，黄山南麓，又名"西溪"，古时也曾作为西川驿站。它建于北宋时期，至清朝初期达到鼎盛，已有千年历史，是徽州传统村落的典型代表之一。西递经历了历史长河之后，仍原汁原味地保留了自身的传统特征，农业作为产业始祖，保证徽州人民的基本生存条件，展现了极具生命美意的农作物形态和肌理，致使农业美学得到了发展和传承。传统村落的环境美不仅仅是自然环境的美，也包括了与人民生活休戚与共的农业环境，强调了劳动人民利用自身智慧对环境的顺应和创造性改造，同时也表现了人民劳作的律动美。

2000年12月，西递村被列入世界文化遗产名录。世界文化遗产名录中写道"西递：经历了一千年的不断转型发展，始终原汁原味地保留着商业经济和宗族社会结构的中国传统村落特征。此外，还保留了一定的艺术、习俗、美食和其他形式的文化和传统生活方式，是当代社会追寻历史、研究传统村落文化的理想场所"。2021年，西递入选联合国首批"最佳旅游乡村"名单；2022年，联合国世界旅游组织第24届全体大会宣布——西递村获得"世界最佳旅游乡村"。

一、西递农业景观

（一）"稻-茶-林"的农业生产景观

农业生产满足西递人的生产生活需求，给人提供生活的必需品，是农业美学发展的基础。农作物的生命结构不仅细腻独特，而且一直在变化、演绎和推陈出新（陈望衡，2007）。西递村位于黄山南坡上，境内高山深谷，相对封闭，具有鲜明的皖南丘陵特点。四面环山，对外交流闭塞，耕地相对较少。气候以亚热带季风气候为主，气温适中，雨量充沛，四季分明。处于东头岭和乌坑岭两山相夹低凹处，森林覆盖率高。隐于山林中的西递人选择这片世外桃源之境，利用丰富的山林资源和充沛的雨水，种植水稻，并发展相关农业技术。农田肌理、农田色彩和农田形态等各种因素都影响着农田景观的可观赏性和审美表达。西递的农田肌理形式为散落的农业斑块、交错的田埂和纵横的水渠。大面积的平面农田，4月油菜花开，形成规则整齐的连续性均匀布局和色彩统一的形式美和色彩美的"花田花海"农田景观。油菜花谢时，便种植水稻，夏季禾苗生长，农田斑块郁郁葱葱；秋季稻谷丰收，金黄一片。农作物根据生长习性四季变化，使得西递的农田景观形成了丰富多彩的、不断变化的季相美。而西递山区多为黄棕壤，土层厚，肥力较高，适合树木、茶桑和中草药材的生长。在农耕社会的时代背景下，西递先人在自然资源有限的条件下得以开展以稻、茶、林为主的农业生产活动，满足基本生存条件，丰富了该地区的农耕文明。

（二）"街-圳-屋"的基础水利建设

农业水利是促进农业发展的重要的技术景观。西递沿河流而建，水资源丰富，村北部的山丘上有三条小溪，九都岭出前边溪，冬生坞产金溪，松树山汇后边溪，它们穿村而过入西溪，整体呈西东走向，形成了"东水溪流，吃穿不愁"的说法。"城外青山如屋里，东家流水入西邻"，西递村建设水渠时，将流经村内的前边溪和后边溪引入水渠，沿溪边铺设水街、水圳与溪水相通，单水圳为直线形，多水圳蜿蜒环抱，形成直曲相融的景观（图6-2）。水圳不仅满足了日常排水和村民用水的需求，并实现了内水的自洁和循环更新。水流顺着水圳流遍全村，还可用于灌溉农田。明经湖水口位于西递的西侧村口处，水形呈不规则的矩形，满足村民的日常饮水、洗漱等功能，还可以作为重要的灭火供给水源。水利建设的发展，奠定了西递地区农业生产与聚居生活的基础条件。街巷一侧建造居民建筑和另一侧的街巷形成"街-圳-屋"的独具特色的水巷空间。

图 6-2　西递村的水圳

(三)"乔-灌"的农业生态景观

农业生态景观是对生态环境具有较大潜力，能够对生态起到调节作用的景观，如生态林地。西递森林覆盖面积达全村的 77%，森林类型为常绿阔叶林带，四季常绿。常见的植物种类多达 160 种以上，乔、灌木类植物占到 1/2。周边山上主要有马尾松、山核桃树和具有一定经济效益的茶树等；村内主要有香樟、桂花树等；村池边主要有垂柳、桃树和李子树等；农田中主要有桑树；庭院内常植有梅、兰、竹、菊等，多种多样的植物配置构成了丰富多彩的植物景观。西递的山体相对陡坡处以杉树、榆树等四季常绿乔灌木为基质，实现山地处的景观构建，形成各斑块协调搭配的韵律节奏和多样与统一的形式美。灌木林地通过高大的乔木和矮小的灌木丛组合，搭配以常绿树、色叶树与落叶树，形成四季景观且垂直方向上具有层次感的视觉印象。

(四)"山-水-村"的传统聚落景观

传统聚落为村民生活提供居住和活动的区域及相应的服务设施，是一个村落人与自然相互适应的体现。西递非常重视风水堪舆学，将"山-水-村落"作为一个有机的整体进行营造，从而成为村落的空间特色，同时它是一个按宗族聚族而居的村落，因此组织村落关键空间时，遵循严格的等级制度。宗法宗族制度是扎根中国社会几千年的社会体制，是传统社会重要意识形态、制度文化的基础，也是维系血缘型聚落社会关系的核心。据《西递村志》记载，西递共有三条主巷，九十余条道纵横交错。以前边溪、后边溪、金溪三条主要水系的平直线性形态构建了路网基础，按照一定的宗族观念形成，少有十分平直的道路，但整体规整密集，大致呈网格状，并以此分布建筑形态。祠堂门口有一个小型广场，街道主要包括大路街、前边溪街、后边溪街。纵向道路为主干道，横向道路为次街巷。建筑外墙高而封闭，街道宽度与墙高比可达约10∶1，致使街道空间显得高峻而深邃。

二、西递的农业美

（一）山水环抱，田园风光

古人云"郡邑城市有时变更，山川形势终古不易"，先祖察山水之势，选择山地之间的大平地，即盆地地形，平地的东北部为居民住宅用地，南部则为良田和耕地。西递周边山体围成的天然地理屏障，划定了聚落空间的边界，兼具天然防御功能；村落的空间形态呈现团块状，形态如"小船"，村的两头狭窄，村中部宽阔。整体村落布置紧密，从外向内，干水（漳水）和支水（金溪、前边溪和后边溪）相互环绕主基址，暗示"集财、聚财"之意。整合周边的环境条件，西递呈现出"山林居上、水系环抱、村落居中、梯田环绕"的"山林-水系-农田-民居"共同的生态景观格局，如明经湖旁边，利用柳树、桃树等构成各具特色的景观植物，观赏水流之动景与农田之静景。田园生活是西递先民寻居山林之中所追求的境界，与"天人合一"的思想相交融，所以其对于村落的营造处处体现着温和的、田园的生活气息（图6-3）。

图6-3　西递村景

（二）以"宗"造骨，借"理"活脉

以宗族关系为骨架核心，借理学文化作为血脉，串联村落的营建形式和组织方式，是农耕文化下的美学制度。费孝通先生将乡土聚落中的宗族结构定义为"由单系亲属所组成的社群"，家庭作为其组成单位，是一个"组团式社群"。西递作为以宗族聚族为核心的传统村落，乡村治理通过宗族来进行，解决纠纷也通过宗族。宗族设立族会，负责管理全族事务。宗祠建筑是西递村最为重要的礼制与祭祀建筑，亦是族人精神维系的象征所在。依照单姓血缘划分区域，各区域以支堂为中心，整体以总祠为中心，构成村落的核心骨架。西递村宗族分支有 9 个，共建有大小祠堂 30 余所，也有若干支祠，从而形成一个祠堂群体。以祠堂为象征，以血缘关系为维系，形成完整的宗族体系，成为西递居民典型的生活居住形态。

徽州作为"程朱阙里"，有着深厚的儒家文化底蕴，深受儒家传统价值观影响，"仁、义、礼、智、信"的观念渗透到生活中的方方面面。"一以郡先师朱子为依归"体现了西递在内的徽州片区以儒家思想为主体，兼容佛、道文化内涵的深厚积淀。新安理学思想倡导读书入仕，重视礼制教育，形成"十家之村，不废诵读"的传统。"江南六大富豪之一"的胡贯三捐重金助建碧阳书院，倡建"明经祠"，族人亦不吝修建祠堂、编纂族谱，以表其德行。且西递的住宅形式具有遵循礼制、等级有序的特点，民居内部空间形成"尊卑有分、上下有等"的对称格局，院落中轴对称，中堂居尊位。

（三）山水诗意，古朴生活

诗意的村落生活方式是西递农业美的一种形式。西递民居是徽派建筑风格的，反映徽州山势、风水堪舆和地方审美装饰倾向为主的传统民居。民居外观具有很强的整体感和美感，高高的封闭墙，错落有致的墙线，色彩古朴典雅。平面主要采用三合院形制，多组合成凹形、H 形等。外立面封闭，马头墙以单个单位进行分割，把内部木结构隔开。为了满足人们的审美要求，高墙之上设计各种样式的座头，有坐吻式、印斗式等。西递的建筑装饰还有多样的徽州三雕、楹联匾额等非物质文化遗产。"三雕"之美融入青砖门罩和石雕漏窗，结合马头墙、格窗、青瓦、美人靠等构件，使建筑精美可观、形态如诗如画（图 6-4）。而庭院景观的营造大多按"清雅幽静"的理念进行，运用自然要素把山水意境展现得淋漓尽致，依照地形，运用假山、水池、植物、雕刻绘画书法等多种手段，在有限的院落中放置自然景观元素，并设计各种门窗类型，亭台楼阁，巧妙布置。胡氏祠堂中的楹联写道："静对图书寻乐趣，闲看花鸟寻天机。"

图6-4 西递村石雕

（四）耕读并举，农商并行

西递产业是以农业为根底，商业并行的多产业集合。我国经历上千年农耕时代，农耕产业是支持宗族子弟读书的经济基础，田地是重要的经济保障。西递的耕读文化中，"耕"不仅仅指体力劳作，耕田种稻也包括生产生活方式；而"读"也不单是识文认字，明辨是非，修身养性，也包括学习其他生产生活方式。"几百年人家无非积善，第一等好事只是读书"是挂于西递履福堂的楹联，显示了中国传统农业社会中读书人的理想和抱负。既耕且读让后人开阔了眼界，商事经营范围由原来的家乡土特产扩展到其他门类。

宋朝时期，大量西递人出门经商，商人群体变大，四处扩张。徽州商人从事以宗族为单位的贸易活动，投资者一般在宗族内部协商，从投资者到学徒，基本上都是徽州人。现在，西递村民的日常生活依旧在此基础上开展，并且依托传统建筑开展旅游，改造田园业态。利用独特的民俗活动营造古朴恬淡的生活场景。2022年，聚焦"旅游＋研学"，西递建设了农耕文化研学馆，与当地工匠合作开发新的旅游产品，实现西递由"单一观光型农业景观"向"休闲度假型农业景观"的融合性转变，实现企业与村落的和谐发展。

三、整合村落景观的构成要素

（一）有序统一的农业形态

农作物的生命节律非常清晰，具有周期性，反映了自然界的秩序。然而，每种作物、每头牲畜都有其自身的无穷变化，"无序中充斥有序，有序中暗含无序",从而形成统一和谐的生命魅力。西递有序统一的农业形态,为其发展奠定了坚实的美学基础。农业资源是坚定乡村文化自信的"根",也是推动农业美学发展的"灵魂"。西递利用独特的"稻-茶-林"的农业生产景观,打造具有观光价值的农业生态景观。凭借村落依山傍水的格局,利用清水穿村的水利设施,结合雨后清新的天气,营造具有山水诗意的徽派村落。根据传统徽派建筑的青瓦白墙、马头飞墙、四水归堂、雕梁画栋的景观,结合农田、湖边、巷道、庭院的季相性农业景观,让游人体验到中国水墨画的山水意境。农业景观包括生态资源、农业生产景观、民俗文化及传统村落等要素,整合具有有序统一特征的农业形态,不盲目跟从,利用自身特点和传统文化进行文旅融合,在美学的视域下,营建农业文明良好的传承空间,保护原始农业形态。农业景观不只是随意自由的自然景观,而是刻意和随意相生共荣的生态景观。作为落在实处的大地性农业景观,与自然融为一体,两者之间有冲突,但更多的是统一和平衡,只有统一和平衡才能实现人类的愿望。

(二)休戚与共的农业环境

孔子说:"知(智)者乐水,仁者乐山。"与农村自然环境相联系的劳动景观实际上形成了一个和谐的有机整体。环境就是人们生活着的自然过程,环境是被体验的自然、人们生活期间的自然。西递重视人与环境互为主客体的知觉体验,漫步在村落小巷中,听见雨水滴答滴答的声音,烟雨蒙蒙,视觉看向水墨画中的飞瓦白墙,嗅觉传来农田中的雨后新土和小草的清新气味。在农业审美体验中,农业景观和人相互塑造,利用古朴庄重的青石板与绿水青山相呼应,高标准建设生态型的村落环境。春日的油菜花田,夏日的荷花池塘,秋日的金灿水稻和冬日的枯藤老树,不同季节利用不同的农田色彩和审美意向,展示村落的美学文化。景观之所以吸引游客,不仅在于其风景秀美,也在于其文化性和历史性。西递作为"以农为基、与商并行"的传统村落,不仅有丰富的农耕文化,也包含了徽商文化。农业景观的文化功能,积淀了独特的农耕文化和丰富的风土人情。近年来当地通过文旅融合开发出多种传统活动体验的项目,不仅能陶冶人的情操,还能让人体验科教、参与农耕活动中,衍生出景观文化价值和聚落休闲价值。

(三)有节奏感的农业劳动

普列汉诺夫曾解释:"在未开化的社群中,每种劳动都有自己的歌谣,歌谣的节奏总是能非常精确地与每种工作的生产节奏相适应。"农业生产作为人与乡土之间的对话,其重要形式是体力劳动。史载:"(徽州)女人犹称能俭,居乡者数月不占鱼肉，日挫针治缝纫绽。黟祁之俗织木棉，同巷夜从相纺织，女工一月得四十五日。徽俗能蓄积，不至厄漏者，盖亦由内德矣。"这是当时村民辛勤劳作生活图景的再现，利用自己的体力和双手进行劳作，沉稳持重，织锦工序井然，自由却人性化，形成独特的节奏韵律。春日，在广阔的田野中弯腰插秧，绿色的田野充满了汗水的味道和对美好未来的憧憬，蓝天白云，迎面是大自然的风声。秋天，金灿灿的稻穗掀起浪潮，村民弯腰，把镰，享受丰收的喜悦。村民对农事的熟练所展示出肢体具有的节奏感，动作协调，集合了力量、速度和灵巧，大自然的流水声和雨声，村民短暂休憩的交流声，使得农业劳动有声有色，美意无穷。具有节奏感的农业劳动使得农民活动与大自然界融为一体，显示出极具感染力的画面。

小结

作为一个发展传统农业且保留了相对完整的中国传统村落特征的聚落，如何使其农业资源和美学原理进行融合并将此融合体现出来，使其聚落发展重新焕发生机。在旅游业高速发展的时代，如何利用美学将乡村产业融合，振兴乡村，活化历史资源，是现代农业文化创新再生的重要课题。主要发现：

（1）有序统一的农业形态　"无序中充斥有序，有序中暗含无序"，从而形成统一和谐的生命魅力。打造有序统一的农业形态，将农业与美学相结合，实现农业资源再生和农业生产更新。

（2）休戚与共的农业环境　农村自然环境不同于原生态的自然环境，其与人血脉相连，受人的生活和需求所影响，逐渐符合人在发展变化之中的审美要求，这无不强调与自然的和谐相处，休戚与共。

（3）有节奏感的农业劳动　体力劳动作为人与大地对话的形式，展示出了人类活动时的肢体节奏感，集合力量、速度和灵巧，与大自然融合，形成极具感染力的画面。

通过探索皖南西递的成功经验，旨在确定在中国大环境下，农业美学对传统聚落的发展提供了可持续性的保护和支持。最后，提出了整合农业景观的构成要素，其中包括物质载体和非物质载体，从而打造有序统一的农业形态、休戚与共的农业环境和有节奏感的农业劳动。结合动植物与它们赖以生存和发展的土地、水系和自然环境等物质载体和农业文化为农村生产生活所产生的活动、信仰等非物质载体，构成功能性和审美性相结合的农业村落之美。

第三节　农工之美：俄罗斯巴甫洛夫斯基区

巴甫洛夫斯基区位于克拉斯诺达尔边疆区北部的草原，地势平坦，河网纵横交错。该地区的平均海拔约为 50 米，面积 1 788.8 千米²，人口约为 6.65 万人，中心为巴甫洛夫斯卡亚。巴甫洛夫斯基区是克拉斯诺达尔边疆区唯一一个拥有两条联邦公路的地区。北高加索铁路从北向南穿过该地区。该地区与克拉斯诺达尔、顿河畔罗斯托夫和港口城市耶斯克等南部联邦区的主要城市相邻。

巴甫洛夫斯基区具有典型的俄罗斯"地广人稀"的特点，农业生产采用高度机械化方式，形成农业和工业综合体。巴甫洛夫斯基区拥有广泛的资源——自然、农业、工业和历史文化等。乡村旅游具有得天独厚的自然资源和文化资源优势，通过合理开发利用和规划，可以让更多的游客感受到独特的自然风光、民俗风情，同时还能传承乡村文化。巴甫洛夫斯基区政府大力发展"农业＋旅游业"，并将其视为使游客流动多样化、发展商业活动、增加就业和收入、增加预算税收等的工具。

一、巴甫洛夫斯基区农业景观

（一）"麦-豆-葡萄"的农业生产景观

人类在适应自然、改造自然中，创造了文化。农业是人类衣食之源、生存之本。巴甫洛夫斯基区境内属温带大陆性气候，受地形影响，该区具有多种气候现象。克拉斯诺达尔边疆区占全俄罗斯超过 4% 的黑土，拥有丰富的农业用地资源。该区的土壤覆盖有两种类型：灰色森林土壤和森林草原的灰化浸出黑钙土。巴甫洛夫斯基区是克拉斯诺达尔边疆区的可耕地区，是其重要耕地的来源地，具有极高的农业生产力。该区主要种植谷物、甜菜、向日葵和大豆。其中大面积种植谷物，以小麦为主，如 JSC Putilovets Yug 的农场，2023 年 7 月该农场的种植者总共收获了 66 256 公顷的农作物，粮食品质令人满意，产量较为均衡。还种植了冬大麦，部分面积种植豌豆，如 2023 年 6 月 GreenRay Kuban LLC 完成了青豆的收获，直接从田间运进工厂加工，该工厂启动了一条生产青豆的技术生产线，还涉及为收集绿色豆荚而设计的特殊技术。因优越的自然条件，当地居民也种植葡萄，拥有 165 公顷的欧洲品质葡萄园，酿造优质葡萄酒。农业景观可通过设计和管理来容纳多种类型的生物，对农业生产和居民生活产生积极的影响。巴甫洛夫斯基区受基本需求影响，根据基础的气候和地形条件，通过不断地设计和规划，形成了"麦-豆-葡萄"的农业生产景观（图 6-5）。

图 6-5 巴甫洛夫斯基区农业景观

（二）"农-牧-渔"的农业生态景观

巴甫洛夫斯基区是农业区，包括了畜牧业中的大型农场——农业综合体帕夫洛夫斯基农场，该农场属于大型农业企业——特哈达有限责任公司。区内有荷斯坦牛场，以荷斯坦品种为主，拥有三座建筑物，以全脂牛奶生产为主要生产线，具有完善的乳品设备和库存室，将畜牧业与工业高度结合，促进该地奶制品的生产。截至 2023 年 1 月 1 日，在巴甫洛夫斯基区农村注册了 12174 个个人辅助农场，其中 1788 家饲养动物和家禽。2022 年，5 名个人辅助农场负责人参加了克拉斯诺达尔边疆区的"2022 古巴博览会"之工农业博览会。并且在该区附近的几条草原河流中，当地政府组织了相当数量的私人养鱼场，河流中养殖着鲫鱼、鲈鱼和鲢鱼，还有梭子鱼和丁鲷。森林为人类社会提供了广泛的生态系统服务，巴甫洛夫斯基区森林中生长着各种蘑菇和浆果，也具有丰富的药用价值，还生活着狐狸、野猪、狼等动物。这种多样性的"农-牧-渔"的农业生态景观不仅满足当地机械化生产需求，也推动当地就业和商事买卖的发展。

（三）"田-林-屋"的农机聚落景观

巴甫洛夫斯基区的自然环境由平坦肥沃的土地和温和的气候组成，农业是平原农业，可以高度机械化，也涉及部分林业。克拉斯诺达尔地区的森林总面积超过 1800 万公顷，其中巴甫洛夫斯基区的森林区占有重要地位，并且是当地木材资源的主要来源。2017 年 5 月 18 日通过了《巴甫洛夫斯基区巴甫洛夫斯基农村定居点宪章》，其中注重居民区边界地所涵盖的森林特别保护区，重视其使用和再生产，并为之制定相应的林业法规。

巴甫洛夫斯基区的巴甫洛夫斯卡娅有几十座历史和文化古迹、寺庙和教堂、当地历史博物馆、巴甫洛夫斯克人民剧院等，有大量纪念伟大卫国战争的纪念碑和纪念馆，两个纪念碑是卫国战争期间阵亡士兵的纪念牌和士兵的乱葬坑，巴甫洛夫斯卡娅的中心是圣安息教堂。当地的历史博物馆不仅是村庄的一个装饰品，更是一个具有真实性的文化中心，博物馆主建筑是古典主义风格。除了参观博物馆，还可以通过报名参加各种讲座、大师班和研讨会来了解当地的历史文化。博物馆还定期组织步行和实地考察，让人感受该村土著居民文化。

聚落景观以"田-林-屋"为核心，由于田块大小和品种不同形成了田野风光马赛克，大大小小，深绿浅绿和褐色裸露土地相结合，既有整齐和谐的块状，也有纵横交错的田埂道路。种植的静态植物和养殖业的动态动物相辅相成，周边的园艺和色彩斑斓的建筑群作为点缀，富有生气。

二、巴甫洛夫斯基区的农业美

（一）农工综合，农机融合

农业是环境美学之源。20世纪下半叶，农业集约化和相关的景观同质化导致农业环境中生物多样性大量丧失，但也形成了不同的新的农业景观。农业景观演变实质上创造了一个经济、功能、生态和美学集合的最优生态系统，其过程按照自然规律进行，但同时又受人调节。巴甫洛夫斯基区位于俄罗斯西南部，气候舒适，多平原地形，土壤肥力强劲，适合农业耕种，可集中机械化作业。有专门推广农业机械化技术的组织，鼓励农机推广组织、农机生产企业、农机经销企业和各类农场举办各种形式的农机展览，展示各种农业机械，并由试验农场举办展览，如2019年7月巴甫洛夫斯基区在 Putilolovets South LLC 的田野上举办了一场农业展览"Field Day AGCO-RM-Bison"，使得南部农民能够熟悉最新农业机械技术，评估现代轮式和履带式拖拉机的技术特点，包括拖拉机与土壤种植、播种、施肥和植物保护产品的机器，考虑到景观的特殊性，合理地使用土壤资源，提高作物产量和降低生产成本。巴甫洛夫斯基区将农业发展对位民族振兴计划，引进和推广新技术、新器具和新品种，采用复合式机械作业，并注重环保型的农机技术的研发和应用，强调保护耕地的高效性及经济收益和环境的可持续性发展。

（二）爱与和平，集体主义

弗洛连斯基认为"信仰决定祭祀，祭祀决定世界观，文化继而生成"，在巴甫洛夫斯基区人民心中，以民族为光荣、"第三罗马"理论、东正教和基督教等学说共同成为巴甫洛夫斯基区民族自我意识的主导思想，从而催生了巴甫洛夫斯基区的爱国主义情怀，共同铸就了其强烈的国家"救赎"使命感和不屈不挠的战斗精神。正是其不屈不挠的精神推动了传统农业和现代农业的发展。巴甫洛夫斯基区信徒认为基督的复活是精神复兴、怜悯和耐心等的象征，强调爱与和平。其与村社集体生产方式相结合，形成了强烈的集体主义。巴甫洛夫斯基区举行"民族团结日"活动，在艺术社会文化中心的舞台上演唱爱国歌曲节目《我们在一起!》。该活动成功搭建了一个让各族人民能够团结在一起，共同抒发爱国情感的平台，展现了各族人民对祖国的深厚感情和对未来的坚定信心。

巴甫洛夫斯基区历史上曾出现过哥萨克，形成了特色的"哥萨克民俗"。原哥萨克为游牧社群，后转为农耕，但其血管里依然沸腾着英勇的血液，具有不服输的性格。现有耶尔莫拉耶夫·维亚切斯拉夫·彼得罗维奇积极开展宣传哥萨克风俗的教育活动，如1989年创建的"彩虹"模范民俗团体，举行"哥萨克"节日竞赛，向民众推广和解说哥萨克的生活、习俗和传统。"文化模式是一种相对稳定的行为模式，或者说是一种基本的生活方式，为特定国家或时代的人民所广泛认同，包含固有的民族精神、时代精神、价值观、习俗和道德标准"。

（三）田园风光，农旅协同

巴甫洛夫斯基区保持着原生态的农村味道，季相性景观特别突出。在农田中可以感受到金色麦浪随风飘摇，向日葵花海绚烂多彩。田块表现出统一和优雅，创造了独特的平衡和动态美，塑造了环境艺术的质感。行走在广阔天地间、平坦乡间公路上，看到曲线自然的田埂和悠然的白云朵朵，天空透亮，心旷神怡。由于地广人稀及机械化的普及，巴甫洛夫斯基区沃土千顷，成片连方良田，收获季节大型机械的轰鸣声响彻云霄。农业生态美学教育可以促进整个社会的生态环境可持续发展，巴甫洛夫斯基区开展了"周六卫生秩序"和全俄罗斯"绿色春天"生态周六义务劳动日的活动，许多组织、机构和普通学校的学生参加活动，旨在清除河流和林地的垃圾，使文化遗产周围保持干净和舒适的环境条件。保护乡村景观还可以通过为社区居民、社区经济提供积极可行的措施以及帮助提高村民生活质量等，实现乡村景观的积极价值。

保护农业景观的文化特征可以提升旅游业价值，并通过为游客提供当地景观解说和提供地域性食品品尝及购买活动提升旅游业产值。独特的农业景观要素构成了独特的俄罗斯田园风光，目前当地开辟了相关的"乡村游"项目，设有狩猎基地，提供住宿、浴室、烧烤等一条龙服务，从9月中旬到翌年2月底，可以使用陷阱、枪支和锋利的武器等手段狩猎野兔、狼、野猪、狐狸、貂、松鼠以及其他动物。巴甫洛夫斯基区的乡村旅游基础设施基于农场的场地设立，如 Novy 农场设立一个酒店和娱乐综合体"Yuzhnoye Okrug"，其中包括一家住宿酒店、游泳池、网球场和宴会厅等，周边附带一个 400 公顷的农田。巴甫洛夫斯基区通过培养管理专业人才，推动巴甫洛夫斯基区农业旅游业的高质量、可持续发展。2021 年 11 月，巴甫洛夫斯基区管理单位还积极邀请相关人员免费参加线上培训——"农业旅游管理"课程，深度学习农村旅游的概念、发展阶段和类型，以及农村旅游组织工作的一些法律、经济和营销的问题。

三、农业景观的现代化发展

（一）适应性有机更新

原生植被覆盖是维持农业景观中原群落的基本因素。巴甫洛夫斯基区综合运用机械化、生物化和信息化等多元方式推进农业发展。受人类需求变化影响，农业景观具有变化性和适应性。技术创新和变革促进了传统农业向现代农业的转变，为农业生产提供了新的要素，提高了农业生产率，实现了农业现代化。景观生态会受自然和人为干扰产业的多源风险威胁的影响，如农业和林业实践，形成对农业景观格局演变和景观生态变化的内在风险源和外部干扰的响应。适应性农业景观是以农业生态、农业可持续发展为切入点的，在理解美学基础上，对现代化农业和农村进行保护，不仅强调保护生物多样性，还扩展农村农业的观光休闲文化。农业景观具有生命力，不仅是生物所带有的随机性的生命旋律，也是其作为活态的生命体进行再利用和有机更新，使其与周边环境、现代经济、人的审美变化等内容相调适所展现出的生命力。

（二）多功能多产业相生融合

农业的多功能性最需要深度剖析考虑农业的地位和作用，立足现有条件的基础上，面向未来农业的可能性，即农业不仅是基础功能性的满足，还能提供其他非农业经济产品，如多种生物类型、层层叠叠的田园风光、自然环境保护、历史与文化遗产传承及美学教育等。巴甫洛夫斯基区的农业不仅能满足功能性，还具有提升经济、平衡生态、保护环境和提供休闲娱乐等多种功能。该地区还注重农业的多产业融合和多功能的开发与建设。完善农业的基础功能，通过科技创新、基础管理等方式，为人民提供安全可靠的粮食，如《巴甫洛夫斯基区巴甫洛夫斯基农村定居点宪章》规定消防安全局为组织自愿消防服务创造条件；同时，公民参与确保葡萄酒厂的初级消防安全措施，将消防安全措施纳入巴甫洛夫斯基区农村领土发展计划和方案中。将巴甫洛夫斯基区三次产业融合发展，打破传统的、孤立的纯农业模式。巴甫洛夫斯基区根据俄罗斯制定的《2030年前农工综合体发展战略》中的第五个目标——农工综合体的数字化转型以及利用数字技术推进经济和社会领域的一体化，利用农业与自然景观、旅游资源、历史文化等的高度交叉性，将科学与技术融入新时代的农业体系中，形成具有功能性和审美性的农业景观，实现有效的产业联动，拉动产业与经济发展。

小结

本节分析了高度机械化形势下，俄罗斯农村如何借助农业、工业和旅游业等资源进行协同发展，将其景观生态和美学基质相协调，形成新的农村发展之路。中国农业文化是中国传统文化的基础，在现代科技发达、土地机械化程度提高的背景下，如何利用农业景观进行综合构成要素，形成适应性农业景观，并完善基础设施，实现产业经济与美学价值相融合，振兴美丽乡村，是国内现代科技型农业文化可持续性发展的重要研究方向。主要发现：

（1）适应性有机更新　以农业生态、农业可持续发展为切入点，农业生态作为具有生命力的有机体进行二次利用和有机再生，将其与周边环境、现代经济、人的审美变化等内容相调适。

（2）多功能多产业相生融合　这种融合不仅能满足功能性，还具有提升经济、平衡生态、保护环境并提供休闲娱乐等多种功能。将农村的三次产业综合发展，打破传统的、孤立的纯农业模式，利用农业与自然景观、旅游资源、历史文化等内容，将科学与技术融入新时代的农业体系中，形成具有功能性和审美性的农业景观，实现有效的产业联动。

通过探索俄罗斯巴甫洛夫斯基区的成功经验，旨在确定中国农业现代化过程中，中国农业将与工业化、科技化、城镇化等方面叠合与相连，进一步加深中国农业现代化的深度和广度，也给农业景观的可持续性发展提供了关键动力。最后，本节提出了适应性有机更新和多功能多产业相生融合，打破独立性的、纯农业形式，重新织补破碎化的农业景观格局，实现农业景观的多样化和经济化。

总结

通过对三个不同类型农业景观美的案例分析，无论是扎尕那农业风景之美、还是西递村落之美或是巴甫洛夫斯基区的机械之美，都是农业在历史长河中，随变化而变化的体现。农业社会是以农村为基础的经济发展形式，村落周边的农田、山林、动植物等紧密相连，从而形成独特的农业景观美学。实质上农业是环境美学的本源，环境要素是构成农业景观美学的物质载体之一。农村的自然环境与农业生产相互依存，山水相连，林田相间，生物间形成相互连锁的生命链条，形态多变，从而形成经久不衰的生态体系。农作物作为一种人造景观，可以很好地融入自然环境，利用劳动的工具和节奏韵律，展现与农业生产方式相适应的生活方式和图景，形成具有线条、色彩、季相、质地等内容的各种美意。以自然环境为本源，传统伦理偏好与现代思想偏好相结合，整合各农业景观环境要素和现代科技相调适，形成具有适应时代、又具有自身独特性的农村景观，结合多功能、多产业相生融合，从而实现"美丽乡村"的愿景。

参考文献

阿尔贝特·史怀泽，1996. 敬畏生命 [M]. 上海：上海社会科学院出版社：7-8.

艾伦·卡尔松，2006. 自然与景观 [M]. 陈李波，译. 长沙：湖南科学技术出版社：56.

班固撰，颜师古注，1962. 汉书 [M]. 北京：中华书局：13.

本刊编辑部，2018. 从藏寨秘境走出的农业文化：走进扎尕那农林牧复合系统 [J]. 甘肃农业，478（4）：10-13.

曹鹏，杨林平，杨民安，2018. 旅游驱动下的传统村落保护与开发研究：以甘南迭部扎尕那为例 [J]. 建筑设计管理，35（9）：81-84.

陈从周，2017. 说园 [M]. 上海：同济大学出版社：83.

陈望衡，2007. 环境美学 [M]. 武汉：武汉大学出版社：165.

董英俊，2019. 世界文化遗产地西递村的可持续旅游研究 [J]. 小城镇建设，37（8）：87-93.

费孝通，2015. 乡土中国 [M]. 北京：人民出版社：75.

格奥尔基·弗洛罗夫斯基，2006. 俄罗斯宗教哲学之路 [M]. 吴安迪，徐凤林，隋淑芬，译. 上海：上海人民出版社：125.

姬亚岚，2007. 多功能农业与中国农业政策研究 [D]. 西安：西北大学.

贾雯婷，2020. 甘南扎尕那藏族村落传统建筑风貌延续性研究 [J]. 大连民族大学学报，22（3）：243-249.

靳会新，2014. 俄罗斯民族性格形成中的宗教信仰因素 [J]. 俄罗斯学刊，4（1）：76-83.

李培超，1998. 环境伦理 [M]. 北京：作家出版社：19‐20.

李前军，2018. 甘南迭部县扎尕那藏族传统聚落建筑保护与发展研究 [J]. 建材与装饰（39）：95‐96.

李正元，2022. 栖居与消费的联结：扎尕那农林牧复合系统景观营造逻辑 [J]. 中国农业大学学报（社会科学版），39（3）：141‐155.

郦道元，1989. 水经注疏 [M]. 扬州：江苏古籍出版社：25.

廖伟径，2012. 俄罗斯的农业机械化 [J]. 农民科技培训（7）：45.

刘某承，2017. 甘肃迭部扎尕那农林牧复合系统 [M]. 北京：中国农业出版社：66.

刘源，2018. 快速城市化过程中徽州古村落文化变迁机制研究 [D]. 南京：东南大学.

潘璐冉，2021. 徽州地区宗祠建筑绿色营建智慧研究 [D]. 合肥：安徽建筑大学.

史利莎，严力蛟，黄璐，等，2011. 基于景观格局理论和理想风水模式的藏族乡土聚落景观空间解析：以甘肃省迭部县扎尕那村落为例 [J]. 生态学报，31（21）：6305‐6316.

苏梦蓓，2014. 西递村外部公共空间保护规划研究 [D]. 西安：西安建筑科技大学.

田克俭，2006. 民族精神与竞争力 [M]. 北京：新华出版社：83‐98.

王振忠，2002. 徽州人编纂的一部商业启蒙书：《日平常》抄本 [J]. 史学月刊（2）：103‐108.

魏宝祥，李雅洁，王耀斌，2020. 民族地区乡村旅游发展的转型与路径：基于SWOT‐AHP的扎尕那地域分析 [J]. 开发研究（4）：135‐142.

仵佳琪，2022. 徽州传统村落空间格局及其营建经验研究 [D]. 西安：西安建筑科技大学.

邢雪娥，2023. 乡村振兴背景下文化产业管理专业人才培养改革和思考 [J]. 红河学院学报，21（4）：125‐128.

杨林平，黄跃昊，曹鹏，2018. 甘南迭部扎尕那传统村落特征调查 [J]. 城乡建设（11）：66‐67.

杨显惠，2011. 甘南纪事 [M]. 广州：花城出版社：35.

叶水英，2017. 安徽黟县西递村乡村植物资源调查及开发利用 [J]. 安徽农学通报，23（18）：18‐20.

张炯炯，2017. 安徽黟县西递村 [J]. 文物（1）：86‐92.

张菊梅，2023. 世界主要发达国家农业发展模式及其对中国的启示研究 [J]. 惠州学院学报，43（4）：13‐19，129.

张莉雅，2020. 迭部县扎尕那旅游文化创意产品设计开发初探 [J]. 中国民族美术（4）：17‐21.

张萌，2016. 甘肃迭部扎尕那农林牧复合系统保护现状分析 [J]. 古今农业（4）：90‐96.

张雪菁，赵红霞，2023. 休闲农业园景观植物的配置与应用 [J]. 智慧农业导刊，3（3）：40‐43.

Benton T G，Vickery J A，Wilson J D，2003. Farmland biodiversity：is habitat heterogeneity the key？[J]. Trends in ecology & evolution，18（4）：182‐188.

Berleant A，2018. Aesthetics and environment：Variations on a theme ［M］. London：Routledge.

Fahrig L，Baudry J，Brotons L，et al.，2011. Functional landscape heterogeneity and animal biodiversity in agricultural landscapes ［J］. Ecology Letters（14）：101 - 112.

Kleijn，Rundlöf，Scheper，et al.，2011. Does conservation on farmland contribute to halting the biodiversity decline? ［J］. Trends in Ecology & Evolution，26（9）：474 - 481.

Miguel A A，Fuller D Q，1999. The ecological role of biodiversity in agroecosystems ［J］. Invertebrate Biodiversity as Bioindicators of Sustainable Landscapes，74（1）：19 - 31.

Peng J，Liu Z，Liu Y，et al.，2015. Multifunctionality assessment of urban agriculture in Beijing City，China ［J］. Science of the Total Environment，537：343 - 351.

Sepnmaa Y，1993. The Beauty of Environment：A general model for environmental aesthetics ［M］. Denton：Environmental Ethics Books：142.

Swift M J，I zac A M N，Noordwijk van M，et al.，2004. Biodiversity and ecosystem services in agricultural landscapes：are we asking the right questions? ［J］. Agriculture，Ecosystems & Environment，104（1）：113 - 134.

第七章　乡土工艺与生活美学案例分析

第一节　乡土建筑之美：永泰县仁和庄

　　我国经历了悠久的农耕文明，现存的文化遗产多数分布在乡村，尤其以乡土建筑最为典型。乡土建筑作为乡村聚落的基本组成部分，具有居住性、生产性和仪式性等属性，包括民居建筑、宗教建筑等，形制各异，具有鲜明的地域特色，是一个区域传统文脉与历史记忆的凝结，具有精神功能与物质功能。在"乡村振兴战略"的指导下，乡土建筑文化遗产保护工作在一系列举措中脱颖而出，对建设产业兴旺、乡风文明的现代乡村具有重要意义。

　　福建永泰县的庄寨建筑是我国乡土建筑的典型代表，它产生于明清时期福建山区常遭受匪寇袭扰背景下，具有鲜明的地域性与居防一体性特征。根据相关史料记载，永泰县历史上曾存在此类建筑超过 2 000 座，有学者评价："永泰庄寨不仅是南方民居防御建筑的奇葩，是农耕社会家族聚落生存的记忆，也是传统乡绅文化的载体"。庄寨坐落于山间田埂之上，以高大坚实的石墙和碉堡保护着居民稳定地生产与生活。共建筑内部功能布局完善，装饰技艺精湛，能满足乡土人家在山区田园间诗意栖居的需求。仁和庄是永泰庄寨的典型代表，坐落于永泰县同安镇三捷村的崇山峻岭与田园景致之中，始建于清朝道光年间，由张氏三兄弟序捷、序仪和序光共同建造，距今已有近 200 年的历史，2019 年被评为第八批全国重点文物保护单位。它是一座外围以坚固高大的寨墙、飞檐翘角为主要特征的碉堡式建筑，因建筑上大面积采用了青石（辉绿岩）作为主要的建造材料，因此也被称为"青石寨"。

一、乡土建筑与农业景观

（一）"溪-田-寨-林"的农业生产空间

　　英国学者李约瑟（Joseph Needham）在其研究中指出，无论是集中在城市的建筑，还是散布在田园的房舍，都经常呈现出一种"宇宙图案"的感觉，并且这些建筑往往蕴含着方向、节令、风向和星宿的象征意义。这一观点深刻揭示了中国人对于自然环境的尊重与利用，以及建筑设计中蕴含的哲学思想和宇宙观念。仁和庄也延续了我国风水堪舆的选址意象，对于选址布局十分重视。仁和庄所处的同安镇三捷村，全村总面积 8.2 千米^2，四面层峦叠嶂，是一处山间谷地，一条溪流蜿蜒穿村而过，有大片的农田与林地，仁和庄就隐约在绿树掩映的农田之间，恰如孟浩然笔下"绿树村边合，青山郭外斜"的世外桃源。庄寨顺应地势而建，坐北朝南，背靠山林，建筑平面呈横向长方形，按九宫格形状排布，屋舍沿着纵轴线顺应地形逐级抬升。建筑三面阡陌纵横，田畴交错，一条小溪穿田而过，视野舒展开阔，"溪-田-寨-林"的空间格局可谓是占据了便捷生产生活的最佳位置（图 7-1）。仁和庄门前正对一片田野，春日种植油菜，金黄的油菜花瓣与建筑的青石外墙交相辉映，俨然一幅浑然天成的"田园油画"。秋日金黄的水稻连绵成片，收割的喜悦充盈着整个村庄，稻草垛堆摆在田埂之间，像卫兵一般伫立在高大的仁和庄门前，作为乡土的守望牵系着人们许多乡愁。

图 7-1 "溪-田-寨-林"的农业生产空间

（二）庄寨建筑生活空间

庄寨建筑平面呈横向长方形，占地面积 6 500 余米^2，主体建筑高度为 11 米，规模宏大。平面呈九宫格形状的布局形式，整座建筑沿纵深轴线跟随地址逐级抬升，建筑整体呈"高低错落、开合有致"的优美形态。内部设有一个主厅、两个副厅、一条跑马廊和 365 间生活房间等功能空间，在鼎盛时期能容纳近 300 人共同居住。从生活空间划分的角度看，庄寨的前半部分主要为防御性、社交性和生产性的公共空间，厅堂、礼仪厅及厨房等基本集中于此。后半部为宜居性、私密性的生活空间和学习空间，主要设有密集的居住房间和安静的教谕书房。建筑的后部还设有长条的庭院，不仅为女眷和小孩提供嬉戏、观景的休闲空间，也有效调节了建筑内部通风、采光等状况，不难看出寨堡主人家境的殷实和良苦用心。仁和庄内的生活空间以厅堂、回廊天井、厢房子房和跑马道最为典型。

1. 厅堂 建筑共有三进院落，每一进院落设一处厅堂，其中中轴线上的主厅是整座建筑最大的一处。主厅位于庄寨的几何中心，承担着家族议事、婚丧嫁娶、拜祖祭天等功能职责。建造者有意展示自己宗族的声望与门第，因此厅堂的装饰装潢与规模配置在整座建筑中最为突出，从楹联匾额、雕梁画栋等可见建造者对此处空间的重视。

2. 回廊天井 天井与明堂、廊庑、两侧厢房组合为一个合院单元，位于庄寨建筑群的纵横轴线上。天井是庄寨内外物质转换的重要连接空间，为密度极大的建筑群发挥采光与通风、调节微气候、组织排水等作用。而在艺术审美上，天井与周边的房屋形成了明暗相接、开合有序、虚实过渡的空间。位于中轴线上的天井，往往还需承担仪式场所的功用，譬如常见的谢天地仪式，将祭台设于天井中央，或垒起三张八仙桌以便更接近上天；在婚丧嫁娶仪式中，天井也是摆设筵席的最佳场所。

3. 厢房子房 庄寨中数量最多的居住空间，分布在厅堂左右次间，也称"官房、正房、上房"，由家中辈分等级最高者居住。除去正座部分的房间，后楼主要为女眷的居住空间，两侧护厝的连排式住房也是庄寨的卧房空间组成。这些居住空间的上面一层为仓储空间，一般借可移动木梯到达。在"耕读传家"的家风家训教导下，仁和庄后座部分厢房被设为书斋学堂，用以教导学生读书写字，自新中国成立后至 20 世纪 70 年代曾经是三捷村与附近村庄的公立小学。

4. 跑马道 位于庄寨二层建筑紧贴内墙一侧，连贯四周形成环线。不仅串联二层空间的交通路径，还可用于快速移动逃生、机动游走勘察敌情、运送弹药物资、通过外墙上的枪洞对外射击等，是庄寨建筑内部空间的一大特色。

（三）庄寨建筑的装修装饰

大多数建筑装饰都是通过对某一构件进行美学处理的结果。远观庄寨的建筑外立面，寨墙下部约 2/3 是采用坚固的青石堆砌起来的，石头与石头之间相互嵌套，质朴古拙的青石色彩为庄寨平添了沉稳厚重的审美意趣；青石寨的悬山屋顶是整座建筑最为出彩的部分，屋面上与远山呼应的燕尾脊线、掩映在灰瓦屋脊之间的马鞍墙，给人以庄严肃穆之感，向上弯曲的燕尾翘又为建筑平添了自然清灵之趣。此外，仁和庄建筑屋面翘角的密集度、起翘度、舒展度及精美度在现存庄寨中也罕见（图 7 - 2），而在脊堵、山花处的灰塑彩绘也展现出仁和庄建筑装饰之精美细致。

图 7-2　庄建筑屋面的飞檐翘角

　　走进庄寨建筑，可以感受到庄寨建造者对于建筑装饰构件极尽用心。这些装饰技艺多以当地的手法为主，或淳朴清雅，或轻盈缥缈，都具有极高的历史和艺术价值。装饰技艺多为石雕木刻、灰塑彩绘等，运用于大大小小的建筑构件中，如封火墙、梁柱、门窗、出入水孔及地面石砖等，所牵涉的题材内容既包括神话传说、历史典故等，也包括蕴含有家训家风、诗文俚语、耕读文化等意象的楹联匾额。从装饰构件的形态到装饰所运用到的题材及其所表现的内容，不仅能体现出营建者自身对艺术美学的追求以及在日常生产生活中生动活泼的情趣喜好，更能反映出对血脉赓续、家族兴旺、耕读并举与诗书传家等美好生活的祈愿，例如中心天井的地面铺贴采用青条石分为 5 段梯格、钱纹铺就，并安置钱纹进水口，天井两侧的厢房单门上设缠枝牡丹汉挂落，这一空间的装饰纹体现出富贵吉祥之意。

二、庄寨建筑的农业美意涵

（一）居防一体，特色民居

　　明清时期，在永泰山区的开发进程中，外来移民众多，族群关系紧张，经常发生社会动乱，为在动荡的永泰山区安身立命，保卫生命财产安全，宗族聚落选取易守难攻、风水良好的山间盆地修建体量庞大的民居建筑，并将其命名为"庄寨"。"庄"代表了人们对平安、美好、祥静的理想生存生活空间的眷念与期盼，"寨"则体现出社会动乱年代山区人们期盼拥有一处安全保障之地，抗匪避险，以保障全体族人安居乐业，繁衍生息，由此可见庄寨建筑本身兼顾着防御功能与居住功能。在匪患肆虐袭扰的时候，全族乃至全村进寨避祸，寨内的物资齐备，可以为避祸的人们提供足够的战略支持和日常生活所需。在社会安定的时期，庄寨族人也维持着聚族而居的传统，庄寨内部拥有密集的居住空间、举行仪式活动的公共空间、读书识字的学习空间等，也充分反映出内庄外寨、内文外武的庄寨建筑特色。

庄寨所特有的防御性、宜居性及生产性的功能特征投射在庄寨建筑形制上，铸就了庄寨独一无二的建筑形态。从建筑外部来看，高大坚固的石砌墙体、耸立四角的碉堡角楼、狭窄细小的建筑入口等建筑构件，强化了庄寨的防御性能。从建筑内部来看，除了设置有功能齐全的生活空间以供居民日常居住外，也在一些重要的空间节点上加以纹饰，包括楹联匾额、木刻雕花、石阶青瓦等。从以上的主题内容可以看出，庄寨人在建筑内安稳栖居的同时也衍生出了耕读传家、宗族礼序等文化脉络，凝练了独特的地域文化特色。

（二）背山临田，乡土记忆

所谓"栖居"，不仅仅指建造和居住，更是一种存在方式，是栖息主体与天、地、人、神之间的紧密联系。走进青石寨，可以感受到张氏祖祖辈辈在此栖居的乡土意象。寨内的小路全部以鹅卵石打底，历经长时间的洗刷已经长满了青苔，在寨子的最里面摆放了很多农具，还有一些当时留下的生活工具，是旧时的居民在山野、田地中劳作记忆的载体与纪念。"岁序辛丑，三月初九。节逢谷雨，祭字射斗"，每年的谷雨时节，张氏后代传承了当地焚香祭字纸的传统习俗，即是对从前在农田劳作者的经验智慧与耕读文化的传承。

2020年，永泰县邀请设计团队就仁和庄门前的稻田进行艺术创作，以高大的仁和庄作为背景，在稻田中安置了稻亭和木栈道，并以艺术装置引导人们进入稻田穿梭、观景，与稻田互动，牵动着人们感受仁立于山林、田野之间的庄寨的乡土记忆。同时，稻亭和一些基础设施也为当地居民的生产生活以及文化活动提供了适宜的场所，营造出传承乡土文化的环境氛围（图7-3）。

图7-3　仁和庄门前的稻田

（三）宗族赓续，乡愁之系

我国传统文化受农耕文化影响较大，这种以血缘关系为纽带、以宗族观念为基础形成的地域文化，直接影响着历史文化村镇中人们的道德、风俗和文化观念。庄寨建造者张氏三兄弟集资建造了青石寨，提供给族人共同居住、合力自保的栖息之地。在青石寨建成之后，张氏族人长期同居共财，维持大家庭的生活方式。即使在分家之后，仍然保留了大量公共财产，主要用于祭祖仪式与科举教育，从而强化了家族组织。

仁和庄先祖秉承"以仁为德、以和为贵"的理念教育子孙。庄寨营建者序捷、序仪、序光三兄弟从小受家庭的熏陶，为人诚实守信、谦恭礼让、友善待人，做事认真执着，三兄弟各有所成，他们的思想品质也传承了下去。青石寨繁衍至今已有九代，人口多达近两千人，然而随着子孙往外迁居，它同样逃不过式微的命运。近年来，随着"寨堡文化保护热"的兴起，青石寨子孙纷纷捐款捐物，积极参与宗族的仪式活动，希望把先祖思想文化传承下来。由此可见，庄寨文化的宗族观念和处事精神已经深深地印刻在了青石寨后世子孙中，无论经历多少时间、事物的更迭变迁，它都会作为深植于后世子孙的精神基因，牵引着他们的乡愁之情。

三、乡土建筑的文化价值与保护

（一）乡土建筑的文化价值

永泰庄寨这一珍贵的乡土建筑遗产，是集合了永泰先民祖祖辈辈辛苦劳作的心血，在社会动乱时期为维护山区人民生命安全和财产安全以及进行农事生产而建造起来的，表现出人文性和社会性的基本特征，凝聚着山区人民的辛勤劳动和无穷智慧，它是一定历史时期不同文明和文化传统所依托的物质载体，映射出在动荡时期山区社会中长期的农林耕作的资源和信息，蕴含着人们的情感价值和珍贵记忆。

然而在社会安定、经济技术水平日益提升的今天，山区农耕经济已经逐渐退出历史舞台，村民离开乡土、走向城市寻求更好的发展，亲族聚居的时代远去，现今农田荒废，庄寨颓败，已经很少有人在庄寨里居住，仅有一些保留修缮完好的庄寨还可作为提供宗亲聚会和仪式活动的场所。它们作为永泰山区某一历史时期的缩影，随着时间的推移而更显其价值。

在现代社会，永泰庄寨的价值集中体现在"家文化"方面。在中国传统社会，农耕文明贯穿始终，家族是小农社会中最基本的结构单元，承担着家族范围内人口的经济生产、政治生活和宗教信仰等功能职责，维系着宗族的和谐稳定与旺盛的生命力，给宗族中每一个成员以归属感和认同感，"家文化"就是在家族的扩大、延绵中逐渐形成的。随着当代城镇化、市场化及消费化进程的推进，传统的家族文化处在不断消解又不断往复的过程中。但在永泰的村寨中，从长期的家族制度中衍生出来的文化特点、传统观念和习俗仪式依然影响着广大的乡民，他们敦亲睦族、尊宗敬祖、修建祠堂、编制家谱、传承香火并修缮传承，他们凝心聚力完成族内事宜，促成了文化历史的延续。近几年来永泰县进行得如火如荼的庄寨建筑保护与修缮工作，就是以庄寨族人作为主体来组建理事会，开展修缮的筹划讨论、募款筹物、修缮施工及组建项目等活动，促使庄寨这一乡土建筑在现代社会重新焕发生机，引导着新一代年轻人重新思考庄寨所蕴含的精神价值。

（二）以亲族为主体的文化重构

族群聚居的乡土记忆已经随着城市化、现代化的社会变迁而逐渐远去，曾经聚集在一起共同居住的乡民老去，他们的后代走出了庄寨，分散在城市中安居，庄寨这一极具乡土特色的建筑曾一度陷入困境。在"乡村振兴战略"的指导下，这一承载着山区农耕文化、历史记忆和地域特色的建筑才重新出现在大众的视野中。近年来，永泰政府、投资者以及庄寨宗亲致力于修缮和保护庄寨建筑，且卓有成效，其中也面临着一系列困难，庄寨建筑不仅要保留其具体的形制、空间、结构，更重要的是对庄寨所承载的乡土记忆、家风文明、传统文脉的挖掘与传承。而在当下社会，年轻一代对庄寨所蕴含的文化缺乏理解力、认同感与归属感，因此在这一层面，需要发挥亲族文化的力量重构庄寨文化。

当下的庄寨亲族也一直在努力达成文化重构的目标。他们推选本族德高望重的人员代表建立理事会，牵头组织庄寨建筑的保护与修缮；邀请相关专家学者共同整理研究地方文书，挖掘地方文化与传统文脉；在重要的节庆日开展祭祖活动，邀请同宗族人携家眷共同参与活动；编制地方读本与相关实践课程，提升年轻一代对庄寨建筑的文化认同和对亲族文化的归属感。

小结

仁和庄是永泰庄寨这一建筑形制的典型代表，形成于旧时山区社会山寇动乱时期，也是永泰先民在山谷农田之间为护佑一方土地生产生活而建起来的"居防一体"的地方特色民居，是凝结了永泰历史与文化的乡土建筑。本节主要对仁和庄这一案例的"溪-田-寨-林"的农业生产空间、庄寨建筑内外的生活空间以及装修装饰进行阐述，分析从中衍生出来的建筑形制美、文化美及情感美。并讨论了当下永泰庄寨这一富有地域特色的乡土民居已成为永泰县乡村振兴的重要载体，在相关建筑的保护与修缮工作进行过程中，除了要重视建筑本身所固有的建筑装饰、空间形制所带来的艺术价值之外，更需要聚焦在庄寨文化价值——"家文化"的传承与活化方面，这离不开庄寨族人的筹建与传承。庄寨内蕴的"家文化"在旧时引导着族人凝心聚力抵抗匪寇入侵、壮大家族产业，但在现代社会已经逐渐消解，年轻的一代需要重新审视"庄寨文化"以及"家文化"的现代意义，从而推动庄寨这一乡土建筑的传承复兴以及地域文化的重构。

第二节　大地艺术之美：日本越后妻有

"穿过县界长长的隧道，便是雪国。夜空下一片白茫茫。"川端康成笔下所描绘的安静的雪国——越后妻有，属于日本本州岛的新潟县，深厚的文化底蕴和丰富的农业资源赋予它无可比拟的秀丽风光。当地村民以村落为单位过着自给自足的生活，对村庄有着非常强的归属感，对村庄重视度也很高。这里曾经农业繁盛而且人口密集，"越光米"和"吟酿清酒"是当地名产，即使如此，越后妻有也无法抵挡经济高速增长过后，城市文明与消费文化所带来的巨大冲击。

随着社会发展和产业结构的调整，城市化和工业化给国家带来了许多挑战，包括老龄化、人口外流和社会衰退，因此日本政府积极推动相关建设，发展具有地方特色的主导产品和主导产业，其中"大地艺术祭"为越后妻有注入了新的活力，使人口流失严重、原始风貌破坏而被遗忘的乡村重新焕发生机与活力。艺术家通过弱化自身角色，让村民和乡野成为当地真正的主角，从而使大众感受到农业生产与现代艺术长进的平衡状态，让当代艺术与自然农耕际遇互动。

"大地艺术祭"重振了越后妻有的整体经济，契合消费需求，为消费者提供了心理上深层次的体验感，同时人与自然和谐共处的模式也渗透进了越后妻有的日常生活中，以艺术的形式重新探讨经济增长，为其带来有温度的经济增长模式。目前已有 100 多个村庄参加了"大地艺术祭"艺术作品散落在各个村庄，相距较远，因此延长了游客的留观日程，同时增加了二次前往的可能性，取得了巨大的经济和社会效益。

除了广为人知的"大地艺术祭"，越后妻有对于自然民俗方面的活化同样值得关注。越后妻有素有"雪国"之称，也有温泉、梯田、自然山林等美丽景观，通过现代技术的维护与展示，该地每年吸引大量的游客前往游览与观赏。游客会参与庙会、祭祀、游行等当地体验活动，全方位感受越后妻有的风土文化。

一、日本越后妻有的大地匠艺

（一）越后妻有自然民俗

越后妻有拥有丰富的农业资源，如在越后妻有山区等斜坡上阶梯状建造的梯田。松代区和松野山区散布着许多梯田，可以欣赏到四季不同的美景，它们作为原始的田园风光，被许多人称赞和喜爱。其中，邻近松代的"星峠梯田"2017 年 8 月在 NIKKEI Plus 1 中排名第一，是一个特别受当地人和公众欢迎的梯田景点。并且在大约 4 500 年前的绳文时期，越后妻有地区就已有人居住，国宝火焰型土器至今仍保留在当地博物馆中进行展出。几千年来人们通过自己的勤劳与智慧开垦梯田、改变河道，在这片美丽的土地上繁衍生息，孕育出浓厚的绳文文化。

大正末期，山上的树木被砍伐，山上呈现出一片光秃秃的景象。但是到了第二年，这座山上的山毛榉树一下子重新发芽生长，郁郁葱葱直至今日，并有许多野生鸟类在此栖息，人们称这片山毛榉树林为"美人林"。"美人林"是吸引全国各地摄影爱好者的热门观光景点，春夏秋冬四季呈现出不同的风采。春天，雪地里发出的嫩芽诉说春天的到来。夏季，置身于生机勃勃的绿意之中，感受清爽的微风吹过山毛榉树。秋天，树叶被染成黄色和橙色，让人感觉仿佛置身于画中的美丽空间。冬天，是一个银色的完美世界，在阳光明媚的日子里，雪在阳光下闪闪发光。

丰富的温泉资源也是越后妻有地区的一张独特名片，当地有许多温泉设施，与当地的自然环境融为一体，游客一边在温泉的热汤中放松心情，一边远眺风景，享受心情的放松。其中当地的松之山温泉、有马温泉和草津温泉并称为"日本三大药汤"，其泉质是氯化物泉，具有杀菌和热水浴效果，温泉作为物质载体，带来了不同于其他旅游景点的独特体验，更加有助于处理好人与自然的关系，在满足现代需求的同时增加了对于家乡的归属感与记忆治愈感。

（二）越后妻有风土艺术

日本的祭典活动在日本文化中占有非常重要的地位，部分节庆活动由来已久，深入村民的日常生活中，为一些活动村民经常会提前数月开始筹备，努力使祭典活动成功举办。在越后妻有可以见识到各式各样的节日祭典，部分祭典原仅限当地人参加，但现已面向大众开放。当地通过艺术和节庆相结合，举办了多种活动，使当地产生了新的吸引力，即使在节日期间以外，也可以在越后妻有里山现代美术馆欣赏到这些作品和艺术表现形式，如"KINARE"、松代"农舞台"和森林学校"Kyororo"等。

越后妻有"地球艺术节"自 2000 年开始举办，是世界上最大的国际户外艺术节，该艺术节秉持"自然拥抱人类"的理念，致力于地方重建、地方文化的保护和发展以及地方价值的复兴，利用艺术的力量、当地人民的智慧和当地丰富的资源，使在现代化进程中退化的农业地区重新焕发生机。艺术家和游客都可以通过"大地艺术祭"，欣赏和享受日本质朴、幽静的一面，艺术节也吸引了许多志愿者参与该地区的复兴计划。从乡村的社会结构和文化生态出发，增强村民的主人翁意识和审美观，形成凝聚力和吸引力，实现艺术与乡村的共生。当地举办四季活动，当地村民和艺术家一起配合发表艺术作品。艺术家常常以驻留当地的方式展开创作，以周边触手可及的材料与村民合作共同打造艺术精品，以服务的角色让公共艺术与这片土地共存，比如 40 多座空房子和 14 所废弃学校也通过"大地艺术祭"得到了成功改造。现在这些艺术作品坐落在 760 千米^2 的宽广大地上，它们在具备艺术观赏性的同时，也可化身餐饮设施或住宿设施供人充分利用，被赋予了新的生命。对旧建筑的活化，同时也是对本地居民归属感的培养，使他们在踏上艺术之旅的同时，还可以欣赏壮丽的梯田和自然山林等美丽的风景，或参加各种活动、参观手工艺教室和得到其他丰富的体验，全身心地在不同季节感受当地文化。"大地艺术祭"将越后妻有的山林变成了大人和孩子们的乐园，让人们回忆起故乡，加深人与大地之间的联系，通过艺术振兴地区并发掘其潜在魅力，作为先驱范例吸引了国内外的广泛关注。

二、日本越后妻有的乡村艺术再生

（一）艺术介入自然

"星峠梯田"是越后妻有相当受欢迎的梯田——约 200 片大小不一的稻田，像鱼鳞一样铺在山坡上，呈现出四时不同的面貌。曙光初现、云海翻涌之时，漫漫轻雾将层层梯田渲染得愈发柔和，水洼星罗棋布，凝结成一面面明亮的水镜。2022 年被日本农林水产省认定为"梯田遗产"。层层梯田随处可见，因其不能大规模使用机械耕作，只能利用雨水浇灌，而且主要依靠人工作业，即"天水田"，所以生产出来的大米格外好吃。以独特之美闻名的"星峠梯田"地区，一年四季迎来众多游客和摄影爱好者的到访。在某些季节，早晨可见梯田上方的"云海"，宛如丝绸和云朵的海洋。在雪融后的春季和落雪前的深秋，稻田将会积水成"水镜"，形成独特的景观。因为农田是农民精心传承和种植水稻的地方，所以游客只能在观景台观赏美丽的梯田和梯田上的艺术装置，这不是以环境创造艺术，而是"艺术环境"的重建与营造。

与黑部峡、大杉溪谷并称为日本三大峡谷之一的"清津峡"又被称为"光之隧道"，横跨河面的巨大岩壁形成了一个V形峡谷，柱状节理的岩面雄伟壮观。2018年，越后妻有艺术三年展上，中国建筑师团体马岩松/MAD Architects将其改造为艺术品，除了对隧道内部进行大修外，还安装了入口设施；利用自然界的"五行"（木、土、金、火、水），创造了一个充满艺术氛围的建筑空间，使隧道内部变成了一件艺术品。大自然的伟大在艺术家的创意中，被塑造成了一个梦幻般的空间。

温泉作为新的艺术载体，也表现出了新的可能性。越后妻有艺术祭中有作品《黑色象征》（Santiago Sierra），温泉"次郎"足浴、餐厅和土特产店等温泉街，温泉街中的药师堂，也是"怪祭向日投祭"的举办地，游客在药师堂中感受别样的温泉文化与当地的特色民俗。除了各式景点，利用温泉制作的美食也独具特色，如"东寺猪肉"和略带咸味的"东寺鸡蛋"。

（二）地域与人文交融

越后妻有地区将当地独特的地域文化和人文底蕴相融合，如隶属于越后妻有的国宝火焰形陶器、纺织品和十日町冰雪节，因结合现代艺术节而闻名，游客在此能感受到绳文时代的艺术之根，以及承袭绳文时代流传的烧陶技术和丝织品技术所形成的传统产业。

冬日，积雪使这里成为一个纯白的世界，具有柔软与严肃的两面性。该地的活动内容主要与绳文时代有关。通过"绳文之旅"（"绳文"以自然为背景），游客可以了解艺术与当地的衣食住行，如绳文餐厅，选址于出土国宝火焰形陶器的筱山遗址，为了重现当时的生活空间，设置绳文时代的室内家具并使用精心复制的国宝火焰形陶器进行烹饪，以艺术的原点利用五感享受"绳文×现代"。绳文时代的居民与自然相处和谐，依靠从山野河流中狩猎采集获得资源，从大自然中获得日常生活所需的所有工具和材料。该地博物馆具有一些独特的体验活动——使用当时的器具进行采集体验和模拟狩猎体验，让游客在此领略大山的恩惠，加深对绳文文化的理解。

在初夏的小松原进行的湿地徒步活动，同样是对地域特色与人文的一种切身体验，位于小松原苗场山西北部海拔1 350～1 600米的高原上分布着小松原湿地。徒步体验通常在初夏和秋季举行，活动时长约6小时30分钟，可以切身体验原始山毛榉森林给人带来的震撼感受。初夏的小松原湿地内盛开着，随处可见的艺术节作品，秋日大权寺的红叶与波光粼粼的池塘共同构建出一幅如梦如幻的独特景色。游客还可以在艺术作品小屋中下榻，有机会亲身体验以"睡眠"为主题的艺术创作。

（三）文化多元化传递

由于常年与外界低交流，加上地区的老龄化状态严重，越后妻有出现大量荒废的学校、粮仓、工厂等，这些建筑就像一个个破败的、无人问津的孤岛矗立在人们生活的空间里。但在艺术家的介入下，许多荒废建筑也焕发出了新生。空屋主要分为三类，通常是普通居民的住宅、废弃的学校或者是街边的商店，然而创新的展览形式使其能够不断吸引来自世界各地的杰出艺术家，为艺术节提供品质保障。

空屋是越后妻有重要的社区活化载体，超过 100 间空屋被纳入重建计划，旨在重新联结人与土地、人与人之间的关系。被改造空屋的业主可以利用它们来经营餐厅、画廊、会议室等将空屋活用。入选改造计划的空屋需要符合三个条件：①有益于当地未来的发展，以招徕外地游客和团体为前提。②反映当地文化。③委托当地工人施工。如十日町市立博物馆，游客可以在这里了解十日町市的历史和文化，包括笹山遗址出土的深碗形陶器。这里常设展览和特别展览，展示十日町市纺织文化的"纤维的历史"和与日常生活密切相关的"雪与信浓川"。里山现代美术馆由建筑师原广司所设计，其中心是一个开放式池塘，整个建筑用混凝土制成，并且不定期举办与越后妻有相关的展览。

除了这些常规展馆，松代"农舞台"更是越后妻有一处与众不同的亮丽风景线。"农舞台"由荷兰建筑团队 MVRDV 设计，是连接农业文化和当代艺术的综合性文化设施。它距离"松代站"只有几分钟的步行距离，是艺术节的中心。除了它本身就是一件艺术品外，这里还设有展览、咖啡厅、商店和综合信息中心。农业舞台周围约有 50 件艺术品，让游客欣赏艺术品的同时，还能领略松代地区的风情。它虽然是静态的，却始终随着自然界的瞬息万变而处于动态变化之中。

越后妻有森林学校邀请当代艺术家和各领域的专家担任讲师，通过艺术和劳动的工作坊、研学活动等，为参与者（从儿童到成人）提供认真"玩"和"学"的机会。艺术家追求通过将这些废弃的老旧建筑改造成艺术品，从而来保护当地景观，并赋予它们当地艺术性记忆和智慧，使其面向未来。制作"棚屋"的艺术家参与该地区运动会和当地节日的策划和表演，还有其他当地仪式，如夏季节日、收获节和新年仪式，该地区的艺术家、kohebi 成员等人会与游客进行互动。越后妻有周边被约 80 公顷里山的树林所环绕，其常常用作举办自然观察和其他体验项目、实践学习和保护当地自然环境的活动。游客可以通过里山"雪里"展出的生物多样性相关的展品和丰富的实践项目来体验和了解里山。除了大约 200 件永久性艺术品外，还会在不同季节举办与当地传统民俗相吻合的特别展览、表演、工作坊、活动和节日。

三、乡土艺术的保护与发展

（一）艺术介入乡土

坚持"以乡土为核心、以艺术为辅"的发展理念，既注重传统文化的传承，又积极开拓创新。越后妻有如此闪耀，离不开当地居民对乡土的深情执着和自豪之情。当地居民心怀故土，倾注真挚情感，为现代化的城镇复兴注入了源源不竭的力量。各地随处可见形式各异、色彩缤纷的艺术作品，不同的艺术家带着不同的设计思想碰撞出别样的火花。

同时，艺术作为一种纽带，紧密连接各个领域，促进区域的协同发展。越后妻有用艺术的力量引领产品的升级，促进地区的发展，进而推动就业、增收和致富，为农产品带来了新的机遇，艺术与农业的结合赋予农产品附加值，提升了其市场竞争力。这不仅创造了更多的就业机会，增加了收入来源，也为整个地区带来了繁荣的景象。

（二）多措并举的振兴合力

乡土的保护与发展是一项漫长的、综合性的任务，是多方共同协力和持久相互配合努力的结果。各地的设计师与艺术家积极参与，共同构思了"大地艺术祭"，设计中蕴含着村民对家乡的浓厚情谊和设计师的无限想象力与人文的力量，散发着厚重的生命活力。村民在思想上形成自豪感，浓厚的乡土记忆与归属感促使他们自发性地维护当地的设施与自然环境，而这也是越后妻有得以长久发展不可或缺的重要一环。在政府的支持下推行地方自治以及多方的协力合作，为"大地艺术祭"在本地落地实施提供了坚实的支持。多方融合、坚守乡土的保护与发展，乡村才能实现持久的繁荣，居民才能在最舒适的环境中长久地生活生产。

小结

本节介绍了越后妻有如何通过大地艺术作为农业与艺术文化的连接媒介，重塑其地域价值，重新思考和定义人与自然、人与人、乡村与城市、传统与现代等诸多问题。"大地艺术祭"自诞生之日起就与大地有着千丝万缕的联系，正是这种联系使得大地艺术比其他艺术形式更贴近自然，也促进人们更深入地探讨人与自然、人与社会的关系。主要发现：

（1）艺术介入乡土　在面对城市文明和消费文化的冲击时，越后妻有坚守传统文化，以农业为基础，实现了乡村的复兴与发展，以自然的方式实现对艺术的传承与对环境的保护。"大地艺术祭"的举办带动了当地的产业转型，带动了就业增收和地区的繁荣。

（2）多措并举的振兴合力　各地的设计师与艺术家积极参与设计，共同构思；当地居民和政府多方共同协力和持久配合，为乡村的可持续发展提供了一条可行的道路。通过长远规划和分步实施，让艺术成为各个领域协同发展的纽带，为乡土本源的保护与发展注入了生命力。

综上所述，越后妻有地区的农业美学是乡土本源保护与发展的成功典范。不是在工业化的驱动下使乡村成为艺术的翻版，而是以现有的资源为基础，通过坚守传统、保护自然和创新发展为途径，明确乡村区别于城市的独特之处、价值所在，使越后妻有焕发出独特的魅力。这种实践不仅展现了农业与艺术的有机结合，也彰显了乡土文化的价值和地方居民的力量。越后妻有地区的成功经验为其他地区提供了宝贵的借鉴。在艺术推动乡村振兴的过程中，必须发挥不同主体的作用，尊重村民的主体地位，平衡好艺术与商业、生活的关系。在实现乡村复兴的同时，也带来了可持续发展的繁荣与幸福的未来。

第三节　民俗、匠艺之美：日本古川町

日本古川町是日本岐阜县北部的多个农村集合形成的村镇，1589 年建成，拥有五百多年的历史。古川町是日本天正年间，领主金森长近父子将增岛城作为核心区，建造的一个城下町。主要的聚落格局是南为主城、北为寺、东为武宅、西为商宅，西有河、东有山。周边山川环绕，町内有本光寺、真宗寺及丹光寺三座寺庙建筑。因其地理位置特殊，相对封闭，且交通不便，具有浓厚的山城风貌。周边被高山环绕，森林茂密，产业主要以林业为主。街区内木制房屋排列整齐，穿城而过的濑户川河水清澈，景色宜人。

但是二战之后，日本传统的农村社区衰落，古川町也随之衰败（图 7-4）。流经古川町的濑户川变成了一条肮脏的、充满淤泥的"臭水沟"。为了改善和保护自己所居住的生活环境，在古川町町长的带领下，当地居民发起了一场名为"社会更光明、街道更美丽"的社区整治运动，希望通过自身的参与让家园回归"幸福美好、自然古朴"的本来面貌。1987 年，古川町观光协会发起表彰与街道协调的建筑物的"古川町景观设计奖"；1989 年，由日本国家信托举办的"飞驒工匠文化馆"建成；1993 年，古川町由于开展了大量丰富多彩的社区营造活动，荣获日本"故乡营造大奖"，为建立现代化社区营造模式形成了模范榜样；2004 年 2 月 1 日，与周边町村合并成为飞驒市。

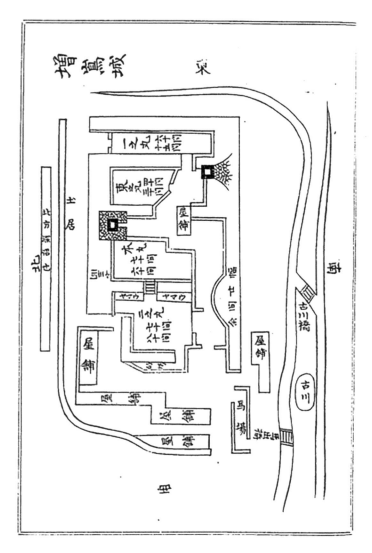

图 7 - 4　古川增岛城旧图

一、日本古川町的民俗、匠艺

（一）云纹——木建筑工艺

"乡土"一词通常指农舍、家庭和传统，而在建筑形制中，往往指的是历史且自然的乡村或小镇的住宅。乡土建筑是由匠师设计的建筑,用当地的技术、材料建造,并考虑了气候和经济(农业经济)。古川町四周环绕茂密的森林,盛产具有建筑价值的树木,享有"木匠之乡"和"飞驒工匠"的盛名。因为有技术高超的木匠与丰富的木材,以古法建造的木造房屋在古川町非常普遍,形成了这个小镇的特色。从木构造建筑的屋顶、出檐、窗户、格栅、斗拱可以看出工匠的手艺,建筑形式具有节奏性,层层叠叠,丰富且统一,进而演化成为古川町靓丽的街道风景。

1904 年古川町内遭受大火,使得町内大面积的房屋被烧,后进行修复建设。目前所呈现的街道是在原城下町的基础上进行复原的,街道旁的建筑也受传统的建筑风格影响。古川町传统建筑的特点是在木制建筑的出挑处采用云纹的装饰性雕刻部件(图 7-5),其正面涂成白色。根据有关学者研究统计,古川町内云纹的数量众多,其形式多达 169 种。每一种云纹都展示了木匠在设计房子时的构思,也被视为一种具有代表性的名片。1989 年飞驒匠文化馆建成,其基于旧役场的遗址上建立,建筑设计代表为吉田桂二。该建筑未使用一枚钉子,建筑全是由飞驒产的木材所建造的,特别是该建筑轩下有大工设计的各具特色的云纹。目前该馆不仅向游客提供游览观赏机会,还提供教育研习的活动,在此可以挑战木制拼图和建筑连接,学习到木制建筑的组装方式。并且当地地方组织在宣传册中向公众展示了曾经发达的林业和独具特色的云纹古法装饰房屋,吸引了无数游客和手工艺人前来学习和体验。

图 7-5 云　纹

(二)古川町传统祭典习俗

乡土是民族一体的共同经历。古川町的传统节庆包括三寺参拜、飞驒古川祭及数河狮子等。其中作为欢迎春日的到来所开展的民俗活动——飞驒古川祭,由祭屋台行列和起大鼓活动内容联合,现已被日本列为国家重要民俗文化财产。4 月，大排档在街道中巡游，大排档由九个台组各自拥有，作为保管库的大排档仓库也成为社区的象征。节日当天，家家户户用竹帘和伞灯笼装饰门面，人们从街坊的屋檐或屋顶上观看巡游街头的小摊队伍。1989—1992 年实施了"起太鼓之乡整备事业"。1992 年 6 月，飞驒古川祭会馆开馆，馆内收纳了三个摊位和一台神轿，可以全年体验"古川祭"的"起太鼓之乡"，此外周边还修建了"节日广场"。

除了"古川祭"以外，古川町还有许多传统节日，例如作为冬季（1 月）的祭典，从 200 多年前就开始的"三井寺参拜"活动。从前，翻过野麦山口去信州打工的姑娘们穿着打扮好，在濑户川的河边漫步朝拜，因为男女相逢的缘故，飞驒古川的小曲中也唱到了"为找媳妇去三寺……"，作为结姻缘的参拜而闻名全国。祭祀当天，各个寺庙都点上了高 80 厘米的大蜡烛，在繁华的大街上林立着高 2 米以上的雪像大蜡烛。另外，濑户川沿岸千支蜡烛的火焰摇曳，将古老的街道装点得梦幻般美丽。节日与街道融为一体，创造出独特的世界。

古川町目前利用传统民俗中的"古川祭"，举办特色"花车巡游""起太鼓"等活动，吸引更多人去游览，积极维系民俗文化，促进传统文化的传承；另一方面也提高了古川町的知名度并提升其经济价值。同时，根据自身差异化，古川町主动向城市输出、创造与城市互联的条件，激活了自然乡村的活力和造就其人文环境（赵晨，2013）。它不仅唤起了城乡之间的认同感，还吸引了城市与乡村之间的某种连续性和文化融合传播效应的媒体景观。

（三）濑户川——白壁土藏

乡土景观视乡土为世界的中心，混沌中秩序的绿洲。自力更生是它的本性；规模、财富、美貌与之无关；自律并遵循其独特的规律。濑户川位于古川町城区中央，是江户时代所挖掘的人工渠道——也是古川町的特色之一。建城之初，濑户川原本是区分武士和商贤阶级住宅区的重要界线。此外，濑户川沿岸绵延的白壁土藏建筑群风格，堪称古川町的代表性建筑。濑户川沿川两旁设有白墙土藏街，是富人建造于住宅附近的土造仓库，墙壁为白色且极为厚重，通常为了存放商品或货物。厚重感配上河川的流动性，周边柳树随风摇曳，形成一种宁静的氛围。

1968 年，农村运动在日本濑户川首次亮相。面对臭气熏天的濑户川，当地人自发开始清理。大家帮助清理河床上的淤泥和杂物，然后将 3 000 多对锦鲤放生到濑户川中繁殖。锦鲤是在日本最受欢迎的鱼类，在日本民众心目中是神圣的，象征吉祥和喜悦，并且锦鲤对生活的水质要求很高，所以当地居民必须以自家门前的水域为基点，维护河水的干净，每天早晚自发性地去打扫川内的垃圾。寒冬，濑户川的锦鲤必须由村民一条一条地捕捉，然后集中到保温池塘中越冬。春日，再把锦鲤放回，至此养锦鲤成了古川町当地居民的公共事务。经过多年的努力，锦鲤成为该地区的象征性图腾，臭水河也变成了清澈的锦鲤栖息乐园，美丽的濑户川成了大家的骄傲。

二、日本古川町的乡土美学

（一）古朴本质，特色创意

乡土美学作为一种文化表达形式，是人类认识自然及其生存方式的演变所形成的审美习惯，其强调乡土环境与美学的紧密联系及其价值。日积月累的风俗习惯是对当地的地形、气候、土壤、人文等影响要素适应的结果，包括方言、服饰、民俗信仰、歌曲舞蹈和节庆节日在内的各种风俗习惯，成为旅游观光者津津乐道的风土人情。其中三嶋蜡烛店是一家拥有两百多年历史的名店，也是日本国内为数不多的"纯手工制作日式蜡烛"的传统老店，这家店利用木蜡、灯草芯、蚕丝和纸等纯天然植物，制作出火焰烟灰少、不容易被风吹灭的蜡烛，游客可以在店内边听店主解说边观看手工制作蜡烛的过程。

白壁土藏——由白色的仓库与寺庙石墙，及悠游于濑户川运河中的千尾色彩缤纷的鲤鱼，风情万种地交织在这个城下町内。四百多年来，濑户川从农业用水、日常起居、防火除雪到休闲旅游，一直作为民众日常生活不可或缺的部分，虽然随着时间的推移，其功能和形态产生了巨大的变化，当地民众也随着历史演进而发生了变化，但人们与濑户川之间的情感纽带却始终如一，历久弥新。2007 年，从东京来的山田拓协同妻子，以包括山林、农田、河川等为综合体，成立了以体验为核心的旅游公司"美ら地球"，通过领略里山的美丽和古川町的独特魅力，重现里山体验，吸引更多的外市游客来古川町旅游。

（二）造町规矩，工匠传承

乡土以农业文明为背景，以土地为纽带，以田园生活为蓝图，以社区群体为聚集点，以传承传统为原址。"老规矩"是古川町乡土营造的自觉意识，古川町的"老规矩"是居民认为应该严格限制町内新建或翻新建筑的高度、颜色、风格和装饰，建筑高度不超过古川町三座寺庙的高度，建筑材料和颜色不标新立异，并与周边房屋相协调，以便在共同居住区的环境中保留对旧式乡土气息的记忆。在每一项重建工作中，木匠们都希望自己建造的建筑不会逊色于其他人，特别是邻居。在人口相对较多的传统聚落中，每 130 人中就有 1 位木匠。古川町的木匠与居民都严格遵守"老规矩"，约定俗成的规矩比任何法律都管用。

　　1986 年东京大学教授西村幸夫对古川町进行调查时发现：古川町街区的建筑物在改建后越来越好，其中重要的一个原因是建筑工匠讲究精致的技艺，并且整理和学习当地匠师的传统工艺。20 世纪末，车站对面的酒店计划改建成摩天大楼，但是当地未曾有过高度超过三层楼的建筑物，由此在村里引起了轩然大波。原因是非本地居民身份的投资者和建筑师缺乏对当地文化的了解，只强调经济价值而不愿遵守古川町的"老规矩"。为了维持古川町的特有风格，村民决定要立法规范，花费一定的时间进行研讨，制定了《古川町景观条例》，规范了房子的修整——需和环境调和。但景观条例并不意味着强硬的法规，最主要的还是古川町居民都有保护地方景观协调发展的共识。伴随着街道被保存下来，相当数量的大工匠师能够积极地把技艺投入建筑的修整工作中。此外，特别是古川町三座大型木构庙宇令人惊艳，展现了当地林木原料的丰富与匠师高超的木作技术，富有地方特色的云纹雕刻也在三座庙宇中表现得淋漓尽致。如古川町的居酒屋建筑是传统木造町屋风格，已被收录为"国家有形文化财产"。

（三）亲临自然，祈福文化

　　古川町位于高山盆地西北的古川盆地，位于宫川与荒城川的交汇处，山林占镇面积的 79%，是水资源与绿地资源都丰富的町。因其地理位置偏僻，交通不便，农业成为极其重要的产业，而且具有丰富的森林资源，树木发达，建筑业和手工业也有一定的发展。古川町四周山脉环绕，每年 10 月下旬至 11 月上旬，受天气和地形影响，早晚温差大，形成"朝雾森林"的景象（图 7 - 6）。古川町的森林面积占总面积的 90%，其中尤其是草药种类丰富——南线有自生的药草园，森林中生长 245 种以上天然药用植物。春天到夏天期间，药材在药圃里长出绿叶和花朵。秋天到来时能让人感受到莲香木带来的一股甜甜的焦糖香气。冬季时，森林完全被雪覆盖。近年来朝雾森林开辟了南北两条散步小径，一圈一小时的路程，是当地人的休闲场所，同时也使得人与森林之间的互动更为频繁，让人能够更加深刻地体验到大自然的美。在南边路线的中段，有一个药草园，里面收集了飞騨原生的药草，游客可以在森林中散步的同时了解药草的知识。药草园是由环境设计师松本幸树（Shunsuke Hirose）设计和建造的，通过用细树枝组成的栅栏围住一段斜坡森林，细树枝增加了其渗透性，因此即使泥沙流下来，矿物质也会被保留下来，只允许水从斜坡上流走。这不仅有助于保护整个里山公园的环境，而且还为药用植物创造了一个友好的环境。

人类的生存是与自然环境相适应的，双方相互协调着彼此的关系——人类的生存手段与劳作方式、人类的生活与社会关系，这导致了区域化文明的差异性与多样性。日本人认为人逝世后不进入轮回，不投生在其他人身上，而是灵魂一直存在于人世间，庇佑自己的子孙后代幸福地生活。"乡土"是祖先灵魂栖息的自然物，因为对祖先的崇拜是影响日本人思想原型的民族根源，因此它作为日本传统生活的信仰和风俗构成了村民日常生活的基本形式。

图 7-6　朝雾森林

三、乡土思想基因的扎根与发展

（一）民众主导的保护意识

农业景观是由各种利益相关者构建和管理的复杂的适应性社会生态系统，包括农民、地方和地区政府以及非政府组织（NGO）。日本乡村的农业景观建设普遍采用"民众主导"的模式，公民和工会组织在发展和管理当地农业景观方面具有更大的自主权。无论是原来的濑户川整治活动还是现在"美ら地球"旅游公司，都是古川町民众自发形成的，对自己家园进行景观保护和开发。在与城市截然不同的充满自然和人文风景的乡村中，利用自己当家人的心理保护自己的家园，不仅能使当地居民产生强烈的主人翁意识，也能使当地居民得到充分的社会价值肯定。游客可以通过当地民众宣传了解到当地的习俗、传统文化和独特风情，深入了解当地社区的发展历史及生产和生活方式，如古川町现在"草药生活馆"的活动推行，生活馆设置在街区和森林中，组织游客到乡下识草药、采摘草药、闻草药、养殖草药等活动，将城市人带进农村，一方面活化周边聚落的发展，另一方面使城市人深入居民的日常生活，感受、体验大自然的神奇和美。

（二）精致美学的劳动思维

近年来，日本政府通过建设美丽的乡村和优质的乡村住宅，大力发展绿色休闲活动，鼓励城市居民在农业山区居住。古川町的土地面积狭小，能种植的耕地面积更小，所以需要精耕细作，才能够产出比较充足的粮食。精耕细作的稻作文化培养了当地人民内心的敏感性和亲自然性，致使其劳作都带有一定的精致美学，如酿酒屋入口处屋檐下挂有用杉树叶子扎成的、每年11月下旬出新酒时才会换上的新扎的翠绿色"酒林"，"酒林"是酿酒屋的标志，标示着今年的新酒已经上市，昭告民众品尝新酒的时间来到。小林一茶写道："家家村落悬杉玉，杯杯浊酒方酿成"，作为日本酒神的代表——杉玉，其包含了人们对酒神的感激之情，以及祈愿酿酒顺利、商事繁荣昌盛等。古川町民众在街道更新中，大量的木构建筑使传统聚落发生火灾的概率极大，惨痛的教训致使古川町民众采用水圳、水沟、消防设备等多种防灾方式，而且在街道交汇处多设置水神祭拜，祈求保佑平安。由于土地面积少，如何高效利用所拥有的面积便成了古川町民众追求精致的细节体现，在生产生活和日常劳作中也会将精致贯穿始终。

小结

本节内容旨在说明作为一个处于不同发展背景下，但具有一定完整性和美学性的日本农业山区聚落，如何利用自身的资源和群众的思想进行整合和推动，利用民众的保护思想作为主导，将传统的精致美学和村落发展相结合，使其聚落不被社会所淘汰，并利用新媒介传播，凭借农旅经济一体化，将地方特色和文化传承相融合，以及推动环保意识的普及和提高，使山区聚落重新焕发生机，是现在农业文化与旅游相结合的成功典范之一。主要发现：

（1）民众主导的保护意识　当地民众自发形成的对自己家园进行景观保护和开发的观念，以当家人的心理保护自己的家园，不仅能使当地居民产生强烈的主人翁意识，也能得到充分的社会价值肯定。

（2）精致美学的劳动思维　追求精致的细节体现，注重生活的方方面面，不仅是对生活习惯的保护和对美好未来的期盼，也是完善生活中的基础设施，减少破坏性或毁灭性事件发生的保障。

通过探索古川町的成功经验，旨在借鉴他国的优秀案例，对国内的传统聚落如何在新时代的高速发展下，解决"空心化"的问题，并保持自身的独特风景和文化价值，提供一定的参考。最后，本节提出了注重乡土思想基因的扎根与发展。所有乡土观念都会引导居民关注其所在聚落的发展，无论是传统的思维方式，还是受政策影响产生的思想变化等，都会无意识地影响农村的发展和更新。

总结

通过对三个不同类型乡土工艺与生活美学案例的分析，中国传统村寨——永泰庄寨是珍贵的乡土建筑遗产，承载着永泰先民的辛勤劳动和无穷智慧；越后妻有以"大地艺术祭"作为纽带，与农业的结合为产品赋予了更高的附加值，紧密连接各个领域，促进区域的协同发展。乡土艺术的保护与发展是一项漫长的综合性的任务，需要多方共同协力并持久相互配合，不仅需要设计师，还需要政府和民众长远规划和分步实施；古川町的民俗和匠艺展示了古川町以"民众主导"，利用民众当家人的心理保护自己的家园，不仅能使当地居民产生强烈的主人翁意识，也能使其得到充分的社会价值肯定，从而反哺于人的价值满足。强调精致美学讲究关注事物的关联性和适用性，多角度思考，形成全面有效的乡土工艺与生活方式的美学意蕴。总之，乡土工艺和生活美学都是基于农业而发展形成的，居民有意识地利用当地自然资源和不断变化的审美感受，来塑造劳动工具和生活家园。利用乡土工艺和乡土生活方式推动传统农业向当代农业发展，为农业文明的传承、维护多样性的农业文明提供审美、休闲和教育等多方面的帮助。

参考文献

曹克兢，吴松涛，吕飞，2022. 日本社区营造经验及其对我国公众参与的启示［J］. 低温建筑技术，44（1）：28-32，39.

陈炯，甘露，2020. 互动与秩序：生态场域理论视野下的越后妻有大地艺术祭［J］. 美术观察（2）：92-94.

陈学文，秦川，2015. 聚居空间环境演变下乡土记忆的珍存和继承［J］. 天津大学学报（社会科学版），17（4）：338-342.

邓洁，莫凯迪，黄建华，等，2022. 乡村振兴战略背景下供给侧改革推进田园综合体农业景观开发实施路径［J］. 湖南行政学院学报（5）：99-107.

杜晓帆，2019. 从价值认知到保护实践：永泰庄寨［M］. 北京：知识产权出版社：37-56.

方寸营造，2018. 飞騨匠师唤醒沉睡古镇：日本古川町案例研究［J］. 建筑创作（4）：76-78.

方寸营造，2018. 每个人的大地艺术节：越后妻有案例研究［J］. 建筑创作（4）：79-81.

费孝通，2006. 乡土中国［M］. 上海：上海人民出版社：33.

冯正龙，2016. 日本新潟大地艺术三年展展览模式研究［D］. 上海：上海大学.

韩多妮，2009. 回归大地：越后妻有大地艺术祭［J］. 明日风尚（7）：182-183.

韩凝玉，张哲，王思明，2019. 艺术唤醒乡土：传承农业文化精神的智慧之路：以日本乡村振兴模式之濑户内国际艺术祭为例［J］. 城市发展研究，26（4）：103-109.

解丹，李璇，2021. 刍议乡土建筑遗产的保护策略［J］. 工业建筑，51（7）：244.

李大伟，原雨舟，2022. 公共艺术赋能乡村振兴的海外经验：以日本越后妻有大地艺术节为例［J］. 创新，16（5）：30-38.

李建军，2018. 福建庄寨［M］. 合肥：安徽大学出版社.

李想，2020. 艺术与乡村共生在于人文关照：再看日本越后妻有大地艺术祭［J］. 乡村振兴（9）：94-95.

李晓峰，苗彤，2013. "里山"村落的"大地艺术祭"：2012第五届"日本越后妻有大地艺术祭"［J］. 公共艺术（1）：94-105.

李颜伶，2020. 乡村振兴视角下南北乡村人居环境宜居性和景观特征差异性研究［D］. 雅安：四川农业大学.

郦文曦，2020. 原型的在地演绎：日本越后妻有大地艺术祭中两处永久性公共空间的设计策略对比［J］. 华中建筑，38（5）：6-9.

林歆彧，2016. 试论艺术振兴乡村及地域文化的复兴：以日本越后妻有大地艺术祭为例［J］. 艺术生活（福州大学厦门工艺美术学院学报）（5）：69-72.

刘力萍，2019. 大地艺术在乡村复兴中的触媒［D］. 成都：西南民族大学.

柳田国男，2000. 柳田国男全集·明治大正史世相编［M］. 东京：东京筑摩书房：512.

柳田国男，2000. 柳田国男全集·乡土研究和乡土教育［M］. 东京：东京筑摩书房：128-143.

鲁懿莹，2020. 公共艺术介入社区营造研究：以日本越后妻有大地艺术节为例［J］. 西部皮革，42（23）：129-130.

邱晔，黄群慧，2016. 休闲农业中的美感资源与美感体验分析：基于美学经济的视角［J］. 中国农村观察（2）：2-13，94.

单霁翔，2009. 乡土建筑遗产保护理念与方法研究（下）［J］. 城市规划，253（1）：57-66，79.

王其亨，1992. 风水理论研究［M］. 天津：天津大学出版社.

王太文，刘祖云，2022. 内涵、演进、实践与话语：社区营造的四重解读［J］. 社会工作（3）：37-49，104-106.

希尔德·海嫩，2015. 建筑与现代性批评［M］. 北京：商务印书馆：27.

张兵华，2019. 传统防御性建筑的地域性特征解析：以福建永泰庄寨为例［J］. 中国文化遗产（4）：23-25.

张凯，张郡，2020. 中国农村社区治理实践探索：以苏州太仓市沙溪镇为例［J］. 农村经济与科技，31（19）：267-268.

赵晨，2013. 要素流动环境的重塑与乡村积极复兴："国际慢城"高淳县大山村的实证 [J]. 城市规划学刊（3）：28-35.

郑钰潇，2018. 越后妻有：用艺术重构乡村 [J]. 中华手工（12）：36-37.

郑振满，2020. 庄寨密码：永泰文书与山区开发史研究 [M]. 福州：福建人民出版社.

周武忠，马程，李佳芯，2021. 论城市软更新 [J]. 中国名城，35（12）：1-7.

朱育漩，2020. 越后妻有：艺术唤醒乡土，振兴乡村 [J]. 环境经济（20）：62-67.

竹田听洲，1957. 祖先崇拜 [M]. 京都：平乐寺书店：10.

Biggs S，2013. The lost 1990s Personal reflections on a history of participatory technology development [M]. Participatory Research and Gender Analysis Routledge：23-39.

Heidegger，1971. Building，Dwelling，Thinking，in Poetry，Language，Thought [M]. New York：Haper and Row.

图书在版编目（CIP）数据

农业生态美学 / 雷国铨等著. —北京：中国农业
出版社，2024.7
ISBN 978-7-109-31941-7

Ⅰ.①农… Ⅱ.①雷… Ⅲ.①农业生态－美学－研究
－中国 Ⅳ.①S181.6

中国国家版本馆 CIP 数据核字（2024）第 088431 号

农业生态美学

NONGYE SHENGTAI MEIXUE

中国农业出版社出版

地址：北京市朝阳区麦子店街 18 号楼

邮编：100125

责任编辑：郭晨茜 文字编辑：常 静

版式设计：小荷博睿 责任校对：吴丽婷

印刷：北京印刷集团有限责任公司

版次：2024 年 7 月第 1 版

印次：2024 年 7 月北京第 1 次印刷

发行：新华书店北京发行所

开本：700mm×1000mm 1/16

印张：17.5

字数：315 千字

定价：78.00 元